Lettres à Mme Du Pierry
et au Juge Honoré Flaugergues

L'HISTOIRE DES SCIENCES
TEXTES ET ÉTUDES

Jérôme LALANDE

Lettres à Mme Du Pierry et au Juge Honoré Flaugergues

Lalandiana I

Ouvrage publié avec le concours du Collège de France et de la Municipalité de Bourg-en-Bresse

PARIS
LIBRAIRIE PHILOSOPHIQUE J. VRIN
6, Place de la Sorbonne, V^e

2007

Imprimé en France
ISBN : 978-2-7116-1939-9

www.vrin.fr

Sur la couverture, la statue de Copernic à Toruń

INTRODUCTION

Jérôme Lalande fut l'archétype de l'astronome des Lumières. Houdon fit son buste, et Fragonard son portrait; il fut même l'objet de caricatures anonymes... Grand travailleur, grand voyageur, personnalité engagée dans les mouvements d'idée de son temps, combattant de la raison, et athée notoire, il a laissé une très abondante correspondance, actuellement disséminée dans de nombreuses bibliothèques en Europe ou aux États-Unis.

Le présent volume couvre deux volets de cette correspondance.

Tout d'abord ce sont les lettres à son amie, Mme du Pierry, sa « chère Pantomaté » comme il l'appelle parfois. La seconde partie de cette correspondance présente les lettres écrites à l'astronome Flaugergues qui exerçait aussi les fonctions de juge de paix à Viviers (dans le Vivarais – aujourd'hui département de l'Ardèche), que nous avons complétées par deux lettres adressées à M. de Ratte, oncle et protecteur de Flaugergues.

Cet ouvrage contient les commentaires que nous sommes amenés à faire sur divers aspects généraux de ces correspondances, commentaires historiques, commentaires concernant Mme du Pierry, vie de Flaugergues, abrégé d'astronomie. Des notes à la fin des lettres elles-mêmes concernent d'autres points, qui ne sont évoqués que dans une ou deux lettres, ou les raisons qui nous ont amenés à dater de telle ou telle façon telle ou telle lettre non datée. À la fin du volume figure un index détaillé des noms propres permettant de mieux situer la plupart des personnages évoqués dans cette correspondance, comme dans les présentations ou les commentaires. Les sources de ces notices sont indiquées et leur référence exacte est donnée dans la bibliographie générale qui termine l'ouvrage.

Nous avons eu parfois beaucoup de mal à rétablir la chronologie, toutes les lettres n'étant pas datées. Mais, pensons-nous, il reste très peu d'incertitudes après les corrections nécessaires. Par ailleurs, l'écriture de Lalande est très petite, la ponctuation et l'accentuation très négligées, l'utilisation des majuscules assez erratique. Les lettres ci-après sont donc issues d'un travail d'édition sur les documents originaux. En particulier, nous avons corrigé l'orthographe de Lalande, en corrigeant ses fautes, comme en choisissant l'orthographe moderne. Nous avons rétabli une ponctuation, une accentuation, une utilisation des majuscules, conformément au style actuel. Les mots écrits par Lalande en abrégé, très fréquents dans la seconde partie, sont complétés, chaque fois que possible, par les lettres manquantes en italique. L'orthographe originale des noms propres est conservée pour les personnages connus et nommés plusieurs fois (Mme du Pierry, M. Delambre), sinon pour ceux qui n'apparaissent que de façon épisodique.

Nous sommes redevables :

au Dr Ken Alder de nous avoir informés de l'existence des lettres appartenant aux fonds de la Brigham Young University, et de l'Université Columbia ;

à la Library de Brigham Young University, Provo, Utah, USA, et à celle de l'université Columbia, de la communication, sous forme de photocopies, de la quasi-totalité des lettres connues de Lalande à Madame du Pierry, depuis 1779 jusqu'en 1806, des adresses correspondantes, et du résumé de ces lettres (écrits sans doute par un(e) héritier(ière) de Madame du Pierry) ;

à Mme Mireille Lamarque, qui nous a aidés à retrouver aux Archives de l'Institut de France les documents concernant l'intervention de Napoléon en 1805 ;

à Mme Florence Greffe d'avoir mis à notre disposition le dossier *Lalande* des Archives de l'Académie des Sciences ;

à Mme Renée Cazalon, conservateur en chef des archives de la Bibliothèque du Collège de France ;

à Mme Laurence Bobis, de nous avoir facilité l'accès au remarquable fonds de documents inédits de l'Observatoire de Paris ;

à Mmes Josette Alexandre et Annie Accary, ainsi qu'au personnel de la Bibliothèque de l'Observatoire de Paris, de leur aimable assistance qui nous fut précieuse ;

à Mme Paulette Pénelon, bibliothécaire de la ville de Viviers, et à M. Jean Wegrel, des clichés qu'ils nous ont aimablement fournis ;

à Mmes Anny Casenave, Suzanne Débarbat, Anny-Chantal Levasseur-Regourd, et à MM. Peter Brosche et Bernard Guinot, de leur aide amicale dans la rédaction de plusieurs notes, et commentaires.

Le Collège de France et la ville de Bourg-en-Bresse ont contribué au financement de l'édition de cet ouvrage, et nous les en remercions.

Simone DUMONT et Jean-Claude PECKER
Juillet 2007

J. J. Perraud, *Statue de Lalande*
Cour Napoléon du Louvre
(Cliché Jean Negrel)

PREMIÈRE PARTIE

LETTRES À MADAME DU PIERRY (SA CHÈRE PANTOMATÉ)

Les lieux de Mme du Pierry (1793-1803)

Hérivaux (près de Luzarches)
Mareil
Eaubonne
St Gratien

(Cartes de Cassini)

Les lieux de Madame Du Pierry
(à l'exception de Chevreux et de Chauloux)
Institut Géographique National

PRÉSENTATION

La quasi-totalité des lettres connues de Lalande à Madame du Pierry, depuis 1779 jusqu'en 1806, des adresses correspondantes, et du résumé de ces lettres (écrits sans doute par un(e) héritier(ière) de Madame du Pierry) proviennent de l'Université Brigham Young, en Utah (USA). Les feuillets transmis par l'Université Brigham Young sont groupés en six dossiers, étiquetés U1 à U6, et contiennent, en fait, 35 lettres. Nous y avons joint une lettre du fonds de l'Université de Columbia, étiquetée C. Ces lettres[1] sont classées par ordre chronologique; nous avons eu parfois beaucoup de mal à le rétablir, toutes les lettres n'étant pas datées. Lalande signe la plupart de ses lettres à Mme du Pierry de l'initiale Φ, parfois répétée deux ou trois fois.

CHRONOLOGIE COMPARÉE

événements	lettres		séjours	
	n°UR	date	Lalande	Mme du Pierry
	1	13 oct. 1779	Bourg	Paris?
	2	23 juillet 1788	Londres	Paris
	3	29 juillet 1788		
	4	7 août 1788		
	5	12 août 1788		

1. Le symbole UR désigne les mots « Utah Réordonné », et concerne les lettres issues de l'Université Brigham Young d'Utah, et la lettre issue de l'Université de Columbia, reclassées chronologiquement par nos soins

	6	18 & 19 août 1788		
	7	28 août 1788		Paris ?
Prise de la Bastille		14 juillet 1789		
	8	16 sept. 1791	Bourg	Paris
	9	7 octobre 1791	Bourg	Paris
Vers la Terreur		10 août 1792		
	10	28 avril 1793	Paris	Hérivaux
	11	6 mai 1793	Paris	Hérivaux
	12	8 juin 1793	Paris	Hérivaux ?
	13	9 août 1793	Paris	Hérivaux
	14	25 sept. 1793	Bourg	Hérivaux
	15	16 octobre 1793	Bourg	Mareil
Fleurus		26 juin 1794		
	16	19 juin 1794	Paris	Mareil
	17	3 juillet 1794	Paris	?
Le 9 thermidor an II		27 juillet 1794		
	18	25 nov. 1794	Paris	?
	19	1er avril 1795	Paris	Mareil
	20	23 mai 1795	Paris	Mareil
	21	15 juin 1797	Paris	Mareil
	22	15 juillet 1797	Paris	Mareil
	23	23 août 1797	Paris	Mareil
Le 18 brumaire		9 novembre 1799		
	24	2 janvier 1801	Paris	Eaubonne
	25	22 janvier 1801	Paris	Eaubonne
	26	25 février1801	Paris	Eaubonne
Concordat		15 juillet 1801		
	27	25 août 1801	Paris	Eaubonne
	28	16 mai 1802	Paris	Eaubonne
	29	22 sept. 1802	Paris	St Gratien
	30	1er nov. 1802	Paris	Paris
	31	18 janvier 1803	Paris	Paris, rue d'Antin ?
	32	30 mars 1803	Paris	?
	33	28 octobre 1803	Paris	Chauloux
	34	1803 ou 1804	Paris	Chevreux
Sacre de Napoléon		2 décembre 1804		
	35	1805	Paris	Chevreux
	36	27 mars 1806	Paris	Mareil
Décès de Lalande		4 avril 1807	Paris	

L'AMOUR DU 24 AVRIL 1779

Les phases de l'amour

Cette date du 24 avril 1779 est rappelée dans la correspondance, de façon plus ou moins allusive, comme d'une date inoubliable qui marque le début de l'amour (et sans doute des étreintes). Lalande avait 47 ans, Mme du Pierry en avait 33. Le mois de septembre 1779 marque aussi sans doute un apex ; on écrivait des vers, on ramassait des bouquets, on folâtrait dans les bosquets de Mareil… on était pourtant déjà tous deux handicapés (sans qu'on sache de quelle « *infirmité* », l'âge peut-être?, UR1). De la passion, on glisse (au cours des 27 ans de cette correspondance) vers une amitié amoureuse, et une complicité intellectuelle. Il y a des hauts et des bas ; et l'on assiste pendant les quinze premières années à une sorte de « sinusoïde » sentimentale, alimentée par la jalousie que l'on devine dans les lettres de Mme du Pierry, à travers les réactions souvent ironiques de Lalande…

L'évolution du style et des « formules de politesse » est un bon test de cette évolution.

En octobre 1779, dans UR1 (donc très peu de temps après les moments des premiers émois), c'est « *(s)on aimable sœur* », qu'il assure de son « *respect, avec lequel (il sera son) serviteur, (son) frère, et (son) ami* ». Ce ton d'amour courtois et discret ne correspond guère avec l'émoi qu'éveillera plus tard le souvenir d'avril 1779 !

Les neuf années qui ont suivi ont sans doute consolidé fortement la liaison, connue de l'entourage. En témoignent les lettres à Delambre des 5 et 15 octobre 1784 : 1) « *Croyez-vous, cher confrère, que je puisse demander sans indiscrétion à Madame d'Assy une place dans sa loge pendant son absence pour Mme du Pierry ? Du moins une ou deux fois dans les jours les moins recherchés, car ils sont très bons pour quelqu'un qui a très peu de spectacle* ». 2) « *Je vous fais mes remerciements, mon cher et aimable confrère, du billet que vous m'avez obtenu, et je vous prie de présenter à Mme d'Assy l'hommage de ma plus humble reconnaissance. Mais priez-la d'observer que je ne lui demandais qu'une seule place. Cela lui eût été plus facile. Il y a bien des personnes qui ne donnent leur loge que pour quatre et qui se réservent une place. Mais je ne sais point si elle y aura trouvé de l'inconvénient. Vous savez que Mme du Pierry est sans prétention et qu'elle se trouvera très bien au troisième rang. Au reste, pour cette fois, j'y mènerai Monsieur et Mme Méchain, comme dans une loge astrono-*

mique, puisque c'est à l'astronomie que j'ai l'obligation d'être connu d'une personne aussi respectable et aussi aimable que Mme d'Assy »[1].

Dans les lettres d'Angleterre (1788, UR2 à UR7, 6 longues lettres en cinq semaines) la « *sœur* » est devenue la « *chère amie* » qu'il tutoie. Il se repent « *d'être échappé de (ses) bras* » (UR2). L'« *amie* » devient « *ma chère L* » ou « *ma chère Lala* », dont il parle avec tous ses interlocuteurs anglais, et à la santé de laquelle ils boivent beaucoup (UR 5, 6 et 7). À noter qu'on voit mal d'où sort le surnom *Lala* : Mme du Pierry s'appelait Louise Élisabeth Félicité. Avec Caroline Herschel, il parle de Lala (UR6), et ce sont « *les plus agréables conversations et les pensers les plus doux* ». C'est même « *mon cher amour* », qui est « *l'astre à côté de toutes les lunettes* » (UR3). Il l'assure de « *la tendresse éternelle de son plus tendre amant* » (UR3) (y en aurait-il d'autres? Nous verrons). Il lui réclame d'ailleurs (UR4) « *un peu d'amour pour celui qui (l)'adore* ». Lalande attend les lettres de Lala avec inquiétude, s'énerve quand il y a du retard dans la correspondance, échafaude des plans pour que les lettres arrivent à temps. Il attend son retour en France avec impatience, celle de la « *serrer dans ses bras* » (UR4) et à « *voler dans les bras de l'amour* » (UR5). Il tente même d'accélérer son retour, ... à moins qu'il ne fasse semblant de le faire : « *(Elle est, sa bien-aimée,) ou bien le motif de (s)on accélération, ou l'objet de (s)on regret, parce (qu'elle l'est) de (s)on plus tendre amour* » (UR5). De telles fins de lettres sont qualifiées d'« *ingénieuses* » (UR5) par l'auteur des résumés, qui n'est sans doute pas Mme du Pierry. Elle doit attendre « *de cœur et d'imagination, les plus tendres embrassements de (s)on fidèle amant* » (UR 6). « *(Il l')embrasse comme (il l')aime* » (UR7)... « de *tout (s)on cœur* » (UR8). C'est sans doute ingénieux; c'est quand même aussi très enflammé!

Revenu en France, c'est seulement quand il est à Bourg-en-Bresse (UR8, 9) qu'il écrit à « *(s)on cher et tendre amour* » (UR8). À Paris en effet, ils se voient beaucoup, sans aucun doute, et partagent leur intérêt commun pour divers aspects de la science. Et Lalande constate « *avec délices que 12 années n'ont rien changé* » (UR9) à leur « *tendre amour* ». C'est parfois ce qu'on dit quand quelque chose a changé.

La Révolution est arrivée. Puis la République. En 1793, l'« *amie* », le « *cher amour* », est restée « *ma chère Lala* » et devenue aussi « *ma chère sœur* », qui reste « *ce (qu'il a) de plus cher* » (UR10). Il lui « *renouvelle* » les « *sentiments qu'(elle) connaît* », et reste son tendre ami, – qu'il vouvoie

1. Archives Académie des Sciences de l'Institut de France, dossier biographique de Lalande.

maintenant, – en pleine période révolutionnaire (...quand on se tutoyait entre citoyens!). La chère sœur devient vite la «*savante sœur*». Il lui demande de recevoir ses «*tendres embrassements*»; elle est toujours «*l'objet de (s)es plus tendres baisers*». Mais il a tant à faire avec le Collège de France, l'Observatoire, «*ses*» étoiles, le Bureau des Longitudes, l'Académie... Et Lala a fui Paris, vers Hérivaux et Mareil, puis chez telle ou telle famille amie. Et sans doute a-t-elle d'autres intérêts, outre l'astronomie, la chimie et les «*petites bêtes*». Les lettres de Paris à Lala maintiennent le lien pendant cette période agitée. Mais Lalande a toujours de bonnes raisons pour ne pas voyager vers elle, pourtant si proche de Paris.

L'amour a donc ses phases. «*Vous*» restez «*ma chère et tendre amie*» (UR15). Mais c'est aussi la «*chère et aimable sœur*» (UR16) de «*son fidèle ami*», qui a pour elle un «*tendre, éternel, et inviolable attachement*» (UR17). La tendresse fait doucement place à une fidèle et solide amitié. Pourtant, il lui reste «*le plaisir*» de «*serrer entre (ses) bras (sa) plus chère et savante amie*». La science va de pair avec la tendresse.

La période de la révolution dangereuse est terminée. Thermidor est passé. Les lettres s'espacent. On revient au tutoiement. On évoque à nouveau le passé de 1779 (UR19), non sans nostalgie. Ce sont alors de tendres baisers. La «*chère et tendre amie*» de 1793 (UR15) est maintenant une «*rare et précieuse femme*» (UR20), une «*savante sœur et consœur*» (UR20). Elle «*peut juger ce qu'(elle) voudra des sentiments qu'elle lui inspire depuis le 24 avril 1779*» (UR20). Ce ton se maintient en 1797: «*chère amie*», «*mes plus tendres embrassements*» (UR21); «*chère et tendre amie*» (UR22), «*très chère amie*» (UR23); et la nostalgie des bouquets cueillis dans les bosquets de Mareil en 1779 (UR21). Les billets de Lala sont «*aimables*». On aurait aimé les lire!... Tous deux sont «*impatients*» de se voir – mais ne se voient guère... (UR23).

En 1801, on revient au vouvoiement, et les «*tendres embrassements*» sont devenus de «*tendres respects*» (UR24). La chère amie est décidément une «*chère et savante sœur*» (UR24), à qui (UR25) il fait «*l'hommage de sa haute vénération*» (un sourire ironique?). En 1801, Lala est devenue «*Pantomaté*». Le sens de ce surnom d'amitié nous est inconnu. On peut supposer, connaissant la passion de cette période pour l'Antiquité grecque, et l'orthographe hésitante de Lalande, d'une association entre παντο (préfixe impliquant qu'on est concerné par «tout») et μαθειν (verbe: apprendre, savoir). Peut-être une sorte de «Madame Je-Sais-Tout», contemporaine de «Madame Sans-Gêne»? Pantomaté reste «*la personne la plus chère que la nature m'ait laissée*» (UR26). C'est la lettre d'un frère à une sœur. Ils ont 25 ans de plus qu'au début de leurs amours. Il souhaite à sa chère Pantomaté « *tout le plaisir et le bonheur* » qu'elle mérite (UR34). Et Lalande lui lègue par son testament du 16 frimaire an XII (8 décembre 1803) (comme à Mme Favre) un diamant de 600 f. Mais Lalande est devenu un vieillard, préoccupé surtout des aléas de sa santé.

Madame du Pierry, au filtre des lettres de Lalande

Madame du Pierry est certainement une forte personnalité, évoquée notamment par Mme Klumpke. Elle était aussi chimiste et naturaliste (voir index des noms propres). Mais diverses autres figures féminines passent à l'horizon du sémillant astronome, et nous y reviendrons. Lalande avait envisagé le mariage, mais avec qui (UR4)?

Toujours est-il que la liaison avec Lala n'est pas exempte de jalousies, sans doute plus vives du côté de Mme du Pierry que de celui de Lalande. Lui est jaloux des « *petites bêtes* » de Lala (UR4, 9) et de sa « *table de chimie* » (UR9). Il la préférerait astronome ! Mais il accepte très bien qu'elle aille à la campagne chez M. de Rivoire (UR3). Il évoque « *(s)on Bertholet* » (UR5), et « *(s)on amoureux chimiste* » (non nommé ; sans doute Fourcroy) (UR5), devenu (UR8) « *(le) cher enragé* » de Lala ; il nomme ses nombreux « *admirateurs* » (Shepherd, Lavoisier, Morveau, ...) et admet qu'elle ait « *besoin d'un peu de dissipation* » (UR5). Le capitaine Fabre (UR12, 14, ... 36) semble assez présent près de Lala. M. Cormilliole est-il aussi un ami très proche (UR13)? Et son « *amoureux Sérouillat* » (UR17)? Et l'ancien Directeur (dernier Président du Directoire) Gohier ? Et l'amiral (« *l'illustre général* », UR30) Bruix ? Pantomaté séjourne chez eux, et s'entretient avec leur famille. Mais M. de Garnier qui l'héberge à Chevreux semble seul... Lalande ne semble avoir aucun souci à cet égard. Peut-être nous faisons-nous des illusions, et n'était-elle qu'une savante préceptrice des enfants? Ou une sérieuse dame de compagnie?

Elle craint les « *rivales* » ; et il doit l'assurer (UR6) qu'elle n'en a pas (pas?... plus? ou pas encore?). Il lui assure que « *celle qui est chargée de (s)es affaires* » (UR15), n'est rien à côté d'elle, Lala... ; est-ce la « *nièce* » Amélie, ou la « *muse* », Madame Joliveau? Le contexte laisse supposer qu'il s'agit de quelqu'un d'autre. Parfois Lalande s'amuse à exciter la jalousie souriante de Lala : « *il y a encore de jolies femmes à Bourg* » (UR9).

Mme du Pierry est une personne fort cultivée, et amoureuse des campagnes d'Ile de France... Les adresses des lettres sont significatives. Elle habite d'abord (au début de cette liaison) 8 rue Thévenot, à Paris. En 1791, toujours à la même adresse, elle est devenue membre de l'Académie de Béziers. En 1793, elle est près de Luzarches, à Hérivaux, et devenue membre de l'Académie de Richmond (suite de la visite de Lalande en

Angleterre?). Elle est gratifiée dans l'adresse (UR14) d'« *ex-astronomette* », signe ironique du regret qu'a Lalande de la conversion de l'astronome du Pierry à la chimie et aux « *petites bêtes* ». Sans doute d'autres Académies (sur l'adresse de cette lettre, l'expression « *Richmond &c* » implique plus d'une Académie, en plus de celle de Richmond). En 1793, elle habite Mareil-en-France, – près de Luzarches toujours. En 1797, elle est étiquetée par Lalande « *astronome-chimiste* », toujours à Mareil, où elle a acheté une propriété. En 1801, elle est « *de l'Académie de Virginie et de celles de Montauban etc.* » (UR24). Elle est chez M. Gohier à Eaubonne, près Montmorency (UR25). En 1802, elle vient chez le général (amiral) Bruix. En 1803, la voilà à Chauloux-en-Brie, Seine-et-Marne, puis en 1804, chez M. du Garnier à Chevreux près Soissons. En 1806 c'est à Mareil (chez elle) qu'elle revient. Entre ces différentes adresses, revient-elle à Paris ? Y séjourne-t-elle longtemps ? Le contenu des lettres, la continuité de cette correspondance laisse supposer que Lalande a dû souvent la rencontrer à Paris entre les divers groupes de lettres.

Les préoccupations scientifiques et pédagogiques de Mme du Pierry sont souvent évoquées. En 1779, considérée comme l'héritière intellectuelle de Nicole-Reine Lepaute, elle poursuivait des études astronomiques (qui ont peut-être été l'occasion de la rencontre entre Lalande et Lala) qu'elle doit désormais interrompre (UR1). Il l'informe qu'elle pourrait observer Orion et Sirius. En 1788, elle s'est consacrée aux « *petites bêtes* » (UR2). Entomologiste ou zoologiste ? Elle va herboriser, visite les musées (d'histoire naturelle?) (UR3). Elle s'intéresse néanmoins encore à l'histoire de l'astronomie, évoquée en UR4.

Lala aide Lalande, en son absence ; au Collège Royal, elle doit suivre l'activité du « *Faro* », calculateur de Lalande, voire de lui laver la tête (UR5), celle de M. Barry, observateur et calculateur (UR2). Il la charge de « *commissions* » pour Lefrançais, Delambre, Cassini (UR2 et 7), Coulomb (UR10), bien qu'elle soit désormais férue de zoologie plus que d'astronomie. Elle s'occupe en 1791 de la quatrième édition d'une « *Chimie* » (de Fourcroy ?). Elle travaille aussi sur une « *Table de chimie* », tout en continuant à s'intéresser aux « *petites bêtes* » (UR9). Il aimerait qu'elle l'aide à lire les épreuves de son abrégé d'astronomie (UR16). Il l'encourage à faire célébrer à Mareil la victoire de Fleurus (UR17). Elle pense à l'astronomie et il lui fera lire son *Astronomie pour les dames* (UR18) – ce qui veut peut-être dire (avec l'étiquette d'« *ex-astronomette* ») qu'elle n'est qu'une astronome amateur, aux yeux de Lalande ! –. Elle écrit des mémoires (de chimie) et met au point des tables qu'il fait imprimer chez Baudoin (les tables de Fourcroy, sans doute). Elle « *s'amuse d'astronomie* » avec Madame Gohier

(UR26), et pose à Lalande des questions sur «*l'arc-en-ciel lunaire*» (UR26). Il nous semble là qu'il y ait eu confusion entre un halo lunaire, phénomène assez banal, vu par elle, et l'arc-en-ciel lunaire, justement jugé assez rare par Lalande. L'imprimeur Baudoin envoie à Lala «*des bêtes*» (UR27). Des bêtes vivantes? ou des planches de son mémoire? C'est une enseignante, une préceptrice sans doute : on lui propose (UR30) une place avantageuse dans une maison d'éducation en Angleterre. Elle donne des leçons; mais parfois, en «*deux jours*», elle n'en donne pas une seule (à Chevreux, UR34), ce qui désole Lalande. Elle a incité M. du Garnier à construire une méridienne (pour un cadran solaire sans doute) et Lalande donne à sa chère Pantomaté des conseils à ce sujet (UR34).

Mme du Pierry, autres éléments biographiques

Lala, Pantomaté, pour Lalande. C'est Madame Louise-Elisabeth du Pierry (orthographiée aussi, par Mme Klumpke notamment, Dupierry). Née à La Ferté-Bernard, le 1er août 1746, elle est considérée comme une émule de Mme Lepaute (qui la précéda dans le cœur de Lalande) notamment dans le calcul des éclipses. Elle calcula un certain nombre d'éclipses de Soleil, en vue de l'étude du mouvement de notre satellite; il semble qu'elle ait été professeur d'Astronomie, la première femme-professeur à Paris. Et c'est sans doute à ce titre que Lalande lui dédia son «*Astronomie des dames*», qu'il lui avait fait lire (UR18). On ne connaît pas la date de son décès, postérieur à celui de Lalande.

Amis, amies, et familiers

À travers la correspondance avec sa chère Lala, on voit défiler de nombreux personnages, famille, serviteurs, assistants, astronomes, jolies femmes, poétesses, relations professionnelles et amis divers. L'environnement de cet astronome est fort varié. Amies et amis seront présents, jusqu'à la fin.

Une «*chère Minette*» intervient en 1779, ainsi qu'un cher frère, dont il ne sera plus question plus tard (UR1), à moins qu'il ne s'agisse du «*f. Antoine*», qui intervient deux fois.

Le voyage en Angleterre permet l'évocation de figures parisiennes; nous reviendrons sur les rencontres londoniennes (voir ci-après § 5).

Au Collège Royal, Mme du Pierry est chargée de «*commissions*» pour ses deux assistants, Faro, dont il se méfie, et Barry, et pour une «*bonne*», qui n'est pas nommée (on est sous l'ancien régime!). Messages aussi pour le «*neveu*» Lefrançais, pour Beaublé à Paris, voire pour Delambre;

Lefrançais (ou Beaublé) doit transmettre un message à Cassini, à de la Place (Laplace), à Méchain (UR2). Il évoque M. de la Rivoire, chez qui Mme du Pierry va passer l'été à la campagne (UR3). Intervient encore M. Bourgeois (qui s'occupe des affaires de Bourg). Elle doit encore (UR7) se charger de mille compliments pour M. Daffrique, et le f. Antoine, dont il parlera plus tard, comme de relations très régulières. L'entourage proche de Mme du Pierry, à qui Lalande envoie ses compliments, comporte « la maman » (qu'on ne reverra plus après 1792; décès sans doute?), Mme Denoux, (amie de Mlle Déon rencontrée à Londres) (UR3). Message nouveau à Lefrançais, via Mme du Pierry, pour Delambre, pour l'« *amoureux chimiste* » de Mme du Pierry (UR4). Une fois de plus (UR7), Lalande charge Lala de demander à Lefrançais de porter un billet à M. de Fontanelles « *au bureau* » (au Collège Royal ?).

En 1791, les relations bressanes entrent en scène, comme chaque fois qu'il écrit depuis Bourg. Les bressans et ceux qui passent par Bourg : M. de Raimondis (UR8), Grangeret, compagnon de voyage qui a séjourné chez Mme du Pierry, MM. de Bohan, Duplantier, Mmes Gauthier, de Saconet (UR8), Mlle d'Ischy, Mme Le Cat (qui arrangent plantes et papillons). Lesne, son parent de Mâcon, auquel il tient, est malade. La Bidal doit être une femme de charge de Lalande à Bourg. En voyage vers Paris, Lalande séjourne chez M. Lagrange, un ancien juge, à Mâcon (UR9).

En 1793, à Paris (elle est alors à Hérivaux), on voit les Denon, les Tigny, et aussi Mme Melin, MM. d'Isjonval, Dubocage, Lemonnier (ou Monnier), Mme Cadié, M. Thouin, amis communs. La Souillard, femme de charge sans doute (est-ce la « *bonne* » d'une lettre antérieure, UR2 ?). Sophie Arnoud est à Luzarches comme Mme du Pierry (UR10, 11 et 12). Lalande dîne chez Lavoisier et voit Coulomb; Lefrançais part avec Delambre (mesure du méridien de Paris) mais Lalande se propose de le rappeler... Lesne va être mobilisé : cela gêne Lalande. M. Passerat, (élève de Lalande), est à l'École Militaire. Florette (jeune femme, jeune chienne ou chatte, amie commune ?) est malade. Un M. Sérouillat, commissionnaire ou artisan, est souvent mis à contribution. Il est (ironie ?) taxé de « *ton amoureux Sérouillat* » (UR17); M. Souillard (le mari de « la Souillard », ci-dessus mentionnée, ou cette même personne, Lalande écrivant *M.* ou *Mme* d'une façon souvent peu identifiable) et Mme Bélier doivent fermer de bonne heure chez Mme du Pierry (rue Thévenot, pensons-nous, domicile permanent de Mme du Pierry). M. Bitaubé se charge de billets pour Lala (UR13); on le reverra au Louvre.

Fin de l'été : retour (pour peu de temps) à Bourg : « *La Bidal* » s'occupe toujours de l'intérieur de Lalande. Celui-ci rencontre MM. de Bohan, de

Maillard, de Fenille; il charge Lala d'amitiés pour ses voisins Tigny (que l'on revoit souvent). M. et Mme Bailleux, Fabre toujours, Gohier déjà (UR14).

On est en pleine Terreur, 1794. On voit à Paris Fabre et ses neveux, Denoux – ces deux-là, on les voit souvent –, Legendre, Mme Denizet... Le fils de l'ami Bernard (de Bourg) est hébergé par Lalande.

Thermidor passe. Lalande donne des leçons aux «*petites Denizet*». M. Desherbiers est conduit par Lalande chez Sapho, ou chez Mme Bréon, «la reine des Volsques» (c'est-à-dire des anciens habitants de l'Italie prélatine) : des femmes du monde, ayant un salon ? ou des demi-mondaines ? Plus probablement des poétesses, habituées des réunions poétiques des Rosati, comme Mme Joliveau et Lalande lui-même. Lalande a de bonnes relations avec elles comme avec la belle Horace (UR19), des relations régulières même (UR20). Il est question aussi d'une La Rivoire, d'une Rateau. Et Bitaubé est toujours là; mais il va avoir un appartement au Louvre. Lalande voit Beauchamp, en partance pour Constantinople et Mascate. Le f. Antoine s'occupe des relations avec l'architecte de Lala. On voit souvent l'imprimeur Baudouin ou la citoyenne Seline (on avait déjà rencontré une «*de Selinne*»... La même ?), sans doute libraire. Visite à Richer, à Bitaubé, à «*l'élégant*» Soulier, aux cousins Bayoux, aux Denon, amis de longue date (UR22)...

En 1797, apparaît Madame Joliveau, la «*muse*», avec qui il dînera souvent (une relation plus intime ? On ne sait trop) (UR21). Madame Melin est aussi une amie chez qui l'on dîne souvent (UR23). Tigny, qui fait la navette Paris-Mareil est souvent nommé. Et bien sûr, en 1801, et plus tard (UR24) les Gohier, (UR29) les Bruix. Lalande dîne toujours, très répandu, chez diverses femmes : Mme de Nerville, comme la muse, ou Mme Melin. Fabre est toujours là, et Mme Denon (ce n'est plus « les » Denon... ; elle est aussi une créancière, contre laquelle il fait jouer son neveu lors de l'assemblée des créanciers... de qui ? Mme du Pierry ?), M. Saujon, et Mme Saujon (UR27). Un «*M. Des.*», qui doit aller en Belgique est-il toujours le Desherbiers antérieurement nommé (UR27) ? Et voici les dames Monier (il y eut Monnier ? les mêmes ?) et Fabre encore (UR32). Jeannette et sa sœur (femmes de chambre, paysannes de Mareil ?). Lettre d'Amélie, au nom de Lalande (UR31); Fabre est devenu «*votre amoureux Fabre*». Amélie envoie les tendresses «de l'oncle (Lalande) du mari (Lefrançais) et des enfants (la petite Uranie, née le 27 juillet 1793 – voir UR13 – est du lot, comme Isaac). L'âge vient, on ne voit que les très proches; on reçoit des visites, celle de M. de Saugeon (UR32 – le même qu'orthographié *Saujon* auparavant ?). Un sieur Vignée est envoyé par Lalande à Pantomaté

(UR33). Sa «*petite cousine*» et M. Molet viennent chanter avec Lalande (UR34). En 1805, on revoit Desherbiers, et «*la pauvre Denizet*», et les quatre sœurs Sauze (sans doute) déjà citées bien avant (UR35 et 7) Il voit la muse, toujours, sa voisine(?), d'Affrique, Fabre, vieilles relations, Louel... (UR35) et Fabre encore (UR36).

LE VOYAGE EN ANGLETERRE (ÉTÉ 1788)

Ce voyage est décrit dans les lettres UR2 à UR7.

Le but du voyage est de mieux connaître les collègues anglais et surtout de voir le grand télescope de Herschel; le voyage d'Angleterre n'est-il pas «*indispensable pour un astronome jaloux de la perfection de son métier*» (UR3)? Mais il est aussi soucieux de rapporter, sur les instructions sans doute de Cassini IV, des informations sur les instruments fabriqués par le fameux constructeur d'instruments Ramsden (UR2). Il se félicite (UR7) de ce que sa visite aura permis à l'Observatoire de Paris d'avoir les instruments de Ramsden, commandés par Cassini IV (mais en fait, c'est un seul instrument, une lunette méridienne, qui ne sera livrée au Bureau des Longitudes qu'en 1803, et installée à l'Observatoire de Paris le 21 fructidor – 8 septembre, en présence du ministre Chaptal).

Lalande arrive à Londres le 20 juillet. Les trois premiers jours, c'est une prise de contact, avec les Français de Londres. Lalande rencontre l'Ambassadeur M. Barthélemy, – qui deviendra Directeur au sein du Premier Directoire, avant sa disgrâce le 18 fructidor (4 septembre 1797), M. de Calonne, qui avait été ministre de Louis XVI jusqu'en 1787, le général corse Paoli, qui, vaincu, s'était retiré en Angleterre. Ce sont aussi les astronomes, Piazzi, Maskelyne, Herschel. Mais aussi l'ambassadeur de Naples, ami de Piazzi, italien lui-même. L'expérience des passages de Vénus devant le Soleil (1761 et 1769) lui avait fait connaître nombre d'entre ces astronomes. Il avait rencontré Maskelyne lors de son premier voyage en Angleterre, en 1763. Son hôte est Piazzi, qu'il avait logé chez lui, au Collège Royal. Les nouvelles de France, c'est-à-dire de Madame du Pierry, sont impatiemment attendues. Elle lui rapporte tout ce qu'il y a à rapporter, et lui sert en quelque sorte d'antenne parisienne, qu'il charge de mille commissions. Ce courrier arrive par le truchement de l'Ambassade. Et quand il va à l'Ambassade chercher les lettres, il s'impatiente quand celles-ci n'arrivent pas (UR3). Il dîne à l'Ambassade le 24 août avec les ministres (ambassadeurs) étrangers (UR7).

Il «*inventorie*» Greenwich, l'atelier de l'opticien Peter Dollond, et celui de Ramsden (UR2). L'instrument de Cassini n'«*avance guère*». Il fait dire à Cassini de faire remettre de l'argent à Ramsden (bien que celui-ci «*n'en demande pas*»: mais les cadeaux entretiennent l'amitié, doit-il se dire!).

Au début d'août (UR4), il visite Oxford, Blenheim, et Slough. À Slough, il est reçu fort bien par William Herschel et sa sœur Caroline, qu'il verra plusieurs fois; on boit (souvent!) à la santé de Mme du Pierry. Il dîne un jour chez l'un un jour chez l'autre; avec Piazzi et Ramsden, à Greenwich, la «*conversation astronomique est très instructive*» pour lui; et il y a des «*jolies femmes*»! (UR6).

À Londres et à Greenwich, il se lie d'amitié avec Shepherd (qui connaissait déjà Mme du Pierry, – et qui «*boit à (s)a santé tous les jours*»). Shepherd est aux petits soins pour Lalande. Il visite l'observatoire d'Aubert. Il observe Vénus en conjonction dans «*tous les grands observatoires d'Angleterre*» (UR5).

Lalande rencontre nombre de personnes hors de l'astronomie. Le prince Calvarozo lui propose un voyage en Hollande, qu'il n'accepte pas (UR4). Un Bertholet, de Bordeaux, (relation de Mme du Pierry) installe une imprimerie à Londres. Il dîne chez le chimiste Black (UR5), il dîne chez Mlle Déon (on en reparlera plus tard; elle a quatre «*charmantes cousines*» à Paris), chez M. Morande, éditeur du *Courrier de l'Europe* (UR7).

À Portsmouth, le «*plus beau port*» d'Europe, «*le plus redoutable pour un Français*» c'est le duc de Richmond (UR5) qui l'accueille (13 août). Mais il ne parle plus de cette visite au retour. Notons que Mme du Pierry devient plus tard membre «*de l'académie de Richmond*». Y a-t-il un lien entre cette visite et ce titre?

Shepherd presse Lalande de rendre visite au Roi George III (UR5), ce qu'il fera, après s'être fait beaucoup prier, le 19 août, accompagné de Herschel, et du fidèle Shepherd. Il est ravi de l'accueil simple et chaleureux du Roi à Windsor; il y rencontre M. de Luc, ami genevois, qu'on reverra, et Miss Burney, romancière connue.

Le 21 août (UR6), il se rend à Cambridge. Il est impossible de ne pas s'y rendre: c'est «*le berceau de Newton, et la résidence des premiers mathématiciens anglais*» (UR6). Il y dîne «*dans la même salle que Newton*» (UR7).

Cependant les événements politiques d'Angleterre ne lui sont pas indifférents. On se bat à Londres pour l'élection d'un membre du Parlement, Lord Hood contre Lord Towshend (UR2). Le rôle de M. Hastings, ancien Gouverneur de l'Inde, soupçonné (sans doute à tort) de malhonnêtetés, mais fort influent, l'intéresse (UR5).

Lalande est reçu par le Premier ministre W. Pitt le Second (27 août), ce qui retarde son retour. Mais c'est « *un des prodiges de l'Angleterre* », et « *un grand ministre vaut bien un jour de retard* » (UR7).

Et Lalande, de loin, suit aussi les événements de France : c'est la crise du Parlement (UR3) : sera-ce le « *retour ou l'anéantissement* » ? C'est le remplacement de M. de Breteuil, qui prend sa retraite, par M. de Villedeuil (UR4). Les nouvelles, ce mois d'août 1788 (UR7) « *ne sont pas consolantes* ».

Le retour nous apprend bien des choses sur la lenteur des voyages. Lalande part de Londres le jeudi 28, un jour plus tard qu'il ne l'espérait – à cause de M. Pitt. On passe la mer le 29. On couche à Calais. Et l'on arrive à Paris le lundi 1er septembre, – à onze heures du matin. Le voyage aura presque duré six semaines, six semaines bien remplies !

UN PEU – ASSEZ PEU ! – D'ASTRONOMIE

Dans ces lettres, Lalande parle assez peu d'astronomie. Il évoque le plus souvent les ouvrages dont il relit les épreuves, qu'il prépare, ou encore qu'il réédite.

Pendant le voyage en Angleterre, entrepris dans un but essentiellement professionnel, il est encore et toujours question de cela : mais l'essentiel ce sont évidemment les visites d'observatoires, les conversations instructives, la pression exercée sur Ramsden pour obtenir les instruments destinés à Cassini. Le récit est rempli d'indications et de jugements. L'admiration de Lalande éclate pour Newton, pour Herschel. Son intérêt est d'abord pour les instruments de Greenwich, pour l'atelier de Dollond et surtout celui de Ramsden. Il va même jusqu'à observer pendant plusieurs jours Vénus en conjonction.

Après l'Angleterre, comme avant, les lettres de Bourg font souvent allusion au travail de ses assistants : ce sont, à Paris, « *son* » Faro (lettres d'Angleterre), puis Lesne, Bernier, puis le successeur de Bernier, médiocre, bien « *qu'il ait des dispositions* » (UR26). Lesne (UR9), bientôt peut-être recruté par l'armée, mais dont il ne peut se passer (UR11). Le « *grand gueux* » part finalement quand même en Vendée (UR12). Revenu malade, il meurt bientôt dans les bras de Lalande.

À moins que Lalande ne réponde à des questions posées par Mme du Pierry. Oui, en octobre, Mme du Pierry doit pouvoir observer Orion et

Sirius (UR1). Oui, l'arc-en-ciel lunaire, c'est intéressant (UR26). Oui, on peut donner de bons conseils à M. de Garnier pour construire un cadran solaire (UR34).

Ensuite, on va mesurer le méridien : Lavoisier et Borda font construire les règles de cuivre et de platine destinées à mesurer la base : Lalande va les voir (UR11). Lefrançais part avec Delambre, pour contribuer à la mesure du méridien de Paris.

L'observatoire qu'il fait construire à Bourg lui coûte fort cher (UR14, UR15). Mais il y tient beaucoup : il est « *charmant* » (UR4).

À Paris, l'important est la construction, longue entreprise, du fameux catalogue. Le 19 juin 1794 (UR16), il annonce fièrement qu'il a eu 1200 étoiles pendant la dernière décade ; le catalogue en compte déjà 21 000. Les observations et les réductions sont faites par « *nous* » : ses assistants, sa nièce, son neveu. Le 3 juillet, il a plus de 22 000 étoiles. Il en espère 30 000 (UR17).

Occultation d'Aldébaran (UR18).

Lalande est nommé Directeur de l'Observatoire par le Comité d'Instruction Publique le 25 mai 1795 (UR20). En pluviôse 1801, on voit toutes les planètes, sauf Mercure, qu'on verra aussi un mois plus tard.

Lalande s'intéresse au climat : en 1801, il fait une statistique sommaire des hivers doux et des hivers rudes (UR25). Sur une question de Mme du Pierry, l'arc-en-ciel lunaire est décrit (UR26) comme fort difficile à observer ; sans doute la question était plutôt liée à une observation de halo ?

Le temps de la Révolution, avant et après Thermidor

Il est évident que l'homme dans le siècle qu'était Lalande ne pouvait pas seulement « vivre », comme Talleyrand, ou Laplace. Il nous fait part des événements, de ses espoirs de ses enthousiasmes, de ses craintes, en un discours qui ne s'exprime que lorsqu'il est loin de Mme du Pierry, – donc de façon assez irrégulière...

Avant Thermidor : Déjà, en août 1788, les « *nouvelles de France ne sont pas consolantes* ».

20 juin 1789 : Serment du jeu de paume
14 juillet 1789 : Prise de la Bastille
Nuit du 4 août 1789 : Abolition des privilèges
5-6 octobre 1789. Le Roi quitte Versailles et s'installe aux Tuileries

Mais les lettres de Lalande en 1789? «*Rien*», comme écrivait Louis XVI dans son journal le 14 juillet! Lalande était alors proche, à Paris, de sa chère Lala, parisienne encore elle-même, et n'écrivait pas.

12 juillet 1790 : Constitution civile du clergé
14 juillet 1790 : Fête de la Fédération
20 juin 1791 : Fuite du Roi, arrêté à Varennes
17 juillet 1791 : « Massacre » du Champ de Mars par Lafayette : Entrée du « drapeau rouge » dans l'Histoire
3 septembre 1791 : Constitution, et Déclaration des Droits de l'Homme et du Citoyen (13 septembre)
18 Septembre 1791 : L'Assemblée Constituante est remplacée par l'Assemblée Législative qui se réunit le 1 er octobre

L'atmosphère est appesantie par la fuite à Varennes de Louis XVI et les massacres du Champ de Mars. La guerre avec les Autrichiens (et les émigrés) menace : «*M. de Pontgibaud croit à la guerre*» (UR8). «*Tous les émigrants sont fous de cette espérance*». Lalande n'est pas des leurs!

En octobre, le voyage Bourg-Paris est encore facile (UR9).

20 avril 1792 : Louis XVI déclare la guerre à l'Empereur d'Autriche, sous les rumeurs de concentration sur le Rhin.
10 août 1792: journée révolutionnaire; le 12, la famille royale est emprisonnée au Temple
La Commune de Paris
20 septembre 1792 : Victoire de Valmy
22 septembre 1792 : à la Convention, proclamation de la République
21 janvier 1793 : Louis XVI est guillotiné
1793-1794 : La Terreur.

En 1792, aucune lettre de Lalande. Lalande était à Paris, Lala à Hérivaux.

En mai 1793, ce qui l'inquiète, c'est le «*recrutement forcé*», qui risque de lui faire perdre son assistant Lesne (UR11). Les déplacements sont maintenant devenus difficiles: il faut un passeport. Les armées de la Convention «*n'offrent rien d'important*». Mais on comprend mal ce que Lalande aurait voulu d'important? Lalande se met au vocabulaire révolutionnaire : « *votre concitoyen* », dit-il à son amie...

31 mai 1793 : Journée d'insurrection révolutionnaire
29 mai 1793 : insurrection à Lyon contre les Jacobins, matée en juillet
2 juin 1793 : Défaite des Girondins
13 juillet 1793 : assassinat de J.-P. Marat
4 septembre 1793 : insurrection des « sans-culottes »
Mars-décembre 1793 : guerre de Vendée

En juin 1793, Lalande note que « *votre ami Marat a remporté la victoire* ». Et : « *personne ne remue à Paris* » (UR12). Il s'agit sans doute de la chute des Girondins, et de la victoire des Jacobins.

En août 1793 (UR13), les temps sont durs à Paris : « *on a bien de la peine à avoir du pain* ». L'optimiste invétéré qu'est Lalande affirme qu'« *il n'en connaît pas une qui en ait manqué tout à fait* ».

C'est la Terreur. La province est en pleine agitation. Lesne, le « *grand gueux* », est recruté pour la Vendée (UR11, 12). À Bourg (UR14), « *la nouvelle taxe du blé rend les subsistances difficiles à avoir* ». Loi sur les accapareurs, décret sur les gens suspects, tout cela inquiète. De Bourg, « *on entend le canon de Lyon* » ; cette « *malheureuse ville ne peut manquer de se rendre* ». Mais Lalande « *prend (s)on parti philosophiquement et cherche toujours le bon côté* ». Il espère que la paix sera pour bientôt.

En octobre 1793 (UR15), Lalande a complètement adopté le calendrier révolutionnaire. Les communications restent difficiles.

19 juin 1794 (UR16) : « *La fête de l'Être Suprême a été brillante* » ; Lalande y a assisté (le 8 juin). Mais la guillotine fonctionne... « *61 conspirateurs exécutés* ».

> 26 juin 1794 : Victoire de Fleurus

Cette victoire est « *précieuse pour de bons républicains* ». Rappelons que c'est Jourdan qui commandait l'armée (que l'on appela « armée des sans-culottes », ou « soldats de l'an II » pour Victor Hugo), et Carnot (surnommé « l'organisateur de la victoire »), qui avait planifié la campagne des armées du Nord et de l'Est.

> 27 juillet 1794 : le « 9 Thermidor an II », chute de Robespierre, guillotiné le lendemain

Les thermidoriens sévissent désormais ; et l'on châtie. « *Carrier a été conduit à la Conciergerie* » (le 24 novembre) (UR18). Le pain ne revient pas vite (UR19), mais Lalande l'optimiste pense qu'il ne doit pas y avoir de faim « *dans un pays fertile où il y a beaucoup de bestiaux* ». L'amie doit rester à la campagne : « *tu (y) seras aussi bien... pour les vivres* ».

> 1er avril 1795 : manifestations du 12 germinal an III
> 22 avril 1795 (3 floréal an III) : Constitution de l'an III
> 20-24 mai 1795 : journées de prairial (1-5 prairial an III) (« Du pain et la Constitution de 1793 ! »). Échec de la résistance jacobine

La réaction thermidorienne n'est pas exempte de conflits ; frictions entre les Montagnards et la Convention, autour de la Constitution,

(Germinal an III, mars avril 1795 : la Constitution est adoptée le 22 avril 1795). Mai – prairial (UR20) – est marqué par les derniers sursauts jacobins.

Prairial (mai -juin) : intensification de la Terreur blanche dans le midi

L'insurrection jacobine échoue donc, mais Lalande «*n'a d'autre chagrin que la perte de deux belles soirées d'étoiles*». C'est pourtant la Terreur blanche. Albitte, «*qui a fait exécuter les 14 plus honnêtes gens de Bourg*» en 1794, est arrêté (UR20) : Lalande s'en «*réjouit*». Mais «*le manque de pain*» reste un problème prioritaire ! Lalande ira voir Lala à Mareil – «*si (elle) a du lait, des œufs, du pain ou autre comestible quelconque*».

Novembre 1795, an III : Le Directoire est mis en place
Mars 1796-avril 1797 : campagne d'Italie, qui assoit l'influence de Bonaparte
18 fructidor (4 septembre an V) 1797 : coup d'état républicain ; le second Directoire remplace le premier

1797... La politique n'est guère plus là pour Lalande. Le pain est sans doute revenu ?

18 brumaire 1799 (9 novembre 1799) : coup d'État de Bonaparte. Institution du Consulat

Brumaire est accepté passivement, sans un mot de Lalande. Ce n'est sans doute pas, pour l'athée Lalande, le plus grand crime de Bonaparte. Bien pire sera le Concordat !

BONAPARTE CONSUL ET NAPOLÉON EMPEREUR

1800 : Conspiration vendéenne de Cadoudal

Bonaparte règne... Mais en 1800, c'est la machine infernale de Cadoudal, chef de la chouannerie bretonne. En janvier 1801, on en parle à Paris (UR25). On a arrêté 200 personnes ; entre autres « *un domestique de chouans qui avait mis le feu à la machine infernale* ». Lalande laisse entendre qu'un temps, il avait été possible de croire à un attentat de la part des Jacobins ; mais « *on commence à croire que cette conspiration est venue des aristocrates* ».

1801 : Concordat
1802 : Loi des cultes

1802 (16 thermidor an X) : Consulat à vie de Napoléon Bonaparte
1802 : Complot de l'Opéra

En 1801 (UR28), Bonaparte avait signé le Concordat, et institué la loi des cultes en 1802. Bonaparte avait été proclamé Consul à vie à Pâques 1802, au cours d'une cérémonie à Notre-Dame.

Lalande, qui appelait « scélérat » tout terroriste, évoque en mai 1802 un « *scélérat hypocrite* ». Il s'agit peut-être d'Albitte.

1804 : Affaire du duc d'Enghien
2 décembre 1804 (le calendrier révolutionnaire n'est pas encore aboli) : Couronnement de Napoléon, empereur

Lalande se lie de plus en plus avec Gohier, l'un des anciens Membres du Directoire (il en fut le dernier Président – jusqu'au 18 Brumaire), chez qui Mme du Pierry habite en 1801. Lalande nomme Mme Gohier « *sa cousine* » (UR33, 34). Est-ce un cousinage réel, ou un nom d'amitié ?

En 1804, sans doute à l'occasion du couronnement, en décembre 1804 (UR35), Lalande voit « *deux fois l'empereur et deux fois le pape* ». Sans autre commentaire de sa part. Pour Napoléon, ce fut d'abord le mardi 11 décembre, avec l'Institut, venu en corps constitué féliciter l'Empereur, puis, le dimanche 23 décembre, pour lui présenter le nouveau volume de la *Connaissance des Temps*, avec une délégation du Bureau des Longitudes. En ce qui concerne le Pape, l'une de ces rencontres eut lieu le 13 décembre 1804 ; et la seconde fin janvier 1805 : Lalande était à la tête d'une délégation du Bureau des Longitudes pour lui présenter le nouveau volume de la *Connaissance des Temps*.

Il ne reviendra plus sur l'actualité politique…

On devra lire par ailleurs les textes de Lalande (dans les suppléments du *Dictionnaire des athées*, de Sylvain Maréchal, éditions de 1803, et de 1805) sur Napoléon Bonaparte, et aussi le violent texte de 1805 par lequel Lalande est interdit de parole à l'Académie des Sciences à la demande de l'Empereur ; il l'accepte humblement. Il mourra peu de temps après. Nous croyons intéressant de reproduire ci-après ces quelques textes.

1. Lettre[1] de Napoléon à Lalande (5 décembre 1796)
Au citoyen Lalande,
Directeur de l'Observatoire
Milan, le 13 frimaire an V

1. Archives de l'Institut de France

J'ai reçu, citoyen, votre lettre du 28 octobre. Je me suis empressé de faire passer celle qui était incluse pour l'astronome de Milan. Toutes les fois que je puis être utile aux sciences et aux hommes qui les cultivent avec autant de succès, je suis mon inclination, et je sens que je m'honore.

De toutes les sciences, l'astronomie est celle qui a été la plus utile à la raison et au commerce; c'est surtout celle qui a le plus besoin de communications lointaines et de l'existence de la république des lettres; heureuse république, où les hommes sont souvent, comme dans les autres, en proie aux passions et à l'envie, mais où la gloire est accordée au mérite et au génie, qui l'obtiennent sans partage !

Partager une nuit entre une jolie femme et un beau ciel, le jour à rapprocher ses observations et ses calculs, me paraît être le bonheur sur la terre,

Je vous salue,

Bonaparte

2. Dictionnaire des athées de Sylvain Maréchal, par Lalande (1803)

Page 227 du texte de S. Maréchal :

Entrée LALANDE (Jérôme) :

« Dans quelques-unes de ses lettres à ses amis, il signe Lalande, doyen des athées... »

et :

« Cousin croit que mon athéisme m'a sauvé la vie en 1794 » (Notes de Lalande).

Il n'y a d'entrée BONAPARTE (Napoléon), ni dans le texte de Maréchal, ni dans le premier supplément de Lalande, ni dans le second; mais on trouve, page 37 du premier supplément :

« Monge me disait devant le grand Bonaparte que j'étais un Athée chrétien; je lui dis : « mon athéisme est le résultat de mes méditations sur l'univers; mon christianisme est le fruit de mon expérience sur les hommes ».

3. Second supplément au Dictionnaire des athées de Sylvain Maréchal, par Lalande (1805)

Page 77 : « Il n'y a que les philosophes qui puissent propager la science, et peut-être diminuer un jour le nombre des monstres qui gouvernent et ensanglantent la terre, c'est-à-dire ceux qui font la guerre ».

Napoléon (le « grand Bonaparte » du premier supplément) se sentit visé lorsqu'on lui fit lire cet opuscule. Il réagit durement :

4. Procès-verbal de la séance de l'Institut du 5 nivôse an 14 (26 décembre 1805). La lettre citée de Napoléon est datée du 13 décembre 1805, à Schönbrunn, peu après la bataille d'Austerlitz (2 décembre 1805).

Paris, le 5 nivôse de l'an 14 de la République française

Le Président de l'Institut Certifie que ce qui suit est extrait du procès verbal de la Séance extraordinaire du Jeudi 5 nivôse An 14.

Les quatre classes étant réunies en vertu d'une convocation extraordinaire, le Président donne lecture de la lettre [1] de S. M. l'Empereur au Ministre de l'Intérieur, conçue en ces termes :

« Monsieur Champagny, c'est avec un sentiment de douleur que j'apprends qu'un Membre de l'Institut, célèbre pour ses connoissances, mais tombé aujourd'hui en enfance, n'a pas la sagesse de se taire et cherche à faire parler de lui, tantôt par des annonces indignes de son ancienne réputation et du Corps auquel il appartient, tantôt en professant l'athéisme, principe destructeur de toute organisation sociale; qui ôte à l'homme toute ses espérances et toutes ses consolations. Mon intention est que vous appeliez auprès de vous le Président et le Secrétaire de l'Institut et que vous les chargiez de faire connaître à ce Corps illustre dont je m'honore de faire partie; qu'il ait à mander M. De Lalande et à lui enjoindre, au nom du Corps, de ne plus rien imprimer, et de ne pas obscurcir dans ses vieux jours ce qu'il a fait dans ses jours de force, pour obtenir l'estime des savants, et si ces invitations fraternelles étaient insuffisantes, je serois obligé de me rapeller (*sic*) aussi que mon premier devoir est d'empêcher que l'on n'empoisonne la morale de mon peuple. Car l'athéisme est destructeur de toute morale, sinon dans les individus, du moins dans les nations. Sur ce je prie Dieu qu'il vous ait en sa sainte garde ».

M. de Lalande, présent à la séance prie l'Institut de recevoir la déclaration qu'il se conformera entièrement aux intentions de Sa Majesté qui viennent de lui être notifiées par le Président de l'Institut.

Certifié conforme

Desfontaines président

COLLÈGE DE FRANCE, OBSERVATOIRE, BUREAU DES LONGITUDES

Lalande, on le sait, cumula les responsabilités. « Survivancier » de Delisle au Collège de France, puis son successeur en 1768, il y enseigna 46 années, jusqu'à sa mort. Membre très jeune (il avait vingt ans!) de l'Académie des Sciences, Directeur de l'Observatoire, secrétaire, dès sa création, du Bureau des Longitudes, il ne pouvait pas ne pas évoquer les questions se rattachant à ses responsabilités dans ses lettres à sa « *meilleure amie* », même de façon très brève.

L'Académie : Lalande est fier d'en être : « *le nom d'un académicien suffit pour justifier (une) exception aux règles* » (UR8). Il se réfère souvent à d'autres membres de la compagnie : Coulomb est un « *académicien de grand mérite* », Lavoisier, Delambre, Laplace, ... Nous sommes solidaires,

1. Archives de l'Institut de France

à l'Institut ! Et l'on y intrigue pour faire élire Lefrançais, son neveu (UR12). On s'y amuse aussi : Dupont de Nemours (UR32) évoque, dans un discours à l'Institut, le langage du rossignol.

Collège de France : il en parle peu jusqu'en 1793 : il signe alors « *Lalande, inspecteur* (c'est-à-dire Administrateur, au sens actuel de ce mot) *du Collège de France* » (UR10). Il date ses lettres « *du Collège de France* » en 1797 (UR22, 32). Mais il n'en parle guère. En 1802 (UR29), il annonce la rentrée du Collège, et évoque la démission de l'abbé Delille.

L'Observatoire : Lalande en est nommé Directeur (UR20) en mai 1795 (4 prairial), puis l'administration en est confiée au Bureau des Longitudes. Lalande reste Directeur jusqu'au retour de Méchain à Paris, en 1798. Mais Lalande loge au Collège de France depuis 1775 ; il y mourra.

En 1795, on travaille à l'organisation du Bureau des Longitudes (UR20). Lalande en sera le très actif secrétaire.

VIEILLESSE...

Dès la première lettre (UR1), Lalande évoque ses « *infirmités* ». Ce sont sans doute celles d'une vieillesse commençante ; il n'a pourtant encore que 47 ans.

À Londres (UR4), il se dit « *fatigué* » mais pas « *malade* ». Sa « *santé est fort bonne* ».

Certes, il se préoccupe beaucoup du temps qu'il fait (UR18) ; mais rien n'altère son optimisme.

En 1801, l'été amène une maladie ; mais il ne parle que de son rétablissement (UR27) : « *mes forces sont sensiblement revenues depuis 15 jours* ». 1802 (UR28) : « *mes forces reviennent à vue d'œil, mais les crachats continuent* ». Et (UR30) : « *mes forces sont revenues ; je vais dîner à 1300 toises et je reviens sans être fatigué* ».

Mais la maladie ne le lâche guère (UR31) : Amélie écrit souvent sous sa dictée, jusqu'en 1803 (UR32) ; il « *garde encore la chambre* » en janvier 1803. En octobre, il affirme qu'il se « *porte mieux que l'été passé* » (UR33). En 1805 (UR35) Lalande se « *porte à merveille, et (il va) dîner tous les jours en ville* ».

Il ne doit cependant pas être en très grande forme. En 1806 (UR36) : « *je suis malade* »... « *mes forces ne reviennent point, mais je mange et je dors bien* » (ah ! l'optimisme toujours du vieil homme...). C'est la dernière lettre. Lalande meurt le 4 avril 1807, de tuberculose pulmonaire.

La vieillesse de Lalande l'amène à se préoccuper de questions peu astronomiques, et parfois futiles. Il dîne chez les uns ou les autres (la « *muse* » souvent), il reçoit des visites, s'occupe de Jeannette, une servante sans doute, et de sa sœur, veut adopter un chat gris, réclame (deux fois !) les livres empruntés par son amie, fréquente beaucoup les poètes (la muse Mme Joliveau, les Rosati...), chante *le* « *miserere* »...

La dernière lettre de Napoléon à l'Institut (ci-dessus § 7) serait-elle justifiée ? Nous ne le pensons pas. Car jusqu'à la fin, les lettres de Lalande, même éloignées de ses préoccupations astronomiques, sont lucides, et raisonnables. Il avait même été appelé en 1803 à reprendre des responsabilités dans le cadre de ses activités maçonniques. Sans doute avait-il un caractère entier et difficile, ennemi des compromis; mais il était loin d'être mentalement diminué, comme le suggèrent Napoléon, et divers contemporains, influencés sans doute par la position de l'Empereur.

LETTRES DE JÉRÔME LALANDE À Mme DU PIERRY

RÉSUMÉS ET ADRESSES[1]

UR1, 13 octobre 1779

Adresse manquante

Résumé

13 octobre 1779

Il a avec sa sœur (en astronomie) la terrible ressemblance des infirmités, sans avoir celle de l'esprit et du talent – complaisance de son frère.

Minette – le premier soin qui l'occupera en arrivant de Bourg (sa patrie)

« Je vois avec regret que vos études astronomiques doivent avoir été interrompues. Cependant vous devez connaître actuellement Orion et Syrius qui se lèvent avant que vous vous couchiez ».

Sa mauvaise prose – Les beaux vers de sa sœur – Respects, tendresses.

À Bourg en Bresse, le 13 Octobre 1779

J'ai bien du regret, mon aimable sœur, d'avoir avec vous la triste ressemblance des infirmités, sans avoir celle de l'esprit et des talents ; j'ai souffert aussi des yeux et cela m'a engagé à de petits remèdes qui m'ont un peu dérangé. Cela ne m'empêchera pas de vous aller bientôt rejoindre. Je

1. Nous avons gardé les résumés, écrits non par Mme du Pierry (l'écriture n'en est pas la sienne), mais sans doute par l'un de ses héritiers (ou l'une de ses héritières). Ces textes nous ont été fort utiles pour rétablir, notamment, l'orthographe de certains noms propres. C'est sur cette version éditée que nous avons travaillé pour rédiger les quelques paragraphes *Introduction et Commentaires* ci-dessus, portant sur le fond et non sur la forme du contenu de cette correspondance. On notera que la lettre UR22 est issue d'un autre corpus, celui de l'Université de Columbia, à New York.

partirai d'ici le 24 : ainsi il ne me serait plus possible de recevoir de vos nouvelles, si ce n'est par l'ordinaire du mercredi 20.

Je fais bien des remerciements à mon cher frère de la complaisance qu'il a eue de me donner de vos nouvelles, et de m'envoyer une lettre bien folle de notre chère Minette. Je ne serai à Paris que le trois ou le quatre parce que j'ai affaire à Dijon et je trouverai le temps bien long en ne recevant point de vos nouvelles. Mais mon premier soin en arrivant à Paris sera de m'en dédommager en allant vous remercier des marques de bonté que vous m'avez données tout cet automne, ainsi que mon frère, qui a poussé la complaisance jusqu'à m'écrire des nouvelles : la plus agréable sans doute a toujours été celle de savoir que vous pensiez à moi, que vous en parliez tous les deux de temps en temps et que vous daignez partager l'empressement que j'ai de me rejoindre à vous.

Je vois avec regret que vos études astronomiques doivent avoir été interrompues : cependant vous devez connaître actuellement Orion et Sirius, qui se lèvent avant que vous ne vous couchiez.

J'abrège à regret ma dernière lettre que je voudrais bien savoir terminer par d'aussi beaux vers que les vôtres, mais je ne sais que vous assurer, en mauvaise prose, du tendre respect avec lequel je serai toute ma vie, votre serviteur, votre frère, et votre ami,

Delalande

UR2, 23 juillet 1788

Adresse

Madame du Piery, rue Thévenot n°8, à Paris

Résumé

Londres, 23 juillet 1788

Est arrivé à Londres du dimanche précédent – est bien reçu de l'ambassadeur de France, de celui de Naples chez lequel le père Piazzi le mène, de M. de Calonne, du général Paoli, de Ramsden, de M. Maskelyne, de M. Herschel.

Il dîne à Greenwich et en inventorie l'observatoire. Est étonné d'apprendre des choses qu'il ne savait pas, et son voyage est déjà payé. – Atelier de Dollond, celui de Ramsden – va partir pour Slough où sont ceux de Herschel – M. Shepherd M. de Luc – Est assez fatigué mais pas au point de s'arrêter. Loge avec M. Piazzi, dans quelle rue ? – Désire des nouvelles de son amie ; on boit à sa santé, on parle beaucoup d'elle à Greenwich. Le prince de Villermosa ira peut-être la voir à Paris – Je lui donne des commissions : son Faro, M. Barry.

M. Shepherd a bien célébré Mme du Pierry ; en est enthousiasmé… Tu sens si j'ai renchéri… M. DeLambre.

M. Cassini, son instrument n'avance guère : moyen de le faire finir; intérêt qu'y prend Delalande – Difficile de tirer un instrument de Ramsden – M. de la Place, M. Méchain – Un quart d'heure de préférence sur les petites bêtes – espère partir le 15 août mais ira à Cambridge, à Portsmouth, à Oxford.

Ce qui se passe pour l'élection d'un membre du Parlement. Par qui Lord Hood est porté ; par qui lord Towshend. Toute la ville est divisée et la canaille s'assomme.

Compliments, tendresses ;

Il dépense moins à Londres qu'à Paris ; son habit de drap violet.

à Londres le 23 juillet, mercredi

Je suis arrivé dimanche, ma chère amie. J'ai été très bien reçu de l'ambassadeur de France, de celui de Naples où le p. Piazzi m'a mené, de M. de Calonne, du général Paoli, de Ramsden, de M. Maskelyne, de M. Herschel ; j'ai dîné hier à Greenwich et j'ai inventorié l'observatoire. Oui, j'y ai appris des choses que je ne savais pas, et mon voyage est déjà payé. J'ai inventorié l'atelier de Dollond; celui de Ramsden ; et je vais partir pour Slough où sont ceux de Herschel ; j'y verrai M. Shepherd, et M. de Luc ; je suis assez fatigué, mais pas au point de m'arrêter. Je loge avec M. Piazzi, Great Castle street, Oxford market n°28, mais lundi, je recevrai de tes nouvelles chez l'ambassadeur de France ; je trouve le temps bien long ; je t'ai déjà bien désirée, nous avons bu à ta santé et parlé beaucoup de toi à Greenwich. M. le Prince de Villermosa qui se charge de ma lettre ira peut-être te voir ; c'est l'ami de M. Piazzi.

Quand tu auras été au Collège Royal, dis-moi ce que la bonne t'aura dit, et M. Barry au sujet de mon Faro ; M. Barry a-t-il bien observé et calculé ?

M. Shepherd t'a bien célébré à ce que m'a dit M. Maskelyne ; il est enthousiasmé de toi ; tu sens si j'ai enchéri.

Fais écrire par Lefrançais ou Beaublé les premières lignes de ma lettre pour les porter à M. Delambre afin qu'il me réponde.

Prie-le de dire à M. Cassini que son instrument n'avance guère ; que je lui conseille de faire remettre de l'argent à Ramsden, et que je ferai d'ailleurs tous mes efforts. Ramsden n'en demande pas, mais ce serait un poids dans la balance ; il parait mettre du prix à mes sollicitations et j'ai quelque espérance de venir à bout d'une chose qui est très difficile, c'est-à-dire de tirer un instrument de Ramsden.

Prie-le de faire bien des compliments à M. de Laplace, M. Méchain.

Donne-moi je te prie pour un quart d'heure ta préférence sur les petites bêtes pour faire ces commissions que j'ai à cœur.

J'espère toujours partir d'ici le 15 d'août, mais j'irai à Cambridge, à Portsmouth, à Oxford.

On se bat ici pour l'élection d'un membre du Parlement; lord Hood est porté par la cour, lord Towshend par l'opposition, toute la ville est divisée, et la canaille s'assomme.

Adieu, cher amour, je t'embrasse tendrement; je m'occupe beaucoup de ton image chérie, et si je n'avais pas tant à faire ici, je me repentirais déjà d'être échappé de tes bras.

Mille respects à ta maman

ΦΦΦ

Je dépense moins ici qu'à Paris, et, avec mon habit de drap violet, je suis comme tout le monde et je vais partout.

UR3, 29 juillet 1788

Adresse (tampon 29/88 dans un cercle)

Madame Du Pierry, rue Thévenot n°8 à Paris

Résumé

Londres, 29 juillet 1788

Détails intimes – Le voyage d'Angleterre indispensable pour un astronome jaloux de la perfection «de son métier». – tendresses – Son astre (*??*) à côté de toutes les lunettes – Herschel – Miss Caroline – Mme de Luc. M. Shepherd. – Observatoire de Greenwich, chef lieu de l'astronomie dans l'Univers – compliments, détails – Le parlement reviendra-t-il ? Sera-t-il anéanti ? – Tendresses.

mardi 29 juillet 1788

J'étais bien impatient, ma chère L., de rec...(*ligne déchirée*) lettre, j'ai été 3 fois hier chez l'ambassadeur, et j'ai été au comble de (*trou*) on dom (*?*) me l'a soumise. Je me doutais bien d'y trouver l'expression de ta (*trou*) nde, de ta tendresse, de ton impatience; mais tu as su bien peu de temps après que tout avait été à merveille. Ainsi nous pouvons prendre patience, tout va bien, j'apprends tous les jours quelque chose, et le voyage d'Angleterre est indispensable pour un astronome jaloux de la perfection de son métier.

Je suis charmé, mon cher amour, que tu aies été à l'herboristerie, au musée; je souhaite que tu ailles un peu à la campagne chez M. de la Rivoire ou ailleurs, pourvu que tu penses un peu à moi; je te porte avec moi dans tous les observatoires; tu es l'astre à côté de toutes les lunettes, j'ai parlé de toi comme tu le mérites, partout où j'ai été, mais ce sera samedi que j'en parlerai le plus chez Herschel, et je ferai bien ta commission auprès de Miss Caroline; Mme de Luc sera charmée aussi d'entendre faire ton portrait.

Je n'ai pas encore vu M. Shepherd, un de tes amoureux, mais il viendra vendredi, ou j'irai samedi à Windsor, avec M. Herschel, que je trouverai vendredi à l'observatoire de Greenwich qui est le chef-lieu de l'astronomie dans l'univers.

Je remercie bien M. Bourgeois du soin qu'il a eu pour la délibération de Bresse. Je te prie de lui faire bien des compliments ainsi qu'à M. Daffrique, et f. Antoine.

Écris-moi bien tous les mercredis, c'est-à-dire le 6 et le 13, car le 20, je serai en route selon les apparences.

Écris-moi deux mots sur le retour ou l'anéantissement du Parlement.

Je n'aurai pas pendant mon absence de moments plus heureux que ceux où je recevrai de tes nouvelles et où je pourrai t'assurer de la tendresse éternelle de ton plus tendre amant.

Φ

Mes respects à la maman, à Mme Denoux; j'ai fait sa commission auprès de Mlle Déon, par écrit car je ne l'ai pas encore vue.

UR4, 7 août 1788

Adresse (tampon : ANGLETERRE)

Madame Dupiery, rue Thévenot n°8 à Paris

Résumé

Londres, 7 août 1788

Il est allé à Oxford, à Bleinheim et à Slough chez M. Herschel – sa sœur en astronomie Mme du Pierry y est célébrée – Miss Caroline – portrait – M. et Mme de Luc à Windsor – Lettre perdue – Le prince Calvarazo – Projet de voyage à Cambridge et à Portsmouth – Le duc de Richmond lui donne rendez-vous à Portsmouth – tendresses – Regrets sur la retraite de M. de Breteuil. M. de Villedeuil – La lettre retrouvée – M. Shepherd et M. Piazzi – L'astronomie prend tous ses moments – Il ne peut pas s'occuper pour sa sœur d'histoire naturelle – Réflexion ingénieuse.

à Londres le 7 août 1788

Me voici de retour ma chère (*trou*) fort agréable et fort instructif à Oxford, à Bleinheim et à Slough chez M. Herschel. Nous y avons bien parlé de toi; Miss Caroline a bu à ta santé, elle m'a remis un portrait de son frère pour toi. Avec M. et Mme de Luc à Windsor, il a été aussi fort question de toi, de ton mérite et de ma tendresse, de son mariage et du mien. Je t'ai bien désiré dans toutes ces courses; je revenais avec une extrême impatience pour lire une lettre de toi et il n'y en a point. Lefrançais a-t-il eu l'indignité de ne pas aller la prendre, ou toi la paresse de ne pas l'écrire? Je ne sais à qui la faute, mais je suis très impatient.

Le prince Calvarazo voudrait me mener en Hollande, mais je suis trop impatient de te revoir et de retrouver mon cabinet et mon impression... Je ne puis me résoudre à quitter ce pays sans aller voir Cambridge et Portsmouth. Voilà encore deux voyages de trois jours chacun: ainsi je ne pourrai partir avant le 20 ou le 22. Milord duc de Richmond m'a donné rendez-vous à Portsmouth pour le 13 et cela rendra mon voyage bien agréable, parce qu'il est général de l'artillerie.

Je te souhaite, ma chère amour, une bonne santé, beaucoup de petites bêtes – et un peu d'amour pour celui qui t'adore.

Φ

Mes respects à la maman

J'ai appris avec bien du regret la retraite de M. de Breteuil, mais si M. de Villedeuil a la place, je n'aurai rien perdu; il a de l'amitié pour moi.

Je reçois enfin ta lettre; on l'avait mise dans une autre chambre par mégarde et j'ai eu cinq heures de mécontentement, mais je n'ai senti que plus de plaisir à la recevoir.

Ma santé est fort bonne, l'exercice que je fais ne m'expose qu'à la fatigue mais non à la maladie.

M. Shepherd et M. Piazzi sont très sensibles à ton souvenir.

Je suis si occupé par l'astronomie que je n'espère pas de pouvoir faire quelque chose pour l'histoire de l'astronomie; heureusement, ce n'est pas aussi nécessaire à ton bonheur qu'il fut au mien de savoir quelque chose de plus en astronomie, et à toi de revoir promptement celui qui est impatient de te serrer dans ses bras

Φ

UR5, 12 août 1788

Adresse (tampon : ANGLETERRE)

Madame Dupiery, rue Thévenot, n°8, à Paris

Résumé

Londres, 12 août 1788

Il part le soir pour Portsmouth – il ira à Cambridge – souvenir de la patrie; il aspire à voler dans les bras de l'amour. – il dîne à l'observatoire de Greenwich, chez M. Shepherd et à l'observatoire de M. Aubert; partout on boit à la santé de Lala – Le temps est d'une fraîcheur agréable – l'habit d'été – l'habit de drap – Vénus en conjonction – inventions, instruments nouveaux – Portsmouth, le plus beau port de l'Europe – Pour quel pays redoutable? pour qui principalement curieux? Le duc de Richmond (général de l'artillerie) lui en fera les honneurs – Si son Faro n'a pas travaillé, lui laver la tête – M. Hastings. – Est-il coupable, est-il innocent; caricature où il es représenté menant le Roi en brouette; ce qu'il dit en la poussant; il a peut-être donné 20 millions, mais il en a plus de 100. – Détails intimes – son neveu – M. DeLambre. Le chimiste amoureux – M. Black – ce dernier a pour admirateurs Lavoisier, Bertholet, Morveau – M. Shepherd; ses soins hospitaliers; il veut le mener voir le Roi à Windsor; Lalande résiste; Pourquoi? – Apprêts de retour; détails; pensée tendre et ingénieuse.

Mardi 12 août 1788

Samedi, ma chère Lala, j'ai rencontré ton Bertholet de Bordeaux qui était venu ici pour établir une imprimerie, et qui cherche une éducation. Nous avons bien parlé de toi.

Je pars ce soir 12 pour Portsmouth, 24 lieues. À la fin de la semaine, j'irai à Cambridge, 17 lieues, et je ne songerai plus qu'à regagner mon gîte pour voler dans les bras de l'amour. J'ai dîné vendredi à l'observatoire de Greenwich, samedi chez M. Shepherd, dimanche à l'observatoire de M. Aubert; partout on a bu à ta santé, et l'on t'a désiré.

M. Piazzi et M. Shepherd sont bien sensibles à ton souvenir; et te présentent leurs respects. Le temps est ici d'une fraîcheur agréable; je n'ai porté mon habit d'été que 2 ou 3 fois; l'habit de drap va fort bien.

J'ai observé Vénus en conjonction dans tous les grands observatoires d'Angleterre; j'ai décrit toutes les inventions, tous les instruments nouveaux; enfin j'ai fait un voyage précieux pour un astronome.

Je vais voir le plus beau port de l'Europe, l'endroit le plus redoutable pour la France, et par conséquent le plus remarquable pour un Français; j'ai tant étudié la marine que ce voyage est vraiment nécessaire pour moi. Le duc de Richmond m'y a donné rendez-vous, et probablement, je verrai ce que les étrangers ne voient point

Je te prie d'aller voir ce qui se passe chez moi, de t'informer de ce que fait mon Faro, de lui laver la tête s'il ne travaille pas, de lui demander combien il a calculé d'observations de la Lune.

On est si divisé sur M. Hastings que je ne partirai pas sans savoir s'il est innocent ou coupable; tout est affaire de parti. J'ai vu une estampe où l'on représente Hastings qui mène le roi dans une brouette, en disant : ce qu'on a acheté, on peut le vendre. Il a donné peut-être vingt millions, mais il en a plus de cent.

Tout ceci était écrit en attendant la poste qui m'a apporté ta lettre bien détaillée et bien tendre, qui m'a fait toujours un grand plaisir. Certainement je ne serai plus à Londres le 25; ainsi tu ne m'écriras pas ici le 20, mais ce jour-là tu adresseras ta lettre avec celles de mon neveu et de M. de Lambre à Calais, poste restante; je ne sais pas quel jour j'y arriverai, peut-être le 23 ou le 24; je te dirai cela dans ma prochaine lettre; je serai probablement revenu de mes deux voyages.

Dis à mon neveu que je suis bien content de sa lettre, et qu'il aille remercier M. de Lambre à qui je n'écrirai pas aujourd'hui.

Je suis charmé que tu ailles au concert; il faut un peu de dissipation. Dis à ton amoureux chimiste que j'ai dîné avec M. Black, à qui j'ai parlé de lui, de M. de Lavoisier, Bertholet et Morveau, comme étant ses admirateurs.

M. Shepherd a beaucoup de soin de moi, il m'accompagne, il me fait voir les livres, les instruments, les personnes qui peuvent m'intéresser; je dîne chez lui tous les jours où je suis libre; il veut me mener voir le Roi à Windsor; je résiste parce que cela me reculerait de deux jours pour mon départ, et qu'un Roi ne vaut pas ma pauvre petite qui m'aime tant, et qui ne peut vivre sans moi. Je t'en dis autant, chère amour, et je suis aussi impatient de te revoir.

Je ne t'écrirai pas de Calais, car alors j'irai aussi vite que la poste, mais tu sauras d'avance le jour de mon arrivée. Par exemple, si je pars le samedi 23 à 5h du matin, j'irai coucher à Douvres, je passerai la mer le dimanche, je partirai le lundi et je serai le mercredi 27 à 10h1/2 du matin avec toi. Je voudrais bien partir le 21, mais je ne sais pas si j'en serai le maître. Quoi qu'il en soit, tu seras, ma bien-aimée, ou le motif de mon accélération, ou l'objet de mon regret, parce que tu l'es de mon plus tendre amour,

Φ

UR6, 18 et 19 août 1788

Adresse (tampon : ANGLETERRE)

Madame Dupiery, rue Thévenot, n°8, à Paris

Résumé

Londres, 18 (août) 1788

Départ différé : M. Herschel insiste pour qu'il aille voir le roi ; but utile de cette démarche. Il ne résiste plus – Prix qu'il attache à l'amitié de M. Herschel et aux choses que ce dernier annonce avoir encore à lui dire. Dispositions pour son retour

– Dîner agréable à Greenwich – Il n'a pas encore pu dîner chez M. Barthélemy, ministre de France : il ira dimanche ; et le soir souper chez un Français qui raffole de lui, « mais si tu as des rivaux, cher amour, tu n'as pas de rivale ».

Le 19

Il arrive de Windsor, fort content. M de Luc et Miss Burney avaient déjà prévenu le roi.- M. Herschel et M. Shepherd accompagnent Lalande – Le Roi traverse la terrasse pour venir à lui – Le Roi lui fait des compliments aussi flatteurs qu'auraient pu faire le particulier le plus honnête – Longue conférence, utilité de la visite – Il ira voir Cambridge le bureau de Newton et la résidence des premiers mathématiciens d'Angleterre – compliments, tendresses.

Lundi 18

Je vois ma chère Lala, que je ne pourrai pas partir avant mercredi 27. M. Herschel veut que j'aille voir le Roi ; il dit que ce sera utile à l'astronomie ; je ne puis résister à une pareille raison, et pour cela il faut aller à Windsor aujourd'hui. M. Herschel, qui m'appelle son ami, m'écrit qu'il a encore beaucoup de choses à me dire, et tu sais que ce sont des choses précieuses pour moi.

Jeudi, j'irai à Cambridge et je n'en puis revenir que samedi, mais je tâcherai de finir toutes mes affaires auparavant.

Je t'écris avant que d'avoir reçu ta lettre de cette semaine, mais j'attendrai pour la finir mon retour de Windsor ; en partant le mercredi 27, je passerai la mer le 28 et je serai à Paris dimanche 31 à onze heures du matin, heure fortunée après laquelle je soupire.

J'ai été dimanche (hier) dîner à Greenwich avec M. Piazzi et M. Ramsden. Nous avons fait un dîner très agréable ; belle vue, compagnie intéressante, jolie femme, conversation astronomique très instructive pour moi ; nous sommes revenus fort tard.

Je n'ai pas encore pu dîner chez M. Barthélemy, ministre de France ; je lui ai promis pour Dimanche 24 ; et le soir il faudra encore aller souper chez un français qui raffole de moi ; mais si tu as des rivaux, cher amour, tu n'a pas de rivale.

Le 19.

J'arrive de Windsor, j'ai eu tout l'agrément possible, M. de Luc et Miss Burney, auteur de Cecilia et d'Evelina, avaient déjà prévenu le Roi. M. Herschel et M. Shepherd étaient avec moi ; il m'a retenu et il a traversé la terrasse pour venir à moi. Il m'a fait des compliments aussi flatteurs que le plus honnête particulier ; nous avons causé longtemps et M. Shepherd assure que ma visite était fort utile.

J'étais impatient d'arriver pour recevoir ta lettre; je l'ai baisée tendrement; je vois que je te fais encore du mal en t'annonçant un retard, mais il est impossible de ne pas aller voir Cambridge, le berceau de Newton, et la résidence des premiers mathématiciens d'Angleterre; j'y suis annoncé, attendu, il faut 3 jours; je reviendrai samedi, il me restera trois jours pour me préparer à mon départ, en vérité quelque envie que j'aie de partir, je ne puis aller plus vite. Ainsi prends patience, ma chère amie, mais en attendant, de cœur et d'imagination, les plus tendres embrassements de ton fidèle amant,

Lalande Φ

M. Shepherd boit à ta santé tous les jours.

J'ai encore parlé de toi ce matin avec Miss Caroline; ce sont toujours mes plus agréables conversations comme mes pensers les plus doux.

UR7, 26 août 1788

Adresse manquante

Résumé

Londres, 26 août 1788

Nouveau retard – M. Pitt lui donne rendez-vous; ce grand ministre, un des prodiges de l'Angleterre. – Apprêts de départ. – Il dîne chez M. Barthélemy avec tous les ministres étrangers – Retour de Cambridge – Il mange dans la même salle où mangeait Newton – Bons effets qu'il espère de son entrevue avec M. Pitt pour le progrès de l'astronomie – Mlle Déon – M. Morande, auteur du courrier de l'Europe; parle de Lalande dans une de ses feuilles – M. Shepherd – Moatti – M. Bourgeois – Un jésuite et un hérétique ne peuvent rester ensemble sans se faire la guerre – Les 4 cousines de Mlle Déon à Paris – Détails d'intimité – Sans son voyage, l'observatoire de Paris, n'aurait peut-être eu de longtemps d'instruments de Ramsden; il trouve dans cette considération, et dans l'utilité qui en résultera pour la France un dédommagement du temps, de la peine et de la dépense du voyage – Nouvelles de France peu consolantes; grande envie de la revoir cependant – Pensées tendres, compliments.

Mardi 26 août 1788

Encore un jour de retard, ma chère amie; ce ne sera que lundi matin que je serai heureux. M. Pitt m'a donné rendez-vous pour mercredi, jour où je comptais de partir, et le grand ministre vaut bien un jour de retard. C'est un des prodiges de l'Angleterre et il me fâchait bien de partir sans le voir.

Mais jeudi je pars, ma place est payée, mon lit est retenu; j'ai déjà fait mes adieux à M. Barthélemy qui m'a fait dîner dimanche avec tous les ministres étrangers.

Je suis revenu samedi de Cambridge où j'ai eu beaucoup d'agrément, où j'ai mangé dans la même salle que Newton jusqu'en 1688, et où j'ai été encore utile à l'astronomie, du moins je l'espère; comme je compte que mon entrevue avec M. Pitt produira quelque bon effet pour le progrès de l'astronomie. Je dîne aujourd'hui chez Mlle Déon; je soupe chez M. Morande, auteur du Courrier de l'Europe, qui a parlé de moi samedi dans sa feuille.

Mille compliments à M. Bourgeois; il est bien tranquille depuis six semaines, mais nous allons recommencer la dispute; un jésuite et un hérétique ne peuvent pas en conscience être ensemble sans faire la guerre pour leur religion ou pour autre chose.

J'ai bien parlé à Mlle Déon des 4 aimables cousines qu'elle a à Paris; dites-le leur si vous les voyez avant moi.

Mille respects à la maman.

M. Shepherd est parti aujourd'hui pour la province, nos derniers coups ont été bus à ta santé, et je lui ai promis de te l'écrire aujourd'hui.

J'ai été mortifié de n'avoir pas de tes nouvelles hier; je vis dans l'espérance d'en trouver, vendredi, à Calais; je me suis bien repenti de t'avoir dit de ne pas m'écrire le 20.

Sans mon voyage, je ne sais si l'observatoire de Paris aurait eu dès longtemps des instruments de Ramsden; cela seul m'aurait dédommagé du temps, de la peine, et de la dépense du voyage, car cela est bien essentiel à la France.

Tu chargeras mon neveu de porter ce billet à M. de Fontanelles, rue des Fossoyeurs, et tu l'avertiras en même temps de mon retard, pour qu'il ne fasse pas dimanche au bureau une séance inutile.

Les nouvelles de France ne sont pas consolantes, cela n'empêche pas que j'aie grande envie de la revoir, mais je crois que c'est toi chère amour qui fais le principal effet dans cette impatience. Ta tendresse y fait ma gloire et mon bonheur; je souhaite que la mienne contribue à ta satisfaction, surtout lundi. Adieu mon âme, je t'embrasse comme je t'aime.

Φ

UR8, 16 septembre 1791

Adresse (tampon : BOURG EN BRESSE)

Madame Dupiery, de l'Académie des Sciences de Béziers
rue Thévenot, n°8, à Paris

Résumé

Bourg, 16 septembre 1791
Retour prochain à Paris – son amie s'occupe de chimie – La clé de l'académicien – « *mon nom est à toi comme mon cœur* » – M. de Pontgibaud croit à la guerre ; il n'en est pas étonné : tous les émigrants sont fous de cette espérance – comparaison – M. de Raimondis – M. Grangeret peintre épouse une dame russe. Compliments, tendresses.

Vendredi 16 septembre 1791

Ta lettre du 6, ma très chère amie, annonce toujours des regrets sur notre séparation ; mais le terme approche beaucoup, car avant un mois j'espère reprendre le chemin de Paris et le bonheur de t'y revoir est ce qui me fait surtout désirer mon retour, je vois avec plaisir que tu en es à la 4e édition de la Chimie ; cela doit faire grand plaisir à ton cher enragé. Si l'on a mis mon nom sur ta clé c'est qu'on aura pensé qu'il fallait le nom d'un académicien pour justifier cette exception aux règles, mais mon nom est à toi comme mon cœur.

Je ne suis pas étonné que M. de Pontgibaud croie à la guerre. Tous les émigrants sont fous de cette espérance, et ils mentent à leur propre conscience ; je ne puis les comparer qu'à celui qui disait dans sa loge : « je suis Roi de France et mon armée va venir me chercher ».

Je partage bien tes ennuis et tes inquiétudes sur l'état de maman ; embrasse-la tendrement pour moi.

M. du Raimondis a passé ici ; il reviendra dans 15 jours pour partir pour Nice. Tu penses combien nous avons parlé de toi ; au reste cela m'arrive tous les jours avec les uns ou les autres.

J'ai voyagé avec un Grangeret, peintre qui a demeuré chez toi ; il a épousé une dame russe qui est riche, et qui vient s'établir en France.

M. du Bohan, Mme Gauthier, Mlle de Saconet, M. Duplantier, et tant d'autres, m'ont chargé de les rappeler à ton souvenir. Mlle d'Ivoley et Mme Le Cat arrangent des plantes et des papillons dont elles ne conservent que les empreintes, et qui font un joli effet.

Mes respects à notre inséparable, à ma voisine, à ma sœur.

Adieu, cher et tendre amour, je t'adore et je t'embrasse de tout mon cœur.

UR9, 7 octobre 1791

Adresse (tampon : BOURG EN BRESSE ; surcharge : addition comptable)

Madame Dupiery, de l'Académie des Sciences de Béziers
rue Thévenot, n°8, à Paris

Résumé

7 octobre 1791

La table (de chimie) et les petites bêtes – Détails – Il a relu avec grand plaisir des vers du mois de septembre 1779 – Citation de plusieurs de ces vers – Il voit avec délices que 12 années n'y ont rien changé. – Ce que le temps y a ajouté.

7 octobre 1791

Je n'ai point reçu de tes nouvelles depuis longtemps, ma chère amie ; je suppose que ta table et tes petites bêtes t'occupent toute entière.

J'ai retenu place dans la diligence qui doit partir lundi 17 et arrivera je crois à Paris le vendredi 28. Écris-moi mercredi à Mâcon chez M. Lagrange, ancien assesseur criminel du Baillage.

Mes nièces sont parties ; je suis seul actuellement avec la Bidal, mais il y a encore de jolies femmes à Bourg, et le temps est encore assez doux pour aller à la campagne.

Lesne est malade à Mâcon chez sa mère.

Mille tendresses à la maman, donne-moi des nouvelles de sa santé.

J'ai relu ici avec un grand plaisir des vers du mois de septembre 1779

L'amitié forma le cordon

———

Que ce cordon soit la peinture
De la chaîne constante et pure
Dont elle doit lier nos cœurs

Je vois avec délices que 12 années n'y ont rien changé ; reçois ma chère et savante amie, les assurances du tendre amour que le temps y a ajouté

ΦΦ

UR10, 28 avril 1793

Adresse

À la Citoyenne Dupiery, des Académies de Béziers et de Richmond
à Hérivaux par Luzarches

Dimanche 28 avril

Je vois avec plaisir, ma chère sœur, que vous êtes contente de votre nouveau séjour, à quelques petits inconvénients près. J'aurai soin de m'informer mieux de la voiture de Morfontaine. Je remercierai bien M. Sérouillard, je retirerai la clé du bureau. Les pots sont chez Mme Denon, les laines sont enveloppées. Mme Tigny a partagé vos regrets de ne pas recevoir vos adieux, elle part mercredi pour l'Orléanais.

Isaac a été inoculé mardi et cette nuit il a eu le malaise qui annonce l'effet de l'inoculation,.

J'espère que je verrai les Denon et les Tigny, mais je ne sais pas si ce sera cette semaine; ce sera toujours un grand plaisir de parler de vous et je le fais avec Mme Melin, Mme Dubocage, Mme Lemonnier, hier avec M. Thouin qui était étonné de ne pas vous voir et à qui j'ai dit vos regrets.

Je ferai des reproches à la Souillard; mais il fallait voir ce que vous preniez chez elle. Au reste, il vous sera facile de changer vos traversins.

M. d'Isjonval est parti; nous nous reverrons tous ensemble dans 3 semaines et ce sera un grand plaisir pour moi. J'ai envie de vous aller prendre à Hérivaux afin de satisfaire tout de suite ma curiosité pour un lieu qui a le privilège de m'enlever ce que j'ai de plus cher

Φ.
Lalande, inspecteur du Collège de France

Vous avez encore un académicien de grand mérite dans votre voisinage: M. Coulomb à Chaumont et près Luzarches. Si vous le voyez, parlez bien de moi.

UR11, 6 mai 1793

Adresse (annotée)

À la Citoyenne Dupiery, membre de diverses Académies
à Hérivaux, près Luzarches

Résumé

6 mai 1793

Détails domestiques – Sophie Arnould. Passeport pour aller à 3 lieues – Les plantes et les bêtes, ressources contre l'ennui – Inoculation – Il dîne chez M. Lavoisier – Règles de cuivre et de platine destinée à la mesure de la base.

– M. Delambre – Recrutement forcé ; inquiète Lalande à cause de Lesne, dont il ne peut se passer – Les armées et la Convention – mort du « vieux Laplace » – mort de Lemierre – Compliments.

Lundi 6 mai 1793

J'ai été hier, ma chère Lala, chez Aupetit. J'ai laissé mon adresse pour qu'on m'avertisse du départ de la voiture, et j'enverrai tout ce que vous me demandez. J'irai demain chez la couturière, chez Mme Tigny, chez Mme Denon que je n'ai pas trouvée avant-hier.

J'ai jugé par une réponse très agréable de Mme Arnould qu'elle vous avait bien reçue.

Je compte partir la veille de la Pentecôte, si je puis avoir un passeport. Vous a-t-on demandé le vôtre en chemin ? S'il est inutile, je ne me donnerai pas cette peine. Je suis charmé de voir que vous ne vous ennuyez pas encore ; plus il fera beau, plus vous vous amuserez, les plantes et les bêtes augmenteront vos ressources. L'inoculation a bien pris, mais l'enfant est bien grognon et c'est ce qui nous fatigue. J'ai remis à M. Sérouillat 40# qu'il avait dépensés.

Je vais dîner chez M. Lavoisier pour voir les règles de cuivre et de platine destinées à mesurer la base.

Lefrançais est parti vendredi avec M. de Lambre.

Mme Melin, Mme Cadié, Mme Monnier, Mme Tigny m'ont chargé de vous dire bien des compliments. Mme Tigny est partie vendredi pour Orléans.

Le recrutement forcé m'inquiète beaucoup pour Lesne dont je ne puis me passer ; il n'est pas encore sûr que l'on force à partir. Les armées de la Convention n'offrent rien d'important depuis quelques jours.

Le vieux Laplace, et Lemierre sont morts.

Adieu, ma chère Lala, je suis impatient de vous voir, de vous embrasser, de vous renouveler les assurances de tous les sentiments que vous connaissez à votre concitoyen et tendre ami,

Lalande

UR12, 8 juin 1793

Résumé

« samedi 8 juin 1793 ; jour remarquable par la naissance de Cassini »

Sa chère et savante sœur s'amuse ; il en est enchanté – victoire remportée par Marat ; quel en est l'effet à Paris – La santé de Florette. M. Coulomb et sa belle cousine – Son grand gueux de la Vendée – Lefrançais – Son traité de la navigation.

Samedi 8 juin 1793
jour remarquable par la naissance de Cassini

Je suis enchanté, ma chère et savante sœur, d'apprendre par le capitaine que vous vous amusez toujours bien, et par votre lettre du 3 que vous comptez venir à Paris; je n'ai pu vous répondre tout de suite; j'étais à l'École militaire avec M. Passerat qui avait déjà logé chez moi en 1791. Mais Paris est très digne de vous recevoir, depuis que votre ami Marat a remporté la victoire. Personne ne remue à Paris. Je ne puis pas manquer de prendre part à tous vos chagrins; ainsi l'état de Florette m'intéresse et je souhaite d'apprendre qu'elle est rétablie. J'ai bien été chez M. Petit mais je ne l'ai pas trouvé; faites-lui bien des compliments

J'ai vu M. Coulomb et sa belle cousine. Nous avons bien parlé de vous, et je compte que vous le reverrez bientôt. Je ne suis pas fâché que pour l'acquisition de sa maison, vous ayez le temps de la réflexion. Je n'ai pas de nouvelles de mon grand gueux de la Vendée depuis sa seconde couchée à Étampes. Je vais faire revenir Lefrançais et je crois qu'il sera de l'Académie.

J'ai reçu le 1er exemplaire de mon Traité de navigation, qui va être mis dans le public.

Adieu, chère amie, amusez-vous bien; venez nous voir et recevoir les tendres embrassements de votre meilleur ami,

Lalande

UR13, 9 août 1793

Adresse

À la Citoyenne Dupiery ex-astronomette, de l'académie de Richmond
à Hérivaux par Luzarches

Résumé

9 août 1793

Détails domestiques – M. Bitaubé : on a bien de la peine à avoir du pain, on passe la nuit à la porte du boulanger – La fille du préfet de... La Thébaïde de M. Cormilliolle – *la famille est augmentée le 27 au soir d'une petite Uranie*.

... partir sans vous avoir fait mes adieux, d'ailleurs les places de la diligence seront retenues pour longtemps par les fédérés.

J'ai reçu hier votre lettre du 7. Je ne comprends pas comment la mienne vous est parvenue plus tard.

Ma famille est augmentée le 27 au soir d'une petite Uranie.

M. Sérouillat, ne pouvant plus entrer avec votre clé, a fait forcer la serrure : il y avait un crochet cassé dedans; mais les voleurs ne sont point entrés; j'ai recommandé à M. Souillard et à Mme Bélier de fermer de bonne heure. J'ai été voir M. Richer et M. Tigny pour leur annoncer votre visite de la semaine prochaine.

J'ai posté un billet pour vous chez M. Bitaubé.

On a bien de la peine à avoir du pain; on passe la nuit à la porte du boulanger; cependant je ne connais pas une qui en ait manqué tout à fait.

Je m'en souviens bien d'avoir montré les étoiles à la fille du président de Boufflers qui m'aimait beaucoup; mais ce n'était qu'une amusette d'après-souper.

Je ne connais point *la Thébaïde* de M. Cormilliolle, mais j'avais fait mon compliment sur cette agréable connaissance.

Adieu, mon aimable sœur; je vous embrasse tendrement et ne partirai point que je vous aie vue,

Φ

UR14, 25 septembre 1793

Adresse

À la Citoyenne Dupiery des Académies de Richmond etc.
à Hérivaux près Luzarches par Paris, à Luzarches

Résumé

25 septembre 1793

Il est à Bourg en Bresse (sa patrie) – Il y fait construire à ses frais un observatoire. Il entend le bombardement « de la malheureuse ville de Lyon » – Le décret sur les gens suspects, en inquiète beaucoup d'autres.

mercredi 25 Sept. 1793

Je suis bien coupable, ma savante sœur, d'avoir attendu votre lettre du 17 sept. Mais j'étais fort occupé, vous n'avez rien à faire; je savais de vos nouvelles, vous saviez des miennes; je ne vous supposais pas un besoin instant de ma lettre, je désirais cependant beaucoup la vôtre, et je l'ai reçue avec un extrême plaisir. Je parlais souvent de vous avec M. de Bohan, M. de Maillard, M. de Fénille, etc., et je me proposais de jour à autre de vous envoyer leurs compliments et mes tendresses.

Je suis excédé par les calculs de maçon, de charpentier, de fermiers; j'avais des visites à faire, et des tournées à la campagne; ainsi vous me pardonnerez mon retard que la Bidal même a condamné plusieurs fois.

Je suis bien aise de votre acquisition à Mareil, et j'irai la voir avec grand plaisir. Vous ne parlez pas d'Hérivaux; aussi je suppose que vous vous y occupez toujours agréablement.

Mille compliments à vos voisins Coulomb, à M. et Mme Tigny, à M. et Mme Bailleux, au cher maître, au capitaine, quand vous les verrez.

Quoique j'aime beaucoup mon pays, que j'y aie tous les agréments possibles, je ne laisse pas de regretter Paris, mes affaires, mes amis, vous surtout, chère et intéressante amie, qui sera toujours au premier rang de ce que j'aime, de ce que j'estime, de ce que je respecte.

J'ai eu cinq de mes amis successivement, je les ai laissé partir; je suis seul actuellement et vers le milieu du mois je m'acheminerai pour Paris. Mon observatoire est charmant, mais il me coûte beaucoup plus que l'arriéré que j'y avais destiné; il me mettra à l'étroit pour cette année et la suivante.

Nous entendons journellement le canon de Lyon, et cette malheureuse ville ne peut pas tarder de se rendre.

La nouvelle taxe du blé rend les subsistances difficiles à avoir. La loi sur les accapareurs fait arrêter beaucoup de monde; le décret sur les gens suspects en inquiète beaucoup d'autres, ainsi nous ne sommes guère plus tranquilles qu'à Paris. Mais moi, qui prends mon parti philosophiquement et qui cherche toujours le bon côté, j'espère que la paix se fera bientôt, et que la tranquillité renaîtra.

C'est auprès de vous surtout que j'en jouirai délicieusement, comme auprès de l'objet de mes plus tendres baisers,

Φ

UR15, 16 octobre 1793

Adresse

À la citoyenne Dupiéry, de l'Académie de Béziers, de celle de Richmond à Mareil en France, vis-à-vis le Bouchet, près de Luzarches par Paris

Résumé

À Bourg, le 5e jour de la 3e décade du 1er mois de la 2e année de la République française (16 8bre).

Tort réparé – Il est ruiné par la bâtisse de son observatoire de Bourg. détails – Comparaison de son amie avec une personne bien inférieure à elle en mérite.

à Bourg, le 5ᵉ jour de la 3ᵉ décade du premier mois
de la 2ᵉ année de la République française (16 octobre)

J'ai reçu, ma chère et tendre amie, avec un extrême plaisir votre lettre du 6. Je vois que le délai que j'ai apporté à vous écrire vous a trop affecté; et que vous vous proposez de répondre à toutes mes raisons quand nous nous verrons et que vous êtes persuadée que je suis en retard; j'espère au moins que ma tendresse le réparera, et j'ai déjà bien du regret de vous avoir écrit que je ne vous supposais pas un si grand besoin de ma lettre, puisque je sais que j'étais dans l'erreur.

Je suis enchanté de vous savoir dans votre nouvelle possession, vous êtes plus heureuse que moi qui suis ruiné par la bâtisse de mon observatoire de Bourg.

Je ne sais pas encore si j'aurai une place dans la diligence du 1ᵉʳ du 2ᵉ mois comme je l'ai demandé, les lyonnais auront peut-être tout retenu; dans ce cas, je partirai par une autre route, mais alors je n'arriverai pas le 6ᵉ du second mois.

En arrivant à Paris, je serai bien occupé : je n'espère pas pouvoir aller à Mareil : il fera mauvais temps; mais j'espère que vous ne serez pas longtemps à revenir.

Ne comparez pas la lettre que mon cœur vous a adressée, avec le grand nombre de celles que j'écrivais à celle qui est chargée de mes affaires, et qui a écrit tous les courriers; considérez la hauteur où vous êtes par rapport à elle; c'est parce qu'elle la mesure toute entière qu'elle a été surprise que je ne vous eusse pas écrit plus tôt.

Adieu...

(*feuille déchirée ici*)

UR16, 19 juin 1794

Adresse

À la citoyenne Dupiéry, de l'Académie de Béziers, de celle de Richmond
à Mareil en France, vis-à-vis le Bouchet, près de Luzarches par Paris

Résumé

1ᵉʳ messidor an 2 19 juin 1794. La décade du Solstice – Regrets – Travaux – Projet de voyage – Compliments – Étoiles de la dernière décade; il en compte déjà 21,000 – Son Abrégé d'Astronomie – La fête « de l'Etre Suprême »; il y assiste – Épouvantable exécution révolutionnaire de soixante-et-une personnes qu'il désigne sous le nom de conspirateurs, parmi lesquels « la belle Se Amarante », un Rohan, un Montmorency – Sophie Arnould à Luzarches.

1 messidor l'an 2

Nous voilà bien, chère et aimable sœur, à la décade du solstice, dont j'espérais profiter pour t'aller voir; mais l'ouvrage va toujours, et je ne puis me déterminer à l'interrompre; car, quand je n'y serai pas, ma boutique chômera. Pardonne-moi donc cette nouvelle résolution; j'ai un véritable regret de ne pas exécuter cet agréable projet, mais j'espère que tu m'en dédommageras en venant à Paris avant les grandes vacances que nous aurons dans 40 jours, et auxquelles je remets mon voyage.

Notre cher Sérouillat t'assure de ses respects; Fabre, que je vois quelquefois et dont je vais voir les neveux, me parle toujours de toi, M. Denoux aussi. J'ai été voir M. Legendre et Mme Denizet pour toi; celle-ci est partie pour la campagne.

Nous avons eu 1200 étoiles la dernière décade: c'est un surcroît de bonheur pour moi: j'en compte déjà 21 000. On nous a rendu notre appartement de l'École militaire.

On commence l'impression de mon abrégé d'astronomie; c'est dommage que tu ne soies pas ici pour lire les épreuves.

J'ai fait venir le fils de mon ami Bernard et son oncle s'en est chargé, c'est un grand bonheur pour la veuve.

La fête de l'Être Suprême a été bien brillante; j'y ai assisté, ainsi que tout Paris.

61 conspirateurs ont été exécutés avant-hier; dans le nombre, la belle S. Amarante qui était fort gaie, un Rohan, un Montmorency; mais tu vois sans doute quelques journaux; tu devrais d'ailleurs aller voir Sophie Arnould à Luzarches.

Donne-moi des nouvelles de tes plaisirs, de ton jardin, de tes sociétés; reçois les plus tendres embrassements de ton fidèle ami

Φ

(*la fin de la page, qui semble comporter un post-scriptum, a été déchirée*)

UR17, 3 juillet 1794

Adresse manquante

Résumé

15 messidor an 2 de le République française une, indivisible et démocratique *3 juillet 1794* Reproches tendres – Mort de Vicq d'Azir, grande perte pour les Sciences – Détails d'intimité – ses richesses augmentent à vue d'œil : il a plus de 20,000 étoiles, mais il compte sur 30,000. – Il vend 900# ses oiseaux de Buffon. Bataille de Fleurus. Sa joie de ce qu'elle est gagnée : si nous l'eussions perdue « les

satellites des despotes » auraient pu prendre Cambrai – Son abrégé d'astronomie – Couronne du Lycée décernée. – Sa sœur a fait abattre des arbres; il lui cite à ce sujet deux vers de Delille.

15 messidor l'an 2
de la République française une, indivisible et démocratique

Il y a longtemps, ma chère et savante sœur, que je n'ai eu de tes nouvelles; ton amoureux Sérouillat en demande, et nous ne savons à quoi attribuer ton silence.

Les sciences ont fait une grande perte dans Vicq d'Azir; j'en ai parlé dans deux journaux.

Coulomb a vendu sa maison 14000# avec une partie des meubles.

J'ai bien des compliments à te faire de Sophie d'Isjonval; je dîne aujourd'hui chez elle, et nous boirons à ta santé

Ma fille est à l'École militaire avec son mari; j'y ai été passer la nuit l'autre jour; mes richesses augmentent à vue d'œil : j'ai plus de 22000 étoiles, mais je compte sur 30000.

J'ai vendu 900# mes oiseaux de Buffon; cela m'aidera à faire aller les étoiles, c'est-à-dire le ménage qui est bien dispendieux.

A-t-on célébré à Mareil la bataille de Fleurus? Tu devrais conseiller au Citoyen maire de se distinguer à cette occasion, qui est très précieuse pour de bons républicains, Si nous l'avions perdue, les satellites des despotes auraient pu prendre Cambrai, qui n'est qu'à 32 lieues de Paris.

Mon abrégé s'imprime, il y a 2 feuilles de composées.

J'ai fait donner la couronne du Lycée à Caroché décadi dernier. L'assemblée était brillante; ne regrettes-tu pas tes arbres à présent qu'il fait chaud? Ce n'est pas ma faute; je t'ai bien dit avec Delille :

Ah songez que du temps, ils sont le lent ouvrage,
Que tout votre or ne peut racheter leur ombrage.

Nous avons déjà des abricots à Paris. En as-tu dans ton jardin?

Je crois t'avoir donné l'adresse de Passerat, rue de Paradis n°19, où tu pourras faire déposer tes effets pour Paris ou pour Mareil.

Ne t'ennuies-tu point de ne pas voir tes amis? Ne feras-tu point un voyage à Paris? J'ai eu un véritable regret de ne pas t'aller voir, mais je tiens si fort à mon ouvrage et à celui que je fais faire, que mes résolutions les plus flatteuses s'évanouissent au moment de l'exécution.

N'en sois pas moins persuadée de mon tendre, éternel, et inviolable attachement,

Φ

UR18, 25 novembre 1794

Adresse manquante

Résumé

5 Frimaire an 3, 25 nov. 1794

Il faut que son amie ajourne un beau temps la réparation qu'elle projette : elle trouvera à Paris des portes qui ferment – l'occultation d'Aldébaran visible, mais avec des lunettes. Rentrée du Collège de France – Carrier conduit à la Conciergerie « au grand contentement du public ». – Son Histoire de l'astronomie – tendresses.

5 frimaire l'an 3

Je t'invite, ma chère amie, à laisser tes réparations pour le beau temps ; elles seront plus agréables à faire faire, et tu trouveras à Paris des portes qui ferment Je n'ai pas vu le thermomètre plus bas que zéro, mais à la campagne, il fait plus froid

On a bien vu l'occultation d'Aldébaran ; mais avec des lunettes. Il est tout naturel que la Lune t'ait empêché de la voir à la vue simple, étant pleine. J'ai vu les Denoux qui te désirent comme moi, le capitaine Fabre aussi. La rentrée a été nombreuse et brillante.

Ta propriétaire est morte.

Carrier a été conduit à la Conciergerie hier à 3h du matin au grand contentement du public.

Je suis enchanté de ce que tu penses à l'astronomie, je te ferai lire mon *Histoire de l'astronomie pour 1794*, qui a été bien reçue du public.

Bien chère et tendre amie, accélère ton retour pour accélérer le plaisir que j'aurai de serrer entre mes bras ma plus chère et ma plus savante amie.

Φ

UR19, 1 avril 1795 (12 germinal an IV)

Adresse

À la citoyenne Dupiery, des Académies de Richmond &c
à Mareil près Luzarches

Résumé absent

Il y a deux versions, sans doute brouillon et mise au propre ; l'on en a tenté une synthèse.

Le premier jour du mois qui ouvre est une circonstance favorable pour ouvrir mon cœur à la tendresse que tu m'as inspirée depuis le 24 avril 1779. J'ai reçu ta lettre avec un extrême plaisir. J'ai déjà fait aujourd'hui tes commissions : j'ai donné une leçon sur les étoiles aux petites Denizet, j'ai vu Desherbiers à qui je donnai un rendez-vous décadi pour le mener chez Sapho, mais il ne vint pas ; je le verrai octidi chez Mme Bréon, la Reine des Volsques.

Nous avons encore plus de peine que toi d'avoir du pain car il faut y passer toute la nuit, mais je crois que cela ne durera pas ; on fait les plus grands efforts à la Convention. Bientôt il y aura des productions de la terre ; enfin il n'y a pas de faim dans un pays fertile où il y beaucoup de bestiaux et dans une saison de reproduction ; la paix ne saurait être éloignée, et je crois que tu seras aussi bien à la campagne pour les vivres ; je me ferai un grand plaisir de l'y aller visiter dès qu'il fera chaud.

Beauchamp est arrivé pour se préparer à son voyage d'Arabie, car il est nommé consul à Mascate. Ta portière t'a sans doute remis quelques bonnes feuilles déjà le jour de ton départ ; je t'enverrai les autres quand je les aurai.

La belle Horace et Sapho m'ont chargé de te faire bien des compliments.

Reçois, ma chère amie, mes plus tendres baisers,

Φ

On croyait nonidi que la Convention voulait se retirer. Mais ce n'était qu'un croc-en-jambe donné aux jacobins. En fait les montagnards demandaient sans cesse des arrangements dans la Constitution afin de rétablir les Sociétés populaires ; le Comité de salut public le leur a offert avec une condition qu'on savait bien qu'ils n'accepteraient pas, celle de s'en aller. Ainsi cela n'aura aucune suite.

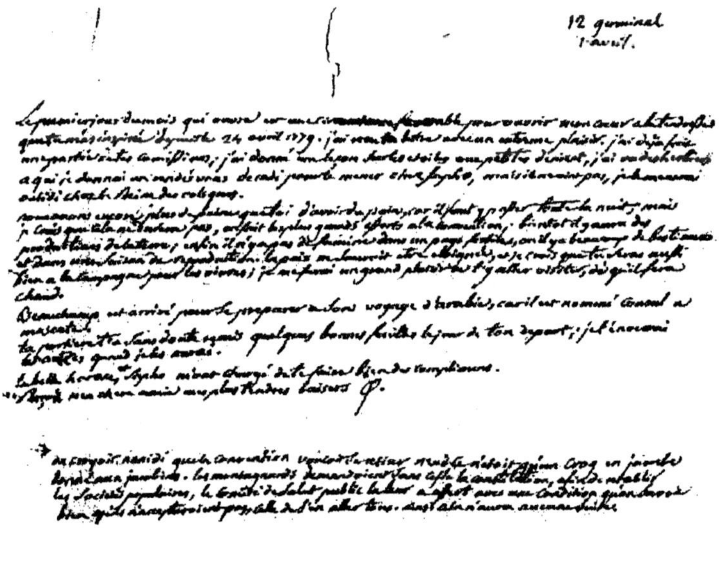

UR20, 23 mai 1795

Adresse

À la Citoyenne Dupiery, des Académies de Richmond etc.
à Mareil en France, près Luzarches

Résumé

4 prairial, 23 mai

Le temps lui dure d'avoir des nouvelles de son amie – Les 4 Sauze – Bitaubé ; il n'est pas à son appartement du Louvre – Lalande nommé directeur de l'Observatoire – Bureau des Longitudes – L'École militaire – Le manque de pain ne l'empêchera pas d'aller voir son amie, si elle a des œufs, du lait, du pain – Les Anglais ; ce qu'on mange de pain chez eux.

Insurrection des Jacobins du 1er prairial ; l'effet qu'elle produit ; ils sont terrassés – Son chagrin que cet événement lui ait fait perdre deux belles soirées d'étoiles. – L'ambassadeur de Suède ; ce qu'il dit à Lalande – Traité avec la Hollande espoir de la paix générale, « deux remèdes à tous nos maux » – Arrestation d'Albite ; il s'en réjouit. pourquoi. – tendres adieux exprimés en termes les plus flatteurs pour son amie : « rare et précieuse femme, savante sœur et consœur ».

Je me disposais, ma chère amie, à t'écrire, et le temps me durait de savoir de tes nouvelles, je n'ai pas répondu a ta dernière parce qu'elle n'exigeait pas de réponse positive et que je n'avais rien alors de particulier.

J'ai vu les 4 sœurs dernièrement, ainsi que la Citoyenne la Rivoire, Sapho, Rateau et Horace ; toutes se font un plaisir de parler de toi ; j'ai vu Bitaubé à l'assemblée du Magasin encyclopédique ; il n'est pas encore dans son appartement du Louvre.

J'ai été nommé directeur de l'Observatoire, mais on travaille à une organisation du Bureau des Longitudes, et je me contenterai alors de l'École militaire.

Le manque de pain ne m'empêchera pas d'aller te voir, si tu as du lait, des œufs, du pain ou autre comestible quelconque ; les Anglais ne mangeaient pas de pain lors de mon premier voyage.

L'on a été fort alarmé de l'insurrection des Jacobins le 1er, mais à 11h du soir ils étaient terrassés, et je n'ai eu d'autre chagrin que la perte de deux belles soirées d'étoiles.

L'ambassadeur de Suède m'a dit que la paix avec l'Espagne était décidée ; le traité avec la Hollande est publié ; nous laisserons mille hommes pour en maintenir l'exécution, nous aurons des vaisseaux, de l'argent, des subsistances, et cela doit amener la paix générale, seul remède à tous nos maux.

J'irai voir le frère Antoine pour ton architecte.

Beauchamp a reçu 25 mille livres en écus, et il va partir pour Constantinople.

Je me réjouis de l'arrestation d'Albitte qui a fait assassiner les 14 plus honnêtes gens de Bourg l'année dernière.

Bien chère et tendre amie, rare et précieuse femme, savante sœur et consœur, juge ce que tu voudras des sentiments que tu m'inspires depuis le 24 avril 1779.

Φ

UR21, 15 juin 1797 (28 prairial an VI)

Adresse

À la Citoyenne Dupiery, à Mareil, près Luzarches

Résumé

10 juin 1797

Une invitation – La décade prochaine – l'assemblée des Rosati – Mme Joliveau (l'auteur des fables) – Les bosquets de Mareil ; lui sont devenus chers. Pourquoi ?

15 juin 1797

J'ai reçu, ma chère amie, avec bien du plaisir, de tes nouvelles, et ton invitation pour demain. Il est trop tard ; j'ai tant d'affaires, il fait si mauvais temps, que j'attendrai ton retour à Mareil, puisque tu dois venir dans la décade prochaine à Paris.

J'ai vu hier, à l'assemblée des Rosati, Madame Joliveau qui veut que nous allions te voir ensemble ; je lui ait dit que j'irai lui demander son jour, mais cette fois-là je serai obligé de revenir avec elle le même jour. Ainsi cela ne remplira pas l'objet que j'ai de passer un jour avec toi dans les bosquets qui me sont devenus si chers, depuis que j'y ai cueilli des bouquets pour toi.

Reçois, en attendant, mes plus tendres embrassements,

Φ

UR22, 15 juillet 1797 (27 messidor an V)

Adresse

À la Citoyenne Dupiery, à Mareil en France, par Luzarches

Au Collège de France,
le 27 messidor

J'ai reçu avec bien du plaisir, ma chère amie, ta lettre du 17, avec les mémoires, je les ai portés tout de suite chez le Citoyen Baudouin ; et j'y ai laissé un écrit pour le prier de les renvoyer chez la Citoyenne Seline dont je lui ai laissé l'adresse.

J'ai porté à la Citoyenne Seline 2 1/2 livres de bouillies rouges, bien ficelées; et comme son mari doit aller demain à Mareil, tu les recevras aussitôt que cette lettre. La Citoyenne m'a fait beaucoup d'accueil, de compliments, et d'éloges.

Avec sa permission, j'ai envoyé les planches à la cuisine pour être mises sur la première voiture de Mareil; il y en a pour deux voyages de mon crocheteur.

J'ai été voir Bitaubé dans son nouveau logement du Louvre qui est fort agréable; ils sont tous deux très sensibles à ton attention.

J'ai été chez Richer; il a écrit les raisons de son retard; j'ai vu Soulier qui est un grand élégant; il m'a promis d'envoyer des livres anglais aujourd'hui chez la Citoyenne Seline.

J'ai voulu aller voir les cousins Bayoux; mais il est délogé : il demeure rue d'Orléans.

J'irai voir incessamment les Denon et je leur dirai bien *des choses*.

Je prends bien part à ton dénuement, mais le temps approche où il cessera; et je le désire surtout pour toi, ma chère et tendre amie, avec bien de l'impatience.

Je partage bien celle que tu me témoignes pour notre seconde entrevue, et j'ai une raison de plus que toi, en voyant ta résignation; je n'en abuserai pas, mais j'en userai. Cependant, parce que j'ai éprouvé ton courage, et j'espère que l'habitude adoucira ta peine en augmentant mon plaisir, tu en es une source pour moi dans tous les genres. Reçois donc, en attendant, mes plus tendres embrassements

Φ.Φ.

UR23, 26 août 1797

Adresse

À la citoyenne Du Piéry, astronome-chimiste
de l'Académie de Richmond, à Mareil

Résumé

26 août.
Il est toujours opprimé et absorbé par ses étoiles.

26 août

Je réponds avec plaisir, ma très chère amie, à ton aimable billet; si je ne t'ai pas écrit par Tigny, c'est que tu sais que je suis toujours opprimé et absorbé par mes étoiles.

Je ne pourrai pas t'aller voir mercredi 30, parce que je vais le 27 chez Madame Melin, et je ne serai pas de retour, ou je serai retenu par les arriérés, mais j'espère y aller le 3 sept ....

....

....

tendresse.

Je suis aussi impatient que toi, ma chère amie

Φ

et je dois l'être davantage.

Φ

UR24, 2 janvier 1801

Adresse

À Madame Dupiery, de l'Académie de Virginie et de celle de Montauban etc.
à Eaubonne

Résumé

Lettre entièrement signée
2 Janv. 1801
Le mérite du citoyen Gohier (l'ancien Directeur – Il est sensible à son amitié) – Agréments du séjour d'Eaubonne pour sa chère et savante sœur.

J'ai reçu hier, chère et savante *sœur*, votre lettre qui semblait être bien longtemps en chemin. J'y ai *lu avec une* satisfaction extrême le récit des agréments que vous trouvez dans votre nouveau séjour.

Je n'attendais pas moins du sourire du citoyen Gohier. Je suis bien sensible à son amitié; je lui ai écrit mes regrets sur le jour du départ, et je désire bien le retour des beaux jours pour m'en dédommager.

Je ferai vos commissions auprès de vos amis; je sais combien je leur ferai de plaisir.

Recevez mes plus tendres respects

Lalande

UR25, 22 janvier 1801

Adresse

À la citoyenne Dupiéry chez M. Gohier de l'Académie de Richmond &c à Eaubonne près Montmorency

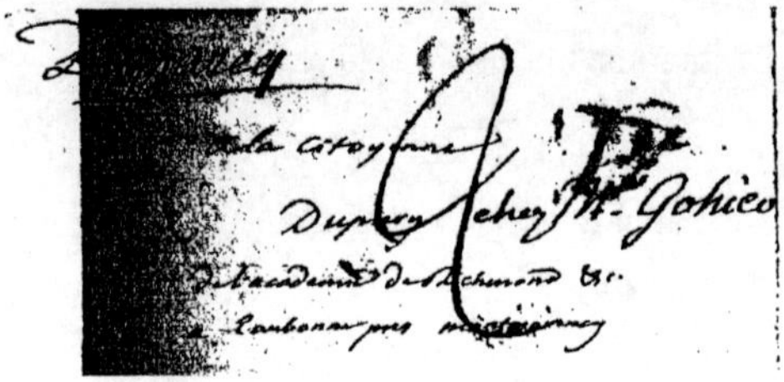

Résumé

La table de chimie – La machine infernale – Raimondis* – La muse – Relevé d'hivers doux et d'hivers rudes. En 1791 les glaces coûtent 20 sols[35] au palais royal.

* Son éloge dans le *Journal de Paris*

22 janv. 1801

Il y a bien longtemps, ma chère Pantomaté, que je n'ai eu de vos nouvelles; les dernières étaient fort agréables; j'en ai fait la joie de tous vos amis. Votre aimable *padrone di casa* a-t-il reçu ma lettre écrite le lendemain de votre départ? Votre table de chimie avance-t-elle? Votre élève prend-elle du goût pour la science? Tout m'intéresse dans les détails de votre nouvelle position. La mienne est toujours la même: je travaille beaucoup. Avez-vous vu dans le journal de Paris l'éloge de notre pauvre ami Raimondis?

On a arrêté 200 personnes depuis 2 jours; entre autres, un domestique de chouans qui avait mis le feu à la machine infernale; on commence à croire que cette conspiration est venue des aristocrates et non des jacobins.

J'ai dîné chez Madame de Nerville. Nous avons bien parlé de vous; ainsi que chez Madame Melin.

La muse a dû vous écrire; Madame Denon; MM. Saujon, Fabre, se réjouissent de votre situation.

J'ai fait hier 4200 toises à pied sans être fatigué; ainsi mes forces sont bien revenues.

Burckhardt a remporté le prix de 3400#.

J'ai un nouveau commis astronome qui n'est pas si instruit que Bernier, mais qui me paraît avoir des dispositions.

Recevez, chère et ancienne amie, mes vœux les plus tendres, et l'hommage de ma haute vénération.

Lalande Φ

janvier	1790	hiver doux comme on n'en avait jamais vu
	1791	les glaces coûtent 20 s au Palais Royal
	1792	hiver fort doux
	1794	hiver fort doux
	1796	les arbres poussent en janvier
	1798	hiver très doux
	1801	

hivers rudes	1784
	1789
	1795
	1799
	1800

ainsi les hivers doux sont plus fréquents que les durs.

UR26, 15 février 1801

Adresse

Madame Dupiery chez le Citoyen Gohier, à Eaubonne près Montmorency

Résumé

25 pluviôse

L'arc-en-ciel lunaire, phénomène assez rare, surtout avec des couleurs – Pourquoi ? – M. Gohier (ancien membre du Directoire exécutif). Madame Gohier. Elle aime à s'amuser d'astronomie à Eaubonne avec Pantomaté.

25 pluviôse

Votre lettre du 13, chère et savante sœur, m'a paru bien longue à venir ; quoique je vous susse contente, j'étais impatient de savoir le degré, après quelques semaines d'épreuve. J'y ai trouvé avec une délicieuse satisfaction l'assurance des sentiments du citoyen Gohier et de l'envie qu'il a de m'écrire ; ne le tourmentez point à ce sujet ; moi qui écris si difficilement, je ne puis pas me plaindre.

Je suis charmé que vous ayez écrit en anglais à votre cousin ; je le verrai avec grand plaisir, et s'il ne vient pas, j'irai chez lui.

Je suis enchanté de voir que la *padrone* aime à s'amuser d'astronomie avec vous; le ciel est bien garni à présent: on voit le soir toutes les planètes, excepté Mercure, qui même s'y joindra dans un mois.

Mon nouvel astronome ne me dédommagera pas de longtemps, mais il a des dispositions, et il m'est utile. Comme il est du choix de l'insolente, je n'éprouve pas de désagrément.

L'arc-en-ciel lunaire est en effet un phénomène assez rare, surtout avec des couleurs, parce que la lumière de la Lune n'est pas assez forte; je ne sais pas s'il n'y en a que 7 rapportées par les auteurs, mais c'est peut-être parce qu'on ne croit pas qu'ils en vaillent la peine.

Mes respects à Mme et à M. Gohier, que je suis impatient d'aller remercier des agréments qu'ils procurent à la personne la plus chère que la nature m'ait laissée.

Φ

UR27, 25 août 1801

Adresse

À la Citoyenne Dupiéry, chez la Cit. Gohier à Eaubonne
à St-Chaumont ou St-Denis, à Paris

Résumé

Mme Saujon – Baudouin (l'imprimeur) – Projet de visite. Mme et M. Gohier (l'ancien Directeur) – Ses forces reviennent.

25 août 1801

Je viens, ma chère Pantomaté, de chez Madame Saujon; tout le monde se porte bien, M. Des. ne sait pas encore s'il retournera dans la Belgique.

J'ai reçu votre quittance pour Baudouin; mais il m'a dit vous avoir envoyé les bêtes que vous me chargiez de recevoir de lui, et je n'ai pas pu lui remettre votre quittance sans une nouvelle instruction.

Nous nous faisons toujours une agréable idée d'aller voir vos aimables personnes et vos agréables lieux vers le milieu de septembre.

Mille respects à Mme et M. Gohier. Mille tendres embrassements, amie chère et savante sœur,

Φ

Mes forces sont sensiblement revenues depuis 15 jours.

UR28, 16 mai 1802

Adresse

À Madame Dupiéry chez le citoyen Gohier à Eaubonne
à Saint Chaumont, rue St Denis, à Paris

Résumé

16 mai 1802

Les tables de Baudouin en feuilles – Les malades d'Eaubonne – M. Gohier (l'ancien Directeur) ; Mme Gohier – Point de nouvelles du scélérat hiprocrite (*sic*) – Ses forces reviennent – La muse (Madame Joliveau)

Post-scriptum de la nièce de Lalande.

16 mai 1802

J'ai reçu, chère Pantomaté, les Tables de Baudouin, en feuilles ; voulez-vous que je les fasse brocher, et que je vous les envoie ?

Comment vont les malades d'Eaubonne ?

Mille respects à Mme et M. Gohier.

Nous ne recevons aucune nouvelle du scélérat hypocrite.

Mes forces reviennent à vue d'œil, mais les crachats continuent.

Je vais dîner chez la muse.

Rien de plus agréable que la faveur que notre célèbre astronome me fait de permettre que, sur son épître, je vous renouvelle mon sincère attachement et les amitiés de tout ce qui m'appartient.

UR29, 22 septembre 1802

Adresse absente (sans doute Mme D. était-elle chez Bruix à Saint Gratien)

Résumé

mercredi 22. 5 compl.

Arrivée – Souper – Sommeil agréable – l'illustre général (Bruix) – Mme Gohier (la femme de l'ancien directeur) – St Gratien.

mercredi 22, 5 compl.

Je suis arrivé à bon port, chère Pantomaté ; j'ai soupé de grand appétit ; je me suis endormi avec les idées agréables d'un voyage intéressant par les personnages et par les choses. Dites, je vous prie, à l'illustre général combien je suis enchanté de son accueil, et à Madame combien le charme de la réception me fait désirer de retourner à Saint Gratien.

Φ.

UR30, 1er novembre 1802

Adresse (écriture qui n'est pas de Lalande)

À Madame Dupierry, chez le général Bruix rue d'Antin, à Paris

Résumé

10 Brumaire an XI (*surchargé au crayon* : 1er nov. 1802)

Il cite un vers d'Horace pour commencer sa lettre – L'illustre général Bruix – il dîne chez « la muse » – les fables et contes de Guichard – La rentrée du Collège de France aura lieu lundi ; il n'y a pas apparence que l'abbé Delille fasse de lecture : « la folle qu'il appelle sa femme lui a fait donner sa démission de la place de professeur ».

lundi 10 brumaire an XI

matutina parum cantos jam frigoras manunt (Horace)

C'est pour cela, ma chère Pantomaté, que je n'ai pas été à Saint Gratien malgré le plaisir que j'aurais eu de rendre mes hommages à votre illustre général et à madame Bruix. Je pense d'ailleurs que vous ne tarderez pas à revenir.

J'ai eu bien du plaisir d'apprendre que l'ambassade de Lisbonne n'a pas lieu.

J'ai dîné hier chez la muse ; elle m'a dit qu'on lui avait proposé pour vous une place avantageuse en Angleterre dans une maison d'éducation ; mais vous êtes bien mieux.

Mon neveu a été à l'assemblée des créanciers, on pourra réduire les prétentions de Mme Denon, et l'on espère que vous aurez la moitié.

Les 2 volumes de fables et de contes de Guichard ne font pas fortune parmi les gens de lettres.

Je vous prie de rapporter les 6 volumes du journal de lectures.

Notre rentrée aura lieu lundi, mais il y a apparence que l'abbé Delille ne lira pas. La folle qu'il appelle sa femme lui a fait donner sa démission de la place de Professeur ; nous espérons pourtant lui faire entendre raison.

Je vois arriver sans peine la reprise de nos exercices ; mes forces sont revenues : je vais dîner à 1200 toises et je reviens sans être fatigué.

Je corrige mon *Astronomie* pour la 4e édition. Nous travaillons tous les cinq assez bien.

Mille tendresses, mille embrassements,

Φ

UR31, 18 janvier 1803

Adresse

À Madame Dupiery, de l'Académie de Richmond
chez l'amiral Bruix, rue d (*papier déchiré*)

Résumé

18 janv. 1803
Dictée par Lalande et signée de lui
Sa signature est suivie du paraphe avec lequel seulement beaucoup de ses lettres sont signées.

Au Collège de France, le 18 janvier 1803

Jeannette s'en est allée, ma chère Pantomaté, pour me dire adieu.

Je voulais vous dire qu'il serait plus commode de savoir de mes nouvelles chez Monsieur Malouet.

On imprime le second volume du dictionnaire de Gassicourt; les 4 volumes paraîtront dans 3 mois.

Je voudrais que vous me renvoyassiez les 6 volumes du journal des...

...respect à Monsieur et Madame Bruix.

Je garderai encore la chambre cette semaine.

M. de Saugeon est venu me demander de vos nouvelles.

Mille tendresses

Lalande Φ

Amélie Lalande
secrétaire

UR32, 30 mars 1803

Adresse manquante

Résumé

Lalande
Il demande pardon à sa chère Pantomaté de ne pas lui avoir écrit : « je suis aussi paresseux et plus occupé que vous ».
La chanson du rossignol de Dupont (de Nemours) Dupont ne la déclame pas à l'Institut.
Commencement de l'année chez les Anglais
La muse (Mme Joliveau)

Pardon, ma chère Pantomaté, de ne vous avoir pas écrit; mais je suis aussi paresseux et plus occupé que vous.

La chanson du rossignol est une plaisanterie de Dupont qui, dans son mémoire lu à l'Institut, disait qu'il lui semblait entendre le langage du rossignol, – mais il n'y disait pas la chanson.

Il y a longtemps que les Anglais ne commencent plus l'année au 25 mars.

Je dîne aujourd'hui 30 chez la muse et je ferai votre commission.

(suite dictée par Lalande à sa nièce, et signée de la nièce, Amélie)

Dans ce moment, Madame, je suis trop occupé du départ de deux Briffauts qui sont chez moi pour vous donner des détails; qu'il vous suffise de savoir que la famille Saugeon est en bonne santé; ils ont dîné ville Dinah et je ne les ai point vus, mais ayant envoyé un acquéreur pour la harpe, j'ai appris qu'elle était vendue.

Mme Joliveau a reçu votre compliment et se porte fort bien.

Les dames Monier qui devaient revenir sont arrêtées pour faire faire quelques réparations à la propriété par le dernier Bucayart.

Votre amoureux Favre m'a dit que l'on faisait les démarches nécessaires pour votre petit bien.

Je vous prie de dire à Jeannette que sa sœur est venue me voir; elle m'a dit que son gendre était placé à la Manufacture de Jouy par Versailles. La petite fille est placée pour 3 ans, elle est nourrie et couchée chez sa maîtresse et le père paye, mais la sœur de Jeannette a perdu sa maîtresse, qui s'est laissé mourir, et par conséquent est sans place. Je lui ai promis de m'occuper d'une et maintenant j'en ai une bonne à lui donner, mais je n'ai pas l'adresse de sa chambre; et comme elle m'a dit que c'était toujours l'ancienne chambre où elle était avec la petite, Jeannette doit savoir où cela est. Il faudrait donc de suite m'envoyer cette adresse. Si vous y mettez de la paresse, la place sera manquée, car il faut entrer de suite; ainsi dépêchez partout. Mettez-moi son nom; s'appelle t-elle Marchand?

L'oncle, le mari, les enfants vous disent un million de tendresses.

Le neveu de Favre, celui qui ne demeure pas avec eux va se marier, je crois, la semaine prochaine, il épouse la fille d'un législateur.

L'on m'a promis un chat, mais je retiens le premier que fera votre chatte, pourvu qu'il soit gris comme le dernier.

Répondez de suite 2 mots, pourvu qu'il y ait l'adresse de la sœur de Jeannette

Amélie Delalande

UR33, 28 octobre 1803

Adresse

À Madame Dupiery, de l'Académie de Montauban &c
à Chaulnes-en-Brie dépt de Seine-et-Marne

Résumé

28 Octobre 1803
Sa chère Pantomaté à Chaulnes – Succession qu'elle recueille – Une poignée de paresse «La muse» et ma cousine vous disent mille choses, et moi mille tendresses.

28 oct. 1803

J'ai été bien surpris, ma chère Pantomaté, en arrivant à Paris le 19, de vous savoir à Chaulnes, et encore davantage de n'avoir point de vos nouvelles.

Je vous fais compliment de la succession, mais je voudrais savoir en quoi elle consiste. Je vous ai adressé un sieur Vignée de Paris à qui j'ai dit ce que vous valez.

Je me porte mieux que l'été passé ; je vous en souhaite autant.

La muse et Mme Gohier vous disent mille choses et moi mille tendresses.

UR34, 31 mars 1804

Adresse

À Madame Dupierry, de l'Académie de Richmond
chez Monsieur de Garnier à Chevreux, près Soissons

J'ai reçu, ma chère Pantomaté, avec un extrême plaisir, votre lettre d'arrivée ; j'étais allé dîner mercredi chez ma cousine pour savoir de vos nouvelles, et j'avais appris votre promenade dans les beaux jardins de Chevreux. J'allais, jeudi, dîner chez la muse pour le lui apprendre ; mais je l'ai appris de votre main. Je ne doute pas du plaisir réciproque de M. de Garnier et de vous, je suis bien flatté qu'il se souvienne de moi, afin qu'il ne soit pas étranger aux conversations où vous me ferez entrer pour quelque chose, comme j'ai lieu de l'espérer. Je n'avais pas besoin de la peinture séduisante que vous me faites pour désirer d'aller à Chevreux. Il me suffisait bien de vous deux, et l'été ne se passera pas sans que je me procure cette satisfaction.

Longchamps n'a pas été beau cette année : ainsi vous n'avez rien perdu.

J'ai chanté le miserere avec ma petite cousine et M. Molet.

Je suis occupé de l'éloge de Bernier et vous n'y serez pas oubliée, comme la personne qui avait le mieux apprécié son mérite.

Mon neveu a été hier chez le notaire; mais il y a un nouveau créancier qui va causer un nouveau retard; c'est une volerie générale.

J'ai été fâché de voir qu'en deux jours, vous n'aviez pas donné une leçon; je n'aurais pas voulu attendre deux heures.

Je vous souhaite, chère Pantomaté, tout le plaisir et le bonheur que vous méritez.

Φ

Je n'oublierai pas de donner 3 f à la portière

Si M. de Garnier veut une méridienne, il faut faire mettre ou une plaque comme celle de Mareil ou un gnomon à 3 pieds comme à Eaubonne; et, pour que vous ayez l'heure en attendant, vous tirerez une ligne provisoire. Le professeur de mathématiques de Soissons vous donnera bien l'heure et la minute, et je la donnerai au conducteur de la diligence de Soissons. En vérifiant sa montre au départ et au retour, on aura l'heure à bien peu près.

UR35, 1805 avant le printemps

Adresse

À Madame Dupiéry de l'Académie de Montauban, à Chevreux près Soissons

Résumé

Détails intimes – Il a vu deux fois l'Empereur et deux fois le Pape.

Vous ne vous plaindrez plus, ma chère Pantomaté, de ceux qui n'écrivent pas, puisque vous ne répondez point.

J'ai dîné avec Desherbiers; je l'ai chargé de vos compliments pour les quatre sœurs.

La pauvre Denizet est allée chez son frère à Liège. Son mari est en prison, pour des faux; il est ruiné.

J'ai vu la muse, ma cousine, d'Afrique, Fabre, Louel; tous se plaignent de vous.

Ma cousine a dansé l'autre jour chez moi.

Avez-vous écrit à Chaume pour l'argent que j'ai reçu?

Entretenez, je vous prie, M. de Garnier dans ses bonnes dispositions pour moi, afin que je puisse l'aller voir au printemps.

J'ai vu deux fois l'empereur et deux fois le pape.

Je travaille toujours de même et je vais dîner tous les jours en ville; je me porte à merveille, je vous en souhaite autant.

Φ

UR36, 27 mars 1806

Adresse

À Madame Madame Dupiéry, de l'Académie de Montauban
à Mareil près Luzarches, route de Chantilly

Résumé

27 mars 1806

Inquiet de sa chère Pantomaté – il espère avoir son miserere vendredi (pour le chant) Invitation qu'acceptera Pantomaté si elle n'est pas trop mignarde – Bonne compagnie – Beaucoup de monde – Ses forces reviennent.

... mars 1806

Il y a longtemps, ma chère Pantomaté, que je n'ai eu de vos nouvelles. Tous vos amis s'en plaignent comme moi. Fabre dit que vous allez venir, ainsi j'espère que j'aurai mon miserere vendredi. Vous coucherez à la maison, si vous n'êtes pas trop mignarde; vous y aurez bonne compagnie, car depuis que je suis malade, nous avons beaucoup de monde. Mes forces ne reviennent point, mais je mange et je dors bien. Mme Rossignol est fort mal. Mes compliments à M. Lyonnet.

Mille tendresses.

Φ

DEUXIÈME PARTIE

LETTRES À HONORÉ FLAUGERGUES, ASTRONOME ET JUGE DE PAIX

Portrait de Lalande, caricature contemporaine
(Archives du Collège de France)

La caricature porte la mention suivante :
« Portrait ressemblant quoi que chargé de ...... membre de l'Institut National »

PRÉSENTATION

La biographie d'Honoré Flaugergues est rappelée ci-après. Celle de Lalande fait l'objet d'un ouvrage de Simone Dumont (Observatoire de Paris-Vuibert, 2007).

La deuxième partie de cet ouvrage contient les 108 lettres ou documents[1] issus du fonds Lalande de l'Observatoire de Paris classés par ordre chronologique après correction de l'orthographe, adaptation éventuelle à l'orthographe moderne des mots, y compris des noms propres (sauf en ce qui concerne les noms propres dont nous ignorons la graphie correcte) et à une ponctuation normale. Les figures originales de Lalande ont été refaites par nos soins. Des notes renvoient notamment, lettre par lettre, aux différents paragraphes plus ou moins techniques de l'Abrégé d'Astronomie situé dans la troisième partie, ou concernent d'autres points, qui ne sont évoqués que dans deux ou trois lettres PR; la lettre A suivie d'un numéro de paragraphe renvoie à l'*Astronomie* de Lalande. De nombreux mots ont été abrégés par Lalande: pour faciliter la lecture, nous avons complété les mots ou fractions de mot manquants en utilisant l'italique.

La troisième partie rassemble en un abrégé d'astronomie (suivi d'un index alphabétique des noms communs de cet abrégé) les définitions scientifiques que nous avons été amenés à donner sur divers aspects techniques de cette correspondance.

1. Cette correspondance contient 101 lettres de Lalande à Flaugergues, deux lettres à de Ratte, oncle de Flaugergues (PR1, PR2), une lettre de Lalande à Gleizal suivie d'une lettre de Gleizal à Flaugergues (PR31), une lettre du neveu, Michel Lefrançais, à Flaugergues (PR94), et trois documents (PR49, PR50, PR55).

À Viviers, la maison de Flaugergues
(Cliché P. Pénelon, Bibliothèque Municipale, Viviers)

La plaque porte l'inscription suivante :
LA VILLE DE VIVIERS À L'ASTRONOME
PIERRE-GILLES-ANTOINE-HONORÉ-JOSEPH
DE FLAUGERGUES
CONSEILLER À LA COUR DES COMPTES AIDES ET
FINANCES DE MONTPELLIER
MEMBRE DE L'INSTITUT
CHEVALIER DE LA LÉGION D'HONNEUR
JUGE DE PAIX DU CANTON DE VIVIERS
QUI NAQUIT DANS CETTE MAISON LE 15 MAI 1755
ET Y MOURUT LE 26 DÉCEMBRE 1830
(DÉCEMBRE 1878)

VIE D'HONORÉ FLAUGERGUES (1755-1830)

Les ancêtres de Flaugergues, originaires du Rouergue, sont venus à Viviers au XVIe siècle. Ils ont tenu des places dans le clergé, la magistrature et les finances. Parmi eux, il y eut un évêque, un écuyer conseiller secrétaire du roi ; au XVIIIe siècle un receveur des gabelles appelé parfois noble Pierre de Flaugergues et un chanoine Jacques de Flaugergues, grand vicaire et official de Viviers, sont encore en vie à la naissance d'Honoré.

Son père, Antoine-Dominique Flaugergues, né en 1724, épouse en 1747 Jeanne-Marie-Louise de Ratte, d'une famille noble de Montpellier. Ils ont eu huit enfants, dont quatre seulement ont atteint l'âge adulte. L'aîné, Pierre-Gilles-Antoine-*Honoré*, baptisé à Viviers le 16 mai 1755, est le futur astronome. Marie-Françoise (1758-1838) ne s'est pas mariée et a vécu dans la maison familiale ; Jean-Roch (1760-1822) a été receveur des déclarations au bureau des douanes à Sète puis à Aiguesmortes et s'est ruiné dans des spéculations commerciales ; Honoré-François-*Vincent* a occupé diverses fonctions, a fait des dettes en 1810, est entré dans l'armée et a achevé sa vie, chevalier de la Légion d'honneur et de Saint-Louis, capitaine retraité en 1828.

Antoine-Dominique Flaugergues est un homme fort instruit. Il s'est particulièrement intéressé à la ville de Viviers et aux antiquités de la région, et de 1760 à 1784, il est en correspondance suivie avec M. Séguier, botaniste et archéologue à Nîmes, au sujet de recherches d'antiquités, d'études d'inscriptions et de médailles. Membre de la Société des antiquités de Hesse-Cassel comme M. Séguier, il est l'auteur de Mémoires tels que : *Observations générales sur la ville de Viviers, son climat – Des Helviens, leur capitale Alba – Le diocèse de Viviers – Les colonnes miliaires.* D'autres Mémoires étudient les usages dans les églises, les fêtes religieuses. Comme il avait souffert dans les écoles, il décide d'instruire lui-même ses enfants. Le jeune Honoré reçoit de bonnes notions de toutes les sciences, et à la suite de l'éclipse de Soleil du 1er avril 1764, il s'intéresse particulièrement à l'astronomie. Son oncle, Étienne-Hyacinthe de Ratte, secrétaire de la Société royale des sciences de Montpellier et astronome amateur (il a été en correspondance avec La Caille et sera élu à l'Institut national en 1796 comme associé non résidant dans la section de physique expérimentale) l'a certainement encouragé dans cette voie. La météorologie lui apporte un premier succès : à l'âge de onze ans, pendant l'hiver rigoureux de 1765-1766, il complète ses observations en notant la quantité de glace formée dans un vase chaque jour. Ses résultats sont publiés dans la *Gazette de commerce et d'agriculture*. Puis il envoie à l'Académie de médecine de Paris un Mémoire de son père auquel il a ajouté des détails si précis que cette société le croit médecin et le nomme associé (voir l'adresse de la lettre PR3). Il s'occupe également de physique, de mécanique et d'histoire naturelle. L'Académie des sciences de Paris ayant proposé en 1779 un prix sur « La théorie des machines simples… », reporté à l'année 1781, le prix est remporté par Coulomb mais le Mémoire de H. Flaugergues est mentionné.

Ses débuts en astronomie

En 1782, H. Flaugergues commence un registre d'observations astronomiques et les premières publiées sont celles du passage de Mercure sur le Soleil du 3 mai 1786. Il possède alors un télescope grégorien de 15 pouces de long, grossissant 40 fois et une pendule réglée par le Soleil à midi vrai. Pour plus de commodité, il fait construire en 1786 un petit bâtiment dans un jardin à 300 m de la maison paternelle pour ses observations astronomiques. En 1789, H. Flaugergues s'est fait connaître en les envoyant à différentes Sociétés ou Académies, entre autres celles du passage de Mercure sur le Soleil et de la disparition de l'anneau de Saturne. Il est alors en correspondance avec Méchain, rédacteur de la *Connaissance des Temps*, et ses relations avec Lalande commencent. Il écrit aussi des Mémoires sur des questions d'optique, de mécanique, d'histoire naturelle, souvent pour tenter d'obtenir un prix proposé au concours dans différentes académies. Ainsi, en 1786, il obtient le prix de l'académie de Lyon sur *Les expériences sur lesquelles Newton établit la différente réfrangibilité des rayons hétérogènes sont-elles décisives ou illusoires ?* Marat était l'un des concurrents et avait, paraît-il, offert la médaille qu'il espérait gagner. Lalande qui a rapporté ce fait dans *Histoire des mathématiques* de Montucla, tome III, s'est informé de l'affaire auprès de Flaugergues (PR62,

63, 64). L'année suivante, Flaugergues remporte un prix de l'Académie de Montpellier, pour son Mémoire sur l'explication de l'arc-en-ciel donnée par Newton.

Jusqu'à la Révolution, H. Flaugergues n'a pas de fonction et réside à Viviers dans la maison Montargues qui donne sur la place et où le cardinal de Richelieu a été logé lors de son passage à Viviers le 24 août 1642. Son père est, avant la Révolution, conseiller à la Cour des comptes de Montpellier. Le 16 janvier 1793, il a remboursé à une demoiselle de Montpellier une somme de 20 000 f. qu'il devait encore sur l'achat de cette charge. Comme elle a été supprimée à la Révolution, il s'est trouvé ruiné. Ceci explique les difficultés financières de notre astronome qui dureront jusqu'à sa mort, car c'est lui qui entretient les membres de sa famille restés à Viviers : ses parents, sa sœur et son propre ménage. Il s'est marié le 25 septembre 1792, an IV de la Liberté, 1er de l'Égalité, avec Marianne Rieu âgée comme lui de 37 ans ; ils ont eu une fille Sophie, née à Aubenas.

Peu après son mariage, Flaugergues entre dans des carrières publiques, ce qu'il raconte lui-même dans son premier registre d'observations astronomiques :

> L'assemblée électorale du district du Coiron m'ayant élu membre du Directoire dudit district, le 11 décembre 1792, je fus forcé de quitter mon observatoire de Viviers et de venir occuper cette place. Je partis de Viviers, le 29 décembre et j'arrivai le lendemain à Aubenas où je vins me loger au ci-devant couvent de Saint-Benoît.
> Comme les administrations du district paraissaient à la veille d'être supprimées, je ne portai aucun de mes instruments d'astronomie, et je fus à Viviers pour l'observation de l'éclipse du 25 février 1793. J'y fus encore, mais infructueusement, pour observer la grande éclipse de soleil, du 5 septembre; le ciel fut continuellement couvert. Chargé alors, provisoirement, des fonctions de procureur-syndic, et ne pouvant m'absenter, je songeais de faire transporter à Aubenas mes instruments, pour mettre à profit quelques instants que me laissaient mes travaux du Directoire. Je fis donc transporter à Aubenas ma pendule, ma lunette achromatique et ensuite ma grande lunette astronomique de 18 pieds [1].

Le 29 décembre 1793, il est nommé agent national (ce qui n'est qu'un changement de titre) et le reste jusqu'en avril 1795, date à laquelle il est nommé procureur-syndic du district de Coiron jusqu'en novembre. Ses observations astronomiques faites à Aubenas seront publiées par Lalande dans la *Connaissance des temps pour l'an VI*. En décembre 1795, il est élu

1. Manuscrit F1, Bibliothèque de l'Observatoire de Paris

juge de paix à Viviers, élection saluée comme une victoire jacobine, Flaugergues étant imbu des idées de liberté.

FLAUGERGUES MEMBRE ASSOCIÉ DE L'INSTITUT

Flaugergues éprouve une grande joie en 1796, lorsque l'Institut national, créé en 1795, le nomme avec cinq autres astronomes méridionaux, associé « non résidant » dans la section astronomie (PR9). Il est aussi membre de plusieurs sociétés savantes. Méchain ayant transmis ses observations à Bode qui les a publiées dans les *Ephémérides de Berlin*, Flaugergues est connu hors de France et le baron von Zach, directeur de l'Observatoire de Seeberg, près de Gotha, lui écrit en 1793. Ils resteront en relation jusqu'à la mort de Flaugergues et le baron publiera ses observations, principalement après la mort de Lalande car elles ne paraîtront plus dans la *Connaissance des temps*.

En février 1798, Flaugergues est élu, par l'assemblée électorale, membre de l'administration centrale de l'Ardèche et il se rend à Privas à la fin du mois. Il n'y reste pas longtemps, comme il l'explique, le 24 avril 1798, à son compatriote Gleizal :

> Je ne sais, citoyen, si vous voudrez bien approuver l'option que j'ai faite de la charge de juge de paix du canton de Viviers, au lieu de celle de membre de l'administration centrale, à laquelle j'avais été nommé par l'assemblée électorale ; mais des considérations majeures m'y ont forcé. Je vous ai déjà prévenu assez souvent que la Révolution m'avait mis fort à l'étroit ; mais de plus, c'est que par le nouveau mode élaboré pour le payement des dépenses départementales et communales, le traitement des fonctionnaires publics devient pour ainsi dire illusoire, car ce traitement est établi sur les centimes additionnels qui sont évidemment très insuffisants. Il est vrai qu'on promet un crédit sur le Trésor public pour un supplément, mais ce supplément ne pourra être qu'après l'entier payement des impositions. Or, celles de l'an III, ne sont pas encore payées ; les administrateurs et les juges n'ont pas touché un sou depuis plus de sept mois ; je n'ai pu non plus obtenir, après deux mois de séjours à Privas, un léger acompte pour payer une partie de ma dépense. Effectivement, on ne peut rien exiger du receveur qui se trouve même en carence de plus de 3000 francs, pour les dépenses en bois, lumière, papier, etc., absolument nécessaire à l'administration. D'après cela, j'ai senti qu'il m'était absolument impossible de pouvoir demeurer plus longtemps à Privas et je suis retourné ici. Je sais bien que je tirerai encore moins du traitement de juge de paix, car nous devons être payés sur les centimes additionnels au rôle de la contribution personnelle de l'an VI, et les rôles de la contribution pour l'an V ne sont pas

> encore faits. Ainsi, je m'attends bien à ne retirer jamais rien de ce traitement, mais je suis chez moi, et je fais valoir une petite terre, chose que je ne pourrais faire à Privas.
> Dans ces circonstances, il vient de passer sur le Rhône une partie d'un convoi pour Paris. Plusieurs barques sont remplies de différents animaux, et l'on prétend qu'il en coûte plus de mille écus par jour pour leur nourriture et leur transport. Est-il possible qu'on fasse des dépenses aussi inutiles? Tandis que les fonctionnaires publics, qui consacrent tout leur temps au service de la République, sont dans le besoin, les revenus de l'État sont consacrés à nourrir des tigres et des serpents : peut-on voir un abus plus révoltant? Sans doute qu'on doit travailler au progrès de l'histoire naturelle, mais les peaux empaillées de ces animaux suffiraient pour en donner une connaissance suffisante, et croit-on apprendre leurs mœurs et leurs habitudes en les nourrissant dans des cages étroites à un si grand éloignement de leur climat natal? [...] Au reste je serai toujours tout entier au service de la République et toujours prêt à tout sacrifier pour faire tout ce qui sera plus utile au bien public [1].

Voici comment on payait, ou plutôt ne payait pas les fonctionnaires.

Ce même mois d'avril 1798, Gleizal a été élu au Conseil des Cinq-Cents; en mai cette élection est annulée et Gleizal doit répondre aux reproches qu'on lui fait. Flaugergues montre toute sa prudence lorsqu'il lui écrit à ce sujet :

> ...Si tous vos correspondants avaient fait comme moi, on n'abuserait pas de votre correspondance. J'ai senti, au commencement de la Révolution, que des expressions bien innocentes dans un temps, peuvent être criminelles dans un autre, et j'ai pris une résolution à laquelle je n'ai jamais manqué, de brûler toutes les lettres que je recevais après les avoir lues, en sorte que je n'ai absolument que quelques lettres des astronomes de ma connaissance, contenant des observations....

Gleizal sera cependant membre du comité de législation et secrétaire-rédacteur des procès verbaux du Conseil des Cinq-Cents.

Flaugergues va passer le reste de sa vie à Viviers, toujours juge de paix malgré les changements de régime. Il envoie ses observations astronomiques à Lalande qui les publie dans la *Connaissance des Temps* dont il est redevenu le rédacteur : en 1798 et 1799 les éclipses des satellites de Jupiter réclamées par le Bureau des Longitudes pendant l'expédition d'Égypte (PR32), les taches solaires dont il note le nombre et la grosseur, les occultations d'étoiles et de planètes, les éclipses de Lune et de Soleil... En 1797, il découvre le 16 août une comète qu'il observe jusqu'au 27 et dont

1. Sauf indication contraire, les citations proviennent du livre de A.Mazon (1896).

il calcule l'orbite (PR24, 25, 27). Un peu plus tard, il se lance dans la recherche des comètes, stimulé par la prime offerte par Lalande (PR55, 56, 59). Bon mathématicien, il offre à Lalande d'effectuer des calculs pour lui ; ce sera le sujet de nombreuses lettres de Lalande, qui sollicitera pour lui des gratifications en récompense de ce travail ; gratifications qui, ordonnancées, tardent à arriver (PR31, 43, 50, 87). Lalande demande au Bureau des longitudes l'envoi de plusieurs instruments à Flaugergues pour compléter l'équipement de son observatoire. C'est, en 1798, une lunette de Caroché (PR29, 30), une lunette méridienne (PR34, 37), puis en 1799, une « lunette de nuit » pour la recherche des comètes (PR39, 40), et enfin en 1800, un quart de cercle (PR48, 51, 52).

Plusieurs propositions ont été faites à Flaugergues, après son admission à l'Institut. En 1795, il est nommé professeur d'hydrographie et de mathématiques à Cette (aujourd'hui Sète), mais il renonce à ce poste car il lui est impossible de trouver un logement, peut-être aussi à cause d'une proposition qu'il avait faite et qui a contrarié Monge à qui il écrit, en 1796 :

> Je suis au désespoir, mon cher confrère, que l'idée que j'avais de faire transférer l'école d'hydrographie de Sète à Paris, idée que je n'avais eue que dans la vue de la rendre plus utile à la République, ait pu contrarier vos vues. J'y renonce bien volontiers et je l'oublie absolument ; je suis trop jaloux de faire en tout ce que vous jugerez à propos, pour ne pas suivre votre avis.

La même année, Méchain et Lalande lui proposent la direction de l'observatoire de Toulon dont le rétablissement a été demandé par le Bureau des Longitudes (PR10, 1795). Flaugergues accepte, mais son départ est retardé car le ministre ne décide rien et finalement ce projet sera abandonné (PR48, 1800). En 1805, Lalande lui demande si la place de secrétaire de l'Observatoire de Paris, avec 1500 francs et un logement, lui conviendrait (PR96). Cette place sera acceptée par François Arago, encore élève de l'École Polytechnique, présenté par Laplace. En 1806, Lalande lui propose la direction de l'observatoire de Toulouse car Vidal veut le quitter (PR104). Beaucoup plus tard, en 1810, le baron von Zach le pousse à accepter la direction de l'Observatoire de Marseille dont le directeur, Thulis, vient de mourir. Se trouvant trop vieux sans doute, il refuse.

Au début du XIXe siècle, Flaugergues reçoit des visites de quelques-uns de ses correspondants devenus des amis. Le 23 novembre 1804 le baron von Zach passe à Viviers en se rendant à Marseille avec sa nièce et la duchesse de Gotha. En 1807, Zach a raconté ce voyage dans *Monatliche Correspondenz* (vol. 16) :

...En allant en Provence, en novembre 1804, nous avons fait le voyage agréable et pittoresque de Lyon à Avignon avec un bateau particulier à nos ordres, ce qui nous a permis d'aborder et de rester partout où cela nous plaisait. Le 19 novembre vers 3 heures après midi, nous avons abordé à Viviers et nous avons eu là le plaisir d'embrasser en personne notre vieil ami depuis quarante ans et notre correspondant assidu, juge de paix et président du district. M. de Flaugergues, neveu du célèbre astronome M. de Ratte, mort il y a deux ans à Montpellier, est justement aussi bien connu dans le monde savant comme un astronome très habile et très assidu qu'il est aimé et honoré dans son département (de l'Ardèche) comme un philosophe très honnête et comme un magistrat de pensée élevée.

Viviers est un petit endroit sale et vieux [1] sur la rive droite du Rhône. Quoiqu'il soit capitale de l'ancien Vivarais et le siège d'un évêché, maintenant chef lieu du département de l'Ardèche, il ne compte guère que 2000 habitants. Ce lieu ne se trouve près d'aucune route de la poste, qui circule le long de la rive gauche du Rhône, l'abordage d'un bateau et l'arrivée d'étrangers à Viviers appartiennent à des événements rares qui produisent justement une aussi grande sensation qu'ils excitent la curiosité de cette petite ville. Notre première démarche fut vers notre ami à qui nous n'avions pas, exprès, annoncé notre arrivée car nous voulions nous réserver le plaisir d'une surprise agréable. Nous avons trouvé l'homme simple, honnête et aimable, tel que les habitants de Viviers nous l'avaient dépeint; car la curiosité était aussitôt satisfaite auprès de ceux-ci et le renseignement obtenu en un instant dès qu'ils entendaient seulement que nous nous informions de leur illustre juge de paix. Nous étions à Viviers depuis une demi-heure à peine que nous étions déjà comme au sein de notre propre famille. Nous avons dû quitter tout de suite l'hôtel mal aménagé et prendre nos quartiers chez notre ami.

M. de Flaugergues nous conduisit ensuite à son observatoire qui se trouve devant la ville et n'est rien d'autre qu'une bastide ou une petite maison avec jardin; une paire de marches conduisent dans une petite salle qui constitue tout l'observatoire. Un perron devant cette salle lui sert pour les observations occasionnelles; un quart de cercle de 3 pieds de Langlois, un instrument des passages ayant appartenu autrefois à l'abbé de La Caille, une paire de lunettes achromatiques et une pendule astronomique forment tout l'appareillage astronomique.

L'instrument des passages est seulement placé sur une monture en bois et peut être utilisé uniquement vers le sud et non vers le nord, c'est pourquoi il doit d'abord être corrigé avant chaque observation vers une mire méridienne. De plus le fil à plomb pend constamment à l'instrument; lorsque la lunette est dirigée vers un objet céleste, le poids repose dans un petit réci-

1. Nous sommes en 1804 !

> pient qui est fixé à l'instrument et joue seulement alors librement lorsque la lunette est verticale; il faut vérifier cela pour chaque observation. Flaugergues compense par sa peine, son soin et son génie à ce qui manque en commodité, solidité et qualité à son instrument. Son horizon est très borné par des montagnes proches et élevées; donc, quoique la ville se trouve près du Rhône, elle est cependant emprisonnée entre les montagnes et la vue est très bornée... [traduit de l'allemand].

Le 20 avril 1805, von Zach, qui est à Marseille, annonce à Flaugergues qu'il viendra dans quinze jours et qu'il restera plusieurs jours. En effet, le 5 mai, celui-ci se rend à Donzère où le baron von Zach l'a invité à venir voir ses instruments. Ensemble, ils observent le Soleil. La même année, Flaugergues note dans son registre d'observations[1], à la date du 20 août : « *J'ai eu le bonheur d'avoir la visite de M. de Lalande ; il est arrivé à 5h. du soir, descendu de Lyon par le coche. Le 21, M. de Lalande est parti à 3h. du soir pour Montélimar, où je l'ai accompagné, et le 22, à 4h¾ du matin, il est parti de Montélimar pour Lyon* » (PR96, 99, 100, 101, 102). Le lendemain, Flaugergues apprend la mort, le 15 août, de son oncle Étienne Hyacinthe de Ratte. Il se rend à Montpellier le 28 août 1805 et ne revient à Viviers que le 14 octobre, rapportant un équatorial et plusieurs livres d'astronomie et de géométrie.

FLAUGERGUES N'EST PLUS SOUTENU PAR LE BUREAU DES LONGITUDES

Après la mort de Lalande, le 4 avril 1807, Flaugergues poursuit ses observations astronomiques, se consacrant principalement à la recherche des comètes. À la date du 26 septembre 1807, il note : « *J'ai eu le bonheur de découvrir une superbe comète visible à la vue simple; elle était dans l'aile boréale de la Vierge et à 5 à 6 degrés au-dessus de l'horizon* ». Il continue aussi de noter la présence de taches sur le Soleil, et leur nombre, observations qu'il menait assidûment depuis septembre 1794 où l'absence totale de tache l'avait fort intrigué. Depuis 1800, il s'intéressait aux grosses taches, à la demande de Lalande (PR61). Mais, en 1807, frappé encore par la disparition des taches, il note à nouveau le nombre de taches ou leur absence totale. De 1797 à 1830, il a observé onze comètes; il a été le premier à découvrir la grande comète de 1811. Il a aussi été le premier, le 29 mars, pour la troisième comète de 1726 qu'il n'a observée que jusqu'au 6 avril. Il ne l'a pas annoncée car il a pensé que c'était celle que Biela puis

1. Manuscrit F1, Bibliothèque de l'Observatoire de Paris.

Gambart venaient de découvrir, il a donc été le seul à la voir. Mais il a publié ses observations.

Le 24 octobre 1809, le secrétaire du baron von Zach arrive à l'improviste à Viviers pour inviter Flaugergues à se rendre à Donzère (Drôme) où leur groupe loge dans l'auberge du maître de poste. Il y est reçu aimablement par la duchesse et l'astronome et il admire les beaux instruments fabriqués par Reichenbach que possède le baron. Avant de quitter Donzère, celui-ci est venu à Viviers rendre visite à son ami, et le lendemain, 27 octobre, il lui écrit :

> Mille et mille compliments de Mad. La Duchesse et de ma nièce, elles m'ont bien grondé d'être revenu tout seul, un Raphaël d'Urbino vous attendait à Donzère, il a brisé sa palette de colère de vous avoir manqué, mais je vous jouerai cependant un tour de ma façon, vous ne m'échapperez pas[1] !

Dans cette lettre d'adieu, Zach envoie à Flaugergues les observations qu'il a faites à Donzère avec des compliments pour toute sa famille.

Autre visite: en 1826, John Herschel vient à Viviers pour rencontrer le vieil astronome devenu célèbre par la découverte de la belle comète de 1811 qui a été visible une grande partie de l'année, et peut-être parce qu'il a eu connaissance de la troisième comète de 1826. Les deux astronomes s'entretiennent de questions scientifiques, et Flaugergues montre son journal d'observation avec ses notes sur la comète qu'il a découverte le 29 mars. C'est probablement à John Herschel qu'il doit la publication d'un article sur cette comète dans *Memories of the astronomical Society*, t. III, 1827, sous le titre *Notice of a comet discovered by M. Flaugergues at Viviers, March 29th. 1826*. Le 5 juin 1828, Gambart, directeur de l'observatoire de Marseille, passe à Viviers en revenant de Paris et lui montre le baromètre de Forster qu'il a acheté.

En astronomie, Flaugergues qui a observé les deux disparitions puis réapparitions de l'anneau de Saturne en 1789 et 1790, et ensuite en 1802 et 1803, a pu déterminer la longitude des nœuds de l'anneau et montrer qu'il y avait une rétrogradation de 1'38" par an. Son Mémoire a été publié dans *Journal de Physique*, t. LXVI, 1808. Mais l'astronomie n'occupe pas complètement Flaugergues, il s'intéresse aussi à la physique. Ses Mémoires sont souvent composés, on l'a vu, pour répondre aux prix proposés par les Académies. Il en a remporté plusieurs : en 1806 sur l'évaporation de l'eau dans l'atmosphère, prix de l'Académie de Lyon, en 1809, sur la diffraction

1. ms 1058 IV, lettre 227, Bibliothèque de l'Observatoire de Paris.

de la lumière, prix de l'académie du Gard, en 1813 sur le coefficient de dilatation de l'air, prix de l'académie de Rouen, et d'autres encore. Ces prix lui ont apporté un peu d'aisance.

À la chute de Napoléon, von Zach qui est à Marseille s'étonne de l'état des esprits en France ; le 10 mai 1814, il écrit à Flaugergues :

> Il y a encore beaucoup de malveillants, et des partisans de ce scélérat qu'on a terrassé, c'est incroyable ! Il y a des gens qui ne veuillent ni Bonaparte, ni des Bourbons, ni Nicolas, ni Louis XVIII, ils veuillent une république. Ces Jacobins voudraient recommencer l'ancien train de 1792. Vous savez combien la ville de Lyon s'est mal montrée, l'esprit public y est détestable ainsi que dans le militaire. Si les troupes des alliés se retirent hors de France, je me retire aussi, j'ignore ce que pourra devenir la France, mais je crains beaucoup ; je n'aurais jamais cru qu'après tant de malheurs, il soit encore tant des mauvaises têtes ! [1].

Il est bien possible que Flaugergues soit un de ceux qui souhaitent la république. Deux mois plus tard, les opinions de von Zach ont bien évolué ; sa lettre du 18 juillet commence ainsi :

> Vous avez bien raison de dire que le bonheur et le repos ne sont pas encore assurés en France. Le Roi très certainement a les meilleurs sentiments, et veut le Bien, mais cela fait frémir lorsqu'on voit comment il est entouré. [...] C'est que le gouvernement est bien faible, il faut lui laisser du temps pour qu'il prenne de la force et de la vigueur. Je crains, comme vous, que l'on laisse prendre trop d'empire au clergé. Les gazettes ne parlent que des processions, des Fêtes-Dieux (*sic*), des Pénitents bleus, blancs ou noirs... Tout cela ne me plait pas ; ce n'est pas avec cela qu'on rétablit la religion et la moralité ; au contraire je m'aperçois que cela produit l'effet tout opposé. Je crains aussi qu'on va établir toutes ces anciennes moineries. Le Pape rétablit les Jésuites, l'Espagne l'Inquisition, voilà les premiers fruits de la paix, voilà les premières choses dont on s'occupe après le retour de l'ordre – ces momeries ne vont plus à notre Siècle, ou bien, on veut nous faire reculer vers celui de la barbarie, des fanatismes, et de l'hypocrisie ! ... ... Revenons à nos moutons [2].

Flaugergues, qui ne manifestait publiquement aucun sentiment antireligieux, avait été inscrit par Lalande dans son second « *Supplément au Dictionnaire des athées* » de Sylvain Maréchal. Von Zach, sans être lui-même athée, semble ici partager ses opinions sur le rôle néfaste d'une religion prépondérante.

1. ms 1058 IV, lettre 327, Bibliothèque de l'Observatoire de Paris.
2. *Ibid.*, lettre 238.

VIEILLESSE

À la Restauration, Flaugergues a été maintenu juge de paix à Viviers. Cependant, le 7 décembre 1816, il a dû se rendre à Privas où il a comparu devant le tribunal et le Préfet où il s'est complètement justifié. Le 7 août 1817, il annonce à son ami Gleizal un nouveau sujet de recherches :

> Sa Majesté a daigné me conserver dans la place de juge de paix, qui m'était bien nécessaire, ayant tout perdu, comme vous le savez, par la Révolution. Je m'occupe continuellement de remplir, le mieux qu'il m'est possible, les devoirs de cette place pour me rendre utile. J'emploie une partie des nuits à faire des observations qui contribueront à la perfection des cartes géographiques et seront utiles à la marine. Enfin, j'ai une occasion depuis peu de travailler pour notre patrie. S.E. Mgr. le Ministre de l'intérieur a désiré connaître les antiquités du département de l'Ardèche et a demandé à M. le Préfet quelqu'un qui pût satisfaire sa curiosité là-dessus, et M. le Préfet m'a indiqué. Son choix aurait pu être bien meilleur au moral comme au physique s'il avait choisi tout autre, car mon âge, mes moyens et mon état ne me permettent pas de faire les courses nécessaires pour recueillir les antiquités de ce département. Aussi je n'ai accepté que pour le canton de Viviers et les deux autres voisins. J'ai adressé à M. le Préfet des Mémoires sur plusieurs inscriptions romaines, sur des médailles grecques et sur des inscriptions hébraïques trouvées à Viviers que j'ai tâché d'expliquer, ayant fait une étude assez approfondie de ces langues. M. le Préfet m'a marqué que S. Exc. avait reçu mon travail avec plaisir et en avait été satisfaite. J'espère qu'il en sera de même pour d'autres notices que je me propose de lui présenter.

Flaugergues continue ces recherches car, dans son registre, on trouve des descriptions de monnaies anciennes, recueillies à Viviers ou dans les ruines d'Alba. En 1820, le Conseil général de l'Ardèche lui accorde une gratification de 500 f. pour son Mémoire sur les antiquités de Viviers, et le 21 avril 1821, il est nommé chevalier de la Légion d'Honneur, probablement pour la même raison. Il gagne un prix de l'Académie de Reims pour un Mémoire sur les hautes températures. Mais, souvent malade, ses travaux astronomiques se font plus rares ; il observe encore deux comètes en 1829 (celle de Encke) et en 1830, la première de l'année. De plus, il se plaint de ne pas avoir de bons instruments et regrette son ami Lalande dans une lettre du 12 août 1823 qu'il adresse à Zach :

> Si je n'avais pas eu le malheur de perdre mon bon ami M. De la Lande, perte que je déplore tous les jours, j'aurais pu faire quelque chose ; il travaillait à me procurer un grand quart de cercle mural, et cet instrument

> sûrement n'aurait pas resté inutile entre mes mains, ainsi que vous remarquez qu'il est arrivé à beaucoup de ces instruments [1].

Il note donc surtout des observations météorologiques. La maladie de sa femme, ses problèmes de vue lui rendent la vie difficile et ses fonctions l'accaparent beaucoup. Le 17 mai 1829, il écrit à Gleizal :

> Je ne puis vous dissimuler que je suis très à l'étroit ; le traitement de juge de paix est fort médiocre ; on fait des retenues, et les fonctions sont si multipliées qu'elles absorbent tout mon temps et je ne peux vaquer à autre chose. Le casuel est comme nul et suffit à peine aux frais de bureau. La Révolution a tout enlevé à mon père, et un vieux et inébranlable ami de la liberté et de l'égalité n'a pas de faveur à espérer. Pour surcroît de malheur, ma femme est presque paralytique depuis trois ans et exige des soins pénibles et continuels jour et nuit !....

Le traitement de juge de paix était alors de 800 f., réduit à 783,96 f. par les retenues.

Après la mort de sa femme, au début de 1830, il retourne à son observatoire le 21 février et observe sa dernière comète le 23 avril jusqu'au début du mois de mai. Au mois d'août, il a la joie de revoir le drapeau tricolore planté devant sa maison. Il se serait écrié de sa fenêtre : « *Salut! drapeau de la liberté, je n'espérais pas te revoir!* ». En septembre il doit se rendre à Privas pour prêter serment au roi des Français et, de retour à Viviers, il se rend encore à son observatoire pour une éclipse de Lune. Sa dernière observation est du 21 novembre ; il meurt cinq jours plus tard.

En 1831, Melle Sophie Flaugergues écrit au Bureau des Longitudes pour lui offrir de rendre les quatre instruments qu'il avait prêtés à son père, à la demande de J. Lalande. Le maire de Lyon, ayant prié M. Arago de les demander pour l'observatoire de Lyon, le Bureau décide de les lui confier à condition qu'il les fasse prendre chez Melle Flaugergues à Viviers.

Près de vingt ans après le décès de Flaugergues, Rudolf Wolf, astronome à Zürich, qui tentait de déterminer les cycles d'activité solaire avant 1848 en rassemblant toutes les observations de taches solaires disponibles, a recherché les cahiers d'observations astronomiques de Flaugergues. Il avait eu connaissance de ses notes sur les taches du Soleil qui avaient été publiées. En s'adressant à Laugier, neveu d'Arago, dont il connaît la compétence et la complaisance, il apprend que M. Seguin, habitant à Montbart, possède les manuscrits qu'il recherche. Celui-ci accepte de lui prêter et de lui envoyer les registres d'observations de Flaugergues.

1. *Correspondance astronomique* de von Zach, vol. 9.

R. Wolf trouve dans ces manuscrits plus de 2050 observations de taches solaires, une seule en 1788, ensuite, elles sont notées régulièrement à partir de 1794. De septembre 1794 à novembre 1830 elles recouvrent presque trois cycles solaires peu actifs.

MANUSCRITS ET CORRESPONDANCE PROVENANT DE FLAUGERGUES

Manuscrits à l'observatoire de Paris

Les cahiers d'observations astronomiques et météorologiques de Flaugergues sont entrés en 1883 dans les Archives de l'Observatoire de Paris. G. Bigourdan en a publié le récit suivant :

> À la mort de Flaugergues, les manuscrits qui renferment ses observations astronomiques et météorologiques de 1782 à 1830 furent achetés par Marc Seguin, Correspondant de l'Institut et neveu de Montgolfier; il acheta aussi sa bibliothèque et ses instruments, qu'il fit transporter à Annonay (Ardèche). En 1861, M. Rudolf Wolf fit connaître ces manuscrits, qui se trouvaient alors chez M. Seguin à Montbart (Côte-d'Or) et publia un relevé des observations de taches solaires qu'ils contiennent (*Mitheilungen über die Sonnenflecken*, n°XIII). Malgré cela ils étaient généralement entièrement inconnus des astronomes, lorsque, en août 1883, M. Tisserand, délégué à Annonay pour représenter l'Observatoire à l'inauguration du monument des frères Montgolfier, les découvrit chez M. Augustin Seguin, ingénieur-directeur des usines de la Buire, à Lyon, qui les a généreusement donnés à l'Observatoire de Paris. (4 registres in-f° et un cahier d'observations astronomiques; un registre d'observations météorologiques et divers cahiers de calculs ou de relevés d'observations).

La bibliothèque de Flaugergues, achetée aussi par Marc Seguin en 1837, contenait d'autres manuscrits. Un « Dossier Seguin », contenant entre autres des lettres autographes adressées à Flaugergues père, à de Ratte oncle et à Honoré Flaugergues a été proposé à la vente dans les années 1980 et acheté par l'Observatoire de Paris. Sous la cote 1058 II, il contient les 106 lettres que Lalande a adressées à l'astronome Flaugergues de 1789 à 1807 qui sont transcrites ci-après, avec deux lettres adressées à de Ratte.

Divers écrits de Flaugergues, certains publiés, d'autres restés inédits

G. Bigourdan, qui a étudié en 1884 les travaux de Flaugergues, donne une liste de 94 ouvrages dont certains sont inédits.

La grande majorité de ces Mémoires sont consacrés à l'astronomie et aux observations de Flaugergues qui pour la plupart ont été publiées dans la

Connaissance des temps. Une vingtaine traitent de questions de physique, de mathématique ou de météorologie.

Les Mémoires que Flaugergues a envoyés à diverses Académies pour concourir aux prix proposés et qui sont restés non publiés, même lorsqu'ils ont remporté le prix, se trouvent peut-être dans les archives de ces Académies; ils ne sont pas tous dans la liste des 94 Mémoires. Les travaux archéologiques de Flaugergues ne sont pas signalés par Bigourdan. Plusieurs de ses Mémoires sur les antiquités de l'Ardèche, présentés à sa demande au ministre de l'intérieur en 1817, ont été envoyés au ministère mais une copie se trouvait encore en 1896 dans la bibliothèque du Grand Séminaire de Viviers.

Liste des prix remportés par Flaugergues (d'après Bigourdan et Mazon[1])

1786 : Prix remporté à l'Académie de Lyon sur « Les expériences sur lesquelles Newton établit la différence de réfrangibilité des rayons hétérogènes sont-elles décisives ou illusoires ? »
1787 : Prix remporté à l'Académie de Montpellier, sur l'arc-en-ciel
1790 : Prix remporté à l'Académie de Lyon sur « Le système de l'aplatissement de la Terre vers les pôles est-il fondé sur des idées purement hypothétiques, ou peut-il être démontré géométriquement ? »
179 ? : Prix remporté à l'Académie de Toulouse, sur les trombes
1807 : Prix remporté à l'Académie de Lyon sur « Déterminer le rapport de l'évaporation spontanée de l'eau, avec l'état de l'air, connu par le thermomètre, le baromètre et l'hygromètre »
1809 : Prix remporté à l'Académie de Nîmes (ou du Gard) sur la diffraction de la lumière
1812 : Prix remporté à l'Académie de Lyon, sur l'évaporation dans le vide
1813 : Prix remporté à l'Académie de Reims (ou de Rouen) sur le coefficient de dilatation de l'air
1815 : Prix remporté à l'Académie de Nîmes sur « Soumettre à une discussion soigneuse toutes les diverses hypothèses imaginées jusqu'ici pour expliquer l'apparence connue sous le nom de queue, chevelure ou barbe des comètes »
1820 : Prix remporté à l'Académie de Reims, sur les hautes températures.

1. Les deux auteurs, Bigourdan et Mazon, ne sont pas d'accord sur les dates; ce peut être la date de la proposition du prix, ou celle de son attribution.

LETTRES ANNOTÉES

PR1, 16 août 1764

Adresse (au dos)

Monsieur de Ratte Secrétaire de l'Académie, à Montpellier

Monsieur,

Il y a longtemps que je me reproche de n'avoir pas répondu à la lettre dont vous m'avez honoré au mois d'avril dernier, en m'envoyant votre observation de l'éclipse de Soleil[1]. C'est une des meilleures que nous ayons reçues; je l'ai communiquée à l'Académie et l'on va mettre un extrait dans l'histoire de l'Acad*émie* pour 1764, avec un grand nombre d'autres que nous avons reçues de divers endroits.

Vous me paraissiez curieux, Monsieur, de savoir ce qu'on avait fait ailleurs de plus complet, le jour de cette éclipse. Nous n'avons rien eu de meilleur que l'observation de M. Short faite à Londres, avec un excellent héliomètre achromatique[2]; à 10h30m43s la plus grande phase arriva, la

1. III, § 37 et 38.

2. A § 2439 *sq.*, Lalande écrit « acromatique ». L'*héliomètre achromatique* voué à l'observation du Soleil dispose d'un objectif composé de deux verres différents, crown et flint (A § 2297 *sq.*) Le *micromètre objectif*, conçu et construit par Bouguer en vue de mesurer le diamètre du Soleil, est composé de deux objectifs identiques, mobiles l'un par rapport à l'autre; la distance entre leurs axes est mesurée avec une échelle graduée (complétée d'un vernier). Chacun d'eux donne une image du Soleil; les lumières parasites sont éteintes par « *un papier noir ou un morceau de drap* ». L'image solaire est projetée. On fait glisser l'un des deux objectifs jusqu'à ce que les deux images soient tangentes. La distance entre les deux objectifs est une mesure du diamètre angulaire du Soleil. Des variantes de cet instrument, décrites par Lalande, ont été construites en Angleterre. Cet instrument peut être utilisé aussi, évidemment, pour la mesure du diamètre angulaire du disque de la Lune et des planètes.

distance des bords du Soleil et de la Lune était de 2'26" et la différence des demi-diam*ètres* était 2'9"1/2, exactement conforme à celle que j'avais annoncée dans la *Connaissance des mouvements célestes*. Cette observation a décidé encore une fois la question des demi-diamètres vus sur un fond lumineux; ils sont certainement les mêmes que quand ils sont éclairés. Cette observation a encore prouvé que la latitude de la Lune[1] était d'environ 39'30" au moment de la conjonction[2] comme M. Clairaut l'avait annoncé, plus petite de 35" que par les tables de Mayer, ce qui n'est pas étonnant puisqu'il n'y a dans les tables de Mayer qu'une seule équation[3] pour la latitude de la Lune, tandis que M. Clairaut en a employé dix ou douze[4] !

En vous remerciant, Monsieur, de l'attention que vous avez eue pour moi, souffrez que je vous fasse hommage du prospectus que mes libraires ont fait imprimer pour le traité d'astronomie qui va paraître sous peu de jours. Vous verrez, Monsieur, l'étendue des matières que j'ai embrassées, sans oser répondre du succès de mon entreprise. L'ouvrage a été fait un peu vite, il y aura bien des fautes d'inadvertance, et je vous prie en grâce de me faire connaître celles qui pourront vous tomber sous les yeux, si vous daignez parcourir les deux volumes. Je fais la même prière à M. Danizy, votre digne collègue, à qui je vous prie de faire mille compliments de ma part.

J'ai l'honneur d'être, avec l'attachement le plus sincère et le plus respectueux,

Monsieur,
Votre très humble et très obéissant serviteur
De la Lande
le 16 août 1764
rue Saint-Honoré, près la croix du Trahoir

1. III § 07.
2. III § 21.
3. III § 33.
4. C'est en effet Clairaut qui a mis au point une méthode de perturbation tenant compte notamment de l'influence gravitationnelle des diverses planètes. C'est sa méthode qui a permis à Lalande et à Mme Lepaute de prédire correctement le retour de la comète de Halley.

PR2, 24 mai 1786

(même destinataire)
M. de Ratte

24 mai 1786

Monsieur et cher Confrère

J'ai reçu avec bien du plaisir votre observation de Mercure[1], je la publierai dans le Journal des Savants, parce que le Journal de Paris n'aime point les choses qui n'intéressent point Paris. M. de Lambre et M. Messier ont observé le contact extérieur à 8h39m56s. M. de Lambre en a conclu la conjonction[2] vraie le 3 mai à 17h8m47s temps moyen[3], de 1 s[4] 13°49'45" de longitude et 11'31" de latitude géocentrique[5]. Cela m'a fait voir qu'il fallait ôter 5' du lieu de l'aphélie[6] qui est dans mes tables et 55" de la longitude moyenne. Les observations de Ptolémée m'avaient fait augmenter trop le mouvement de Mercure et de son aphélie, je réduis le premier à 2s 14°4'10" par siècle et le second à 1°35'0". Les passages de Mercure depuis 1661, comparés deux à deux, nœud ascendant[7] avec nœud descendant[8], m'ont donné un mouvement progressif très bien d'accord, et il n'y aura plus de doute sur les éléments de Mercure !

J'ai aussi examiné toutes les digressions aphélies et périhélies[9] que j'ai pu trouver et cela me fait diminuer la plus grande équation de l'orbite de 1' 1/3 ; elle se réduira à 23°39'30".

Vous avez raison, mon cher confrère, de penser qu'il faut tenir compte de l'aberration du Soleil[10], nous le faisons actuellement. Il en peut résulter des différences de 1'12" pour Vénus, 37" pour Mars, 39" pour Mercure. Et dans la 3e édition de mon Astronomie, que je prépare, vous en trouverez le précepte. J'ai aussi refait mes tables de Vénus et de Mars.

Mille compliments à M. Poitevin; il m'avait promis le catalogue des assemblées imprimées, je n'ai point reçu votre dernière assemblée

1. Il s'agit du passage de Mercure devant le Soleil le 3 mai 1786 (A, livre XI, p. 457).
2. III § 21.
3. III § 09.
4. *s* : signe (du Zodiaque : c'est une mesure d'angle qui vaut 30°). Ne pas confondre avec le symbole qui désigne la seconde d'heure !
5. III § 10.
6. III § 12.
7. III § 15.
8. III § 15.
9. III § 12.
10. III § 31.

publique, j'avais continué de les annoncer dans le Journal des Savants; je vous invite à remplir cette lacune.

Je suis avec autant de considération que d'attachement,

Monsieur et cher confrère,
Votre très humble et très obéissant serviteur
La Lande

PR3, 1er avril 1789

Adresse

Monsieur Flaugergues, correspondant de la Société royale de médecine
à Viviers en Vivarais

en bas de l'adresse

Il faudrait prendre la diff*érence* des parall*axes* horiz*ontales*[1] « Lune » « Soleil » au lieu de faire deux fois séparément le même calcul.

à Paris le 1er avril 1789

J'ai reçu, Monsieur, de mon cher confrère Monsieur l'abbé Tessier, votre Mémoire sur l'éclipse de 1788[2]. J'ai été enchanté de votre zèle, et je suis charmé d'apprendre que vous vous proposez de continuer à cultiver l'astronomie. Je vous observerai cependant que, comme la latitude[3] par plusieurs observations a été trouvée 14'48" et que vous ne trouvez que 13'25", il y a nécessairement quelque méprise; de même la conjonction[4] à Greenwich a été trouvée 20h58m47s par deux astronomes à 400 lieues l'un de l'autre, il est difficile que cela ne soit pas exact et cependant vous ne trouvez que 55m36s. En repassant quelques-uns de vos calculs, il m'a paru que votre parallaxe de latitude[5] est visiblement trop petite. Vous verrez dans l'article 1667[6] qu'elle est sensiblement égale à p cos(h) ou 60'24" cos(45°34'), ce qui fait 42'17"; le second terme donne environ 11" à ôter, ainsi reste 42'6" au lieu de 40'44" que vous trouvez.

1. Projection de la parallaxe diurne (voir III, § 35) sur l'horizon.

2. Le 4 juin 1788, totale dans le Maghreb et en Turquie, partielle à Paris. Cette observation d'éclipse de Soleil est apparemment la première observation faite par Flaugergues).

3. III § 7.

4. III § 21.

5. Projection de la parallaxe diurne (III, § 36) sur un cercle de déclinaison (III § 9).

6. Lalande se réfère à son *Astronomie*. Le paragraphe cité décrit le détail des opérations de trigonométrie permettant de calculer les deux composantes de la parallaxe de la Lune.

Un objectif de quinze pieds avec son oculaire coûtera environ deux louis et Putois, opticien sur le quai de l'horloge, le fera très bien. Vous ferez certainement une chose très utile que d'observer toutes les éclipses des satellites[1].

Un bon mouvement de pendule à seconde[2], avec une verge de compensation, coûte 18 louis, M. Janvier aux Menus Plaisirs[3] vous la fera très bonne.

Je suis, avec la considération la plus distinguée,

Monsieur, votre très humble
et très obéissant serviteur
La Lande

PR4, 29 mai 1789

Adresse

à Monsieur Flaugergues de la Société royale de Montpellier, à Viviers

29 mai 1789

Je suis bien flatté, Monsieur, de ce que vous avez daigné mettre quelque prix à une correspondance qui était de mon devoir comme astronome, et qui n'est de votre part qu'un zèle gratuit. Ce zèle m'enchante, et je suis bien heureux de pouvoir le seconder.

Je crois qu'il vous sera facile de faire faire un tuyau de fer blanc de 15 pieds chez vous, et vous pouvez vous contenter de faire venir les verres. Les lunettes achromatiques sont bien plus commodes mais elles sont trop chères.

Vos méthodes pour trouver la latitude[4] sont très bien astronomiquement parlant, mais il y a trop peu à espérer des passages dans un vertical[5] pour qu'on puisse regarder celle-là comme utile.

1. Il s'agit du passage des satellites dans l'ombre de Jupiter.

2. On sait que la détermination de l'instant d'une observation est aussi importante que celle de la direction de l'astre dans le ciel. Lalande (comme tous les astronomes) tenait à disposer des meilleures horloges. Le balancier d'une horloge à pendule, telle qu'il la décrit, est composé de neuf tiges (ou verges) d'acier et de cuivre, agencées de sorte que l'ensemble ne subisse aucune dilatation sous l'effet de la température extérieure. Le pendule à seconde de l'horloge est agencé à l'aide de roues dentées dont l'une fait un tour en une minute permettant ainsi de mesurer le temps à la seconde près (A § 2562).

3. Bâtiment royal.

4. III § 07.

5. Plan vertical, plan passant par le zénith du lieu et perpendiculaire à l'horizon.

Vous avez très bien compris que le sinus de la latitude australe est négatif et que dans ces cas-là, il faut mettre + au second terme de la parall*axe* en lat*itude*[1]. J'en avais bien averti à l'art*icle* 1671 de mon Astronomie, 2e édition.

Il est tout naturel que vous ayez trouvé la durée de l'éclipse[2] plus petite qu'avec de meilleures lunettes, ce qui change de quelques secondes la latitude déduite de la durée de l'éclipse.

Nous n'avons pu voir Saturne que le 7 mai, et alors l'anneau devait être certainement disparu[3], les temps sont ici trop mauvais. On ne l'a pas vu à Marseille.

Les deux méthodes dont vous parlez pour observer le passage de Mercure sont également bonnes, et vous choisirez celle qui vous sera la plus commode.

L'erreur de La Caille p. 275 était déjà relevée dans mon Astronomie, art*icle* 1699, où je fais voir que la correction doit être ajoutée à la latit*ude* australe[4] de la *Lune* pour les pays septentrionaux.

Il faudrait refaire tous vos calculs pour voir d'où *viennent* les 12" sur la conjonction[5]; si c'est une faute, il faut que vous ayez fait la même dans vos deux calculs puisque votre différ*ence* des méridiens est exacte. Au reste quand la 3e édition de mon Astronomie paraîtra, vous y trouverez une méthode plus simple pour les parallaxes dans le sphéroïde, et des tables plus exactes. Je ne fais plus l'aplatissement[6] que de 1/300, je prends la parallaxe qui répond au centre, ou à CO. Je diminue la hauteur du pôle de l'angle de la verticale COK (fig*ure* 77 de La Caille) avant de calculer le nonagésime[7], et il n'y a plus de réduction à faire au centre.

1. Voir PR3.

2. Il s'agit de l'éclipse de Soleil de 1788 (voir PR3).

3. III § 43.

4. *Latitude* d'un astre lorsqu'il est du côté de l'écliptique qui contient le pôle austral ; on la compte, à partir de l'écliptique, avec des valeurs négatives de 0 à -90°.

5. III, § 21.

6. L'aplatissement de la Terre, déterminé à la suite des expériences de Richer à Cayenne (1672), puis des expéditions de Maupertuis en Laponie (1736), et de Godin, Bouguer et La Condamine au Pérou – dans une région qui appartient aujourd'hui à l'Équateur – (1735-1743), fut un argument essentiel en faveur de la théorie newtonienne de l'attraction universelle. Le rayon terrestre aux pôles est plus petit que le rayon à l'équateur d'une valeur de 1/300 du rayon moyen (valeur moyenne des déterminations).

7. C'est le point de l'écliptique éloigné de chacun des deux nœuds (III § 15) de 90°. Kepler introduisit cette notion pour calculer la parallaxe de la Lune. Lalande (A, § 1660) en montre la commodité.

Si vous calculez votre observation du passage de Mercure[1], je vous invite à suivre la méthode expliquée dans mon Astronomie. Si vous ne l'avez pas, je vous l'indiquerai par lettre. Je serai toujours très empressé de seconder votre zèle et de vous prouver la considération très distinguée avec laquelle j'ai l'honneur d'être,

Monsieur,
Votre très humble et très obéissant serviteur
De la Lande

PR5, 9 octobre 1789

Adresse

Monsieur Flaugergues, associé libre de l'Académie de Montpellier
à Viviers en Vivarais

à Bourg, le 9 oct*obre* 1789

Votre lettre du 2, Monsieur, m'est bien parvenue à Bourg, mais je n'ai point ici ce qui me serait nécessaire pour vous satisfaire ; d'ailleurs le temps de l'observation[2] est assez voisin pour attendre si elle réussira. Alors je vous enverrai la méthode appliquée à un exemple de l'observation même ; si vous ne faites pas l'observation, le calcul serait inutile.

Je suis charmé que vous ayez revu l'anneau[3] le 29, c'est le jour qu'on m'écrit d'Allemagne et d'Italie. Pour l'observation du 26 sept*embre*, je n'ai encore rien reçu ; je vous enverrai aussi l'oppos*ition*[4] de Saturne dès que je serai à Paris, car elle est déjà calculée et elle suffira en effet pour corriger les tables de Cassini.

Mon neveu[5] a déjà 2500 étoiles, mais il n'a monté la garde que deux fois.

1. Passage devant le Soleil, III § 21, 36.

2. Il s'agit d'une observation du passage de Mercure (5 novembre 1789) que Flaugergues se propose de faire.

3. III § 43, 44.

4. III § 22.

5. Michel Lefrançais, mari d'Amélie, la « nièce », fille de Lalande. Lalande fit la carrière de son neveu ; il le fit entrer à l'Institut et le « neveu » devint son successeur comme astronome au Bureau des Longitudes, où il était déjà adjoint depuis la fondation.

Je suis charmé que vos calculs s'accordent avec ceux de M. Méchain, c'est un grand préjugé pour les vôtres; cependant la différence des méridi*ens* est la même, ainsi cela ne nuira pas à l'utilité des calculs de M. Piazzi. Il est reparti il y a un mois pour l'Italie.

Je partirai la semaine prochaine pour Paris, et j'espère vous satisfaire aussitôt que le passage de Mercure[1] sera arrivé.

Je vous félicite de votre zèle et de votre courage. Ce serait un grand plaisir pour moi s'il y avait dans ma petite ville une personne qui eût autant de goût pour l'astronomie.

Je suis avec autant de considération que d'attachement,

Monsieur,
Votre très humble et très obéissant serviteur
De la Lande

PR6, 1789 ou 1790

Adresse

Monsieur Flaugergues, docteur en médecine, de l'Académie de Montpellier à Viviers

Actuellement, Monsieur, que nous avons observé le passage de Mercure[2] et que j'espère que vous l'aurez observé aussi je m'empresse de vous envoyer les éléments et la méthode de calcul, pour que vous puissiez calculer votre observation.

Soit ZS le vertical du Soleil, CA l'orbite de Mercure, SM la plus courte distance de Mercure au centre du Soleil qui a dû être suivant mon calcul : 7'22", la parall*axe* horizontale[3] du Soleil : 8",6, celle de Mercure : 12",7, la différence : 4",1 ; et 3",8 à 23",8 de hauteur à Paris, au commencement; le mouv*ement* horaire[4] de Mercure sur son orbite relative : 5'57",8 de mi-durée 2h26m9s.

1. Devant le Soleil, III § 21, 35.
2. III § 21, 35.
3. Voir PR3.
4. Déplacement de Mercure en angle horaire, III § 07.

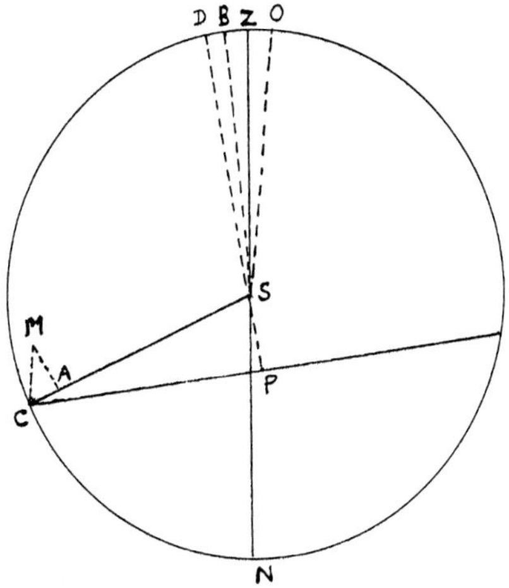

Figure 1[1]

Le temps vrai de la conjonction vraie suivant mes tables : 3h26m3s à 1s 13°40'45" de longitude ap*parente*, et 7'26"6 de latitude géocentrique[2] appar*ente*, au moment de la conjonction apparente, eu égard aux aberrations.

Contact extérieur de l'entrée : 1h 17m 3s
intérieur 1h 19m 3s
Plus courte distance : SP 442" 4
L'angle du vertical et du cercle de déclinaison OS 13° 13' ZSO
L'angle de position 17° 26' OSD
donc l'angle parallactique du vert*ical* et du c*ercle* de latit*ude* 4° 13'
le cercle de la*titude* à gauche
Inclinaison de l'orbite relative qui va vers le nord 8° 23'20"
Angle du vertical avec la perpendic*ulaire* PSD 12'36"
PSC 62'14"
donc l'angle NSC ou MCS est de 49'38"

1. La figure représente les constructions nécessaires pour passer de la mesure des caractéristiques géométriques de la trajectoire apparente de Mercure sur le disque solaire à la détermination de certains paramètres que l'on n'a pas pu observer, et surtout de la parallaxe du Soleil, c'est-à-dire indirectement de sa distance. Les constructions brièvement décrites dans cette lettre sont explicitées par Lalande (avec des notations un peu différentes de celles de cette figure) dans les § 2000 à 2139 de son *Astronomie*.

2. Les aberrations modifient la *position* des astres par rapport à leur position vraie en un instant déterminé, celui de la *conjonction*.

La diff*érence* des parallaxes de hauteur MC = 3",8 multipliée par le cosinus de cet angle MCS donne l'accourcissement CA sur la distance 2°4; d'où l'on conclut l'effet de la parallaxe 55" le demi-diamètre du Soleil 16'7",7 moins celui de Mercure 5",2 fait SC, et en résolvant le triangle SCP avec la somme et la différence, on trouve la durée de la sortie: 2m0s de temps.

Au reste, ces calculs auraient besoin d'être recommencés, je vous les envoie pour vous guider seulement, si vous voulez vous en occuper. Je vois que l'observation approche si fort du calcul précédent que je ne recommencerai pas, d'autant que les observations ne sont pas fort exactes et que je suis très occupé de 3000 étoiles que j'ai observées cet été du coté du nord.

M. Herschel a découvert un 7e satellite à Saturne[1].

À l'égard de vos observations de l'anneau[2], si vous voulez les calculer, voici l'opposition qui vous servira à corriger les tables de Cassini:

le 11 sept*embre*: 18h 9m 6s temps moyen,
longit*ude* 11° 19'50", 16

Je suis avec autant de considération que d'attachement

Monsieur
Votre très humble et très obéissant serviteur
De la Lande

PR7, 21 février 1791

Adresse

Monsieur Flaugergues, associé des Académies de Montpellier et de Lyon
à Viviers en Vivarais

à Paris le 21 fév*rier* 1791

J'apprends avec grand plaisir, Monsieur, que vous avez fait un travail sur le passage de Mercure[3] et que vous comptez le publier. Je voudrais pouvoir contribuer à le compléter, mais j'avais déjà communiqué à M. Méchain tout ce que j'avais reçu et il paraît qu'il vous en a fait part.

1. Herschel (en 1789) a découvert Mimas et Encelade, deux satellites de Saturne.
2. III § 42, 43.
3. III, § 21, § 35, voir PR2, 4, 5, 6.

J'ai seulement reçu depuis l'observation faite à Montevideo, 34°55' de latitude Sud. Sorties[1] :

2h15m11s cont*act* int*érieur*

2h16m54 s cont*act* ext*érieur*.

par MM. Galiano, Vernacci et de la Concha[2]. C'est environ 3h54m15s à l'occident de Paris, mais cette observation servira mieux pour déterminer la différence des méridiens que la position de Mercure.

Je vois par votre formule que vous avez bien approfondi votre sujet et je vous en fais mon compliment.

M. de Beauchamp m'écrivait que, le 4 mai, il ne voyait plus l'anneau[3], mais sa lunette n'est pas très forte.

On imprime le 24e livre de mon Astronomie, mais les tables des satellites de Jupiter de M. de Lambre que j'attends ne sont pas finies, et je crois qu'il se passera bien six mois avant que le livre puisse paraître.

Je suis avec la considération la plus distinguée,

Monsieur,
Votre très humble et très obéissant serviteur
La Lande

PR8, 29 juillet, probablement 1795 ou 1796

au Collège de France (*déchirure*) 11 therm*ido*r

J'ai reçu, mon cher confrère, avec grand plaisir votre lettre du 23. J'en ai fait part au Bureau des Longitudes et votre observatoire est du nombre de ceux que nous avons célébrés et recommandés dans un Mémoire exprès, remis au Comité. Je suis enchanté que votre société libre[4] se soutienne, le titre 9 du projet de constit*ution* décrété le 8 vous en donne le droit et vous serez sûrement appuyés.

En m'écrivant comme secrétaire du Bureau des Longitudes vous pouvez mettre vos lettres sous le couvert du Comité d'Instruction publique.

1. Au moment où Mercure sort de devant le Soleil, deux contacts : le disque de Mercure est tangent *intérieur*ement à celui du Soleil, le disque de Mercure est tangent *extérieur*ement à celui du Soleil.

2. Probablement officiers de marine espagnols, membres de l'expédition vers l'Amérique et le Pacifique (1789-1793), commandée par Malaspina.

3. Voir III § 42, 43.

4. Renaissance en 1795 ou 1796 de l'Académie de Montpellier sous le nom : « Société libre des Sciences et Belles-Lettres de Montpellier ».

Si le *Magasin Encyclopédique*[1] parvient à Montpellier, vous verrez dans le 1er cahier l'histoire de l'astron*omie* pour 1794.

Delambre[2] travaille à la méridienne du côté d'Orléans et Méchain sera bientôt du côté de Perpignan pour reprendre ses triangles.

Pour moi, j'ai déjà 29 mille étoiles bien déterminées.

Bien des compliments à nos confrères Poitevin, Danizy et Brunet.

Salut et fraternité

Lalande
Directeur de l'Observatoire

PR9, 18 février 1796

au Collège de France
le 29 pluviôse

Je vous annonce avec plaisir, mon cher confrère, que vous avez été nommé associé de l'Institut national pour les départements.

Le Bureau des Longitudes vous destine la direction de l'observatoire de Toulon, si vous voulez y aller.

Vous aurez un bon traitement et l'on vous payera votre voyage.

Salut et frater*nité*.
Lalande
Direct*eur* de l'Observato*ire*

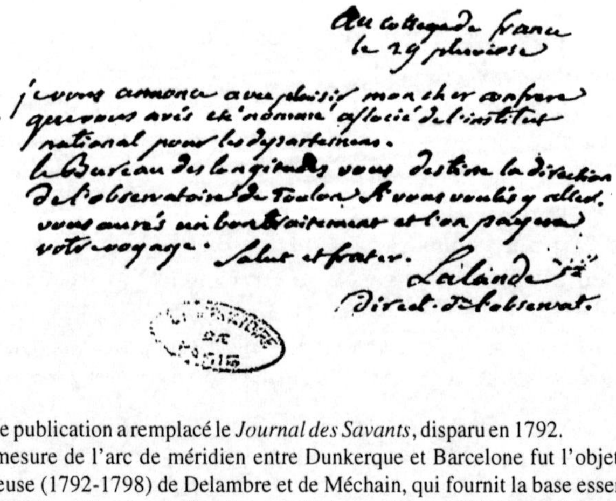

Au collège de france
le 29 pluviose

je vous annonce avec plaisir mon cher confrere
que vous avés été nommé associé de l'institut
national pour les departemens.
le Bureau des longitudes vous destine la direction
de l'observatoire de Toulon si vous voulés y aller.
vous aurés un bon traitement et l'on payera
votre voyage. Salut et frater.
Lalande
Direct. de l'observat.

1. Cette publication a remplacé le *Journal des Savants*, disparu en 1792.

2. La mesure de l'arc de méridien entre Dunkerque et Barcelone fut l'objet de l'expédition fameuse (1792-1798) de Delambre et de Méchain, qui fournit la base essentielle de la définition du mètre. Cette opération fut complétée par Arago et Biot, jusqu'aux îles Baléares (1806-1808).

PR10, 4 avril 1796

Adresse

Au Citoyen Flaugergue*s*, membre de l'Institut national, à Viviers

à Paris
15 germinal an 4

J'ai vu avec bien du plaisir, mon cher confrère, votre lettre du 5, mais point du tout celle du mois passé. Il paraît que vous n'avez pas reçu les deux lettres où je vous parle de l'observatoire qu'on va établir à Toulon et où je vous propose d'en aller prendre la direction. Mandez-moi tout de suite si cela vous conviendrait, nous demanderons mille écus d'appointements en numéraire. J'ai reçu vos observations et je les mettrai dans la Connaissance des Temps de 1798 qui s'imprime.

Je me chargerai volontiers de présenter vos Mémoires à l'Institut ou au Bureau des Longitudes.

M. Bouvard a observé l'imm*ersion* de δ^1 (*Taureau*). 7h12m40s à l'observat*oire*. M. Messier a obs*ervé* l'émersion[1] 8h19m23s à l'hôtel de Clugny[2].

M. Pictet à Genève	imm*ersion* :	7h 35m 47s
	émer*sion* :	8h 38m 52s

Nous avons observé une quinzaine d'éclipses[3] depuis 4 ans ; je voudrais bien que vous me fissiez les 15 lieux de la Lune, longit*ude*, lat*itude*, mouve*ment* hor*aire*, parallaxe, par les tables de ma 3e édition, et le mouv*ement* horaire une heure avant.

1792	27 mars	7h	53m	30s	Temps moyen à Paris
	22 juin	6h	18m	52s	
	10 août	17	8	37	
	31 oct*obre*	18	2	16	
	25 déc*embre*	8	7	34	
1793	21 oct*obre*	17	51	16	
	15 déc*embre*	12	10	56	
1794	7 mars	6	38	39	
	14 sept*embre*	13	26	18	

1. III § 23. Il s'agit sans doute de l'occultation par la Lune de diverses étoiles (δ^1 Tau est la première mentionnée dans cette lettre, comme observée par Bouvard, Messier et Pictet).
2. Actuellement Cluny.
3. Ici, il s'agit d'occultations par la Lune. Voir III § 24.

	8 nov*embre*	8	35	7
1795	2 jan*vier*	4	23	16
	23 sept*embre*	6	24	12
1791	3 avril	1	54	37
1792	15 sept*embre*	21	23	15
1794	30 jan*vier*	23	44	23
1793	5 sept*embre*	0	5	16

C'est moi qui ai fait la liste des associés astronomes, et je n'en connaissais pas de plus digne que vous, avec Darquier, Duc-la-Chapelle, Dangos, Silvabelle et Thulis, mais c'est Montgolfier[1] qui m'y fit penser, car j'avais eu la maladresse de vous oublier.

Salut et fraternité, Lalande

PR11, 29 mai 1796

Adresse

au Citoyen Flaugergue*s*, Directeur de l'Observatoire national de Toulon
à Viviers, département de l'Ardèche

10 prairial an 4
(année de la main de Flaugergues)

Le Bureau des Longitudes a reçu, mon cher confrère, avec plaisir, votre lettre du 1 er avec vos observations.

Votre observation du 4e satellite[2] a fait plaisir surtout à Laplace et Delambre dont les tables donnent 15h33m49s au lieu de 15h33m10s. Mais vous devriez bien employer la méthode des diaphragmes[3], expliquée dans la 3e édition de mon *Astronomie*, sans laquelle on ne peut aspirer à aucune précision.

Avez-vous reçu la Connaiss*ance* des T*emps* de l'année prochaine, que je vous ai envoyée ?

1. La famille Montgolfier est d'Annonay, ville proche de Viviers.
2. Il s'agit du quatrième satellite de Jupiter.
3. Le diaphragme est « *un cercle de carton que l'on place au foyer F d'une lunette, qui décide seul du champ de la lunette* » (A, § 2290) ; en limitant le champ, on améliore l'observation des objets assez peu brillants que sont les satellites de Jupiter.

Votre observation de Mars[1] est bien curieuse. Je vous envoie la position exacte de l'étoile pour faciliter vos calculs :

asc*ension* dr*oite* 1790 :	266°	44'	40"
var*iation* ann*uelle* :			54"75
déclin*aison* 1790 :	23°	46'	43"
			+ 4"04 ce mois-ci
obliq*uité* de l'éclipt*ique*[2]	23°	27'	50" exacte d'après les dernières observ*ations.*

Nous n'avons pas encore de réponse du ministre, mais vous pouvez compter sur l'observatoire de Toulon, et ce sera vous qui serez chargé de le faire disposer.

Salut et fraternité
Lalande

Avez-vous reçu les calculs que je vous ai indiqués ?

Je mettrai vos observ*ations* dans la Connaiss*ance* des Temps, en supposant que vous ne les envoyez pas à d'autres, pour ne pas faire double emploi.

PR12, 19 juin, probablement 1796

1 messidor 19 juin

J'ai reçu, mon cher confrère, votre lettre du 19. Je l'ai communiquée au Bureau qui voit avec plaisir votre émulation et votre zèle. Il vous achètera les tables astronomiques qui vous manquent. Je vous aurais envoyé un autre exemplaire de la Connaiss*ance* des Temps si vous m'aviez averti.

On a fait à l'Institut un rapport sur votre projet de ralentir le mouvement par une horloge; on ne pense pas que cela fut fort utile, mais on a dit que cette idée faisait honneur à vos connaiss*ances* et à votre zèle.

Votre méthode pour l'aberration[3] des planètes avait déjà été proposée et elle revient à celle de Clairaut, qui est dans mon Astronomie.

Quand vous serez à Toulon, vous aurez une lunette meilleure; en attendant ne négligez pas les satellites de Jupiter.

1. Selon le registre d'observations de Flaugergues, il s'agit du contact entre Mars et l'étoile β Sagittaire, le 17 avril 1796.

2. III § 14.

3. III, § 32.

Vous pouvez m'écrire aussi sous le couvert du ministre de l'Intérieur en mettant secrétaire du Bureau des Longitudes.

Je ne crois pas que les étoiles sur la Lune[1] viennent de l'aberration, car le rayon de l'étoile qui rase la Lune est le même qui nous fait voir la Lune et l'étoile, et il a l'aberration unique provenant du mouv*ement* de la Terre.

Quand le ministre vous écrira de vous rendre à Toulon, vous lui demanderez ce qui vous est nécessaire, nous l'avons déjà prévenu.

Ne vous amusez pas avec Picolomini, il n'y a rien à en tirer.

Je vous invite à calculer la longit*ude* de Dillingen[2] : 48° 32' de lat*itude* ; 38'37" environ, à l'or*ient* de Paris

7h 34m 11s,5 im*mersion* δ^1 *Taureau* le 14 mars
8h 35m 10s,3 im*mersion* δ^2
36

Quelle parallaxe[3], quel mouvement horaire avez-vous supposé dans vos calculs de cette éclipse ? Quel diamètre ?

J'ai mis votre observation dans la Connaiss*ance* des T*emps* de 1798. Je mettrai vos calculs dans celle de 1799, année 7.

Salut et fraternité
Lalande

PR13, 27 juin 1796 (an 4)

Lettre qui n'est pas de l'écriture de Lalande. La signature seule est de Lalande.

du Collège de France
Le 9e messidor

Vous ne vous doutez pas, mon cher confrère, d'avoir jeté une pomme de discorde entre les géomètres et les astronomes. Mais il y en a eu deux qui ont trouvé que vous aviez raison dans votre explication de l'apparition

1. Dans cette lettre et par la suite souvent, Lalande reste sceptique vis-à-vis d'une remarque de Flaugergues qui affirme avec insistance, pour expliquer l'observation d'une étoile sur le disque de la Lune, que la Lune et l'étoile sont affectées de deux corrections d'aberration différentes. Il est clair que Flaugergues fait ici deux graves erreurs (une observation erronée, une interprétation absurde), ce que Lalande aura beaucoup de mal à lui faire comprendre (voir PR13, 16…). Flaugergues n'admettra cette argumentation (PR18) qu'après plusieurs échanges.

2. Dillingen-an-der-Donau, ville d'Allemagne, en Souabe.

3. III § 35.

des étoiles sur la Lune[1] et deux qui ont pensé autrement. Actuellement que l'affaire est éclaircie, je me fais un devoir de vous en instruire. Voici un raisonnement qui prouve que l'aberration[2] ne peut pas produire l'effet que vous en attendiez :

soit ELT le rayon de l'étoile qui rase le bord de la Lune,
ETR l'aberration de l'étoile,
DT le mouvement de la Terre qui produit l'aberration.

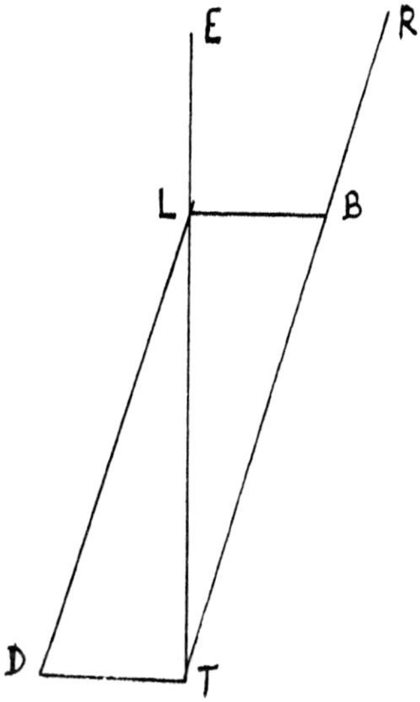

Figure 2[3]

La Terre arrivant en T reçoit le rayon LT. Mais pendant que la lumière est venue de L en T, la Terre a parcouru l'espace DT et la Lune a parcouru LB, égal à DT par le mouvement commun à la Terre et à la Lune. Car le rapport entre LB et LT est celui de la vitesse de la Terre à la vitesse de la lumière. Ainsi le bord de la Lune paraîtra en B aussi bien que l'étoile et cela ne changera rien à l'éclipse[4].

Salut et fraternité
Lalande, Dir*ecteur* de l'observ*atoire*

1. Voir note, PR12.
2. III § 31.
3. Ce schéma démontre que l'aberration est la même pour le bord lunaire et pour l'étoile observée, argument essentiel de Lalande contre l'idée erronée de Flaugergues.
4. Il s'agit ici d'une *occultation*. III § 23, 24.

PR14, 12 juillet 1796

Adresse

Au Citoyen Flaugergue*s* membre de l'Institut national, à Viviers en Vivarais

24 messidor an 4

Je vous remercie, mon cher confrère, de vos calculs, dont je suis très satisfait, ne prenez pas la peine de me copier les détails, nous nous en rapportons bien à vous, mais pour la latitude empruntée des tables, cela pourrait faire une petite erreur. Il faudrait prendre la diff*érence* des latit*udes* de la Lune[1] à l'étoile que vous a fourni la durée observée ailleurs. L'accord de cette latitude confirme la bonté des émersions toujours douteuses*.

Votre observation du 4e satellite[2] a fait grand plaisir à Laplace et Delambre, elle s'accorde à la minute avec leurs nouvelles tables ; de même pour le 3e qui a été si longtemps le désespoir des astronomes.

Je vous ai mandé qu'il était reconnu que l'aberration ne peut point faire paraître une étoile sur la Lune, mais vous avez eu la gloire de partager quelque temps les plus habiles gens en théorie. Le rapport que nous avons fait à l'institut est honorable pour vous, malgré notre avis contraire au vôtre.

Si vous envoyez des obs*ervations* à M. de Zach pour les éph*émérides* de Berlin, ne lui envoyez pas celles que vous nous envoyez sans m'avertir, afin que nous ne fassions pas un double emploi.

Le pass*age* du 5 nov*embre* 1789[3] fut observé à Cambridge par Webber. Je n'ai pas copié l'obs*ervation* de Philadelphie, et je n'ai pas le vol*ume* 3 des Trans*actions de* Philadelphie, mais le passage a été si bien calculé qu'il est tout à fait inutile de vous en occuper.	8*h* 24*m* 4*s* 25*m* 52*s* 1*h* 15*m* 44*s* 1*h* 17*m* 36*s*	la*titude* 43° 25' 4h33m40s, 1

Je vous conseille de préférence le calcul des observations d'occultations[4] d'étoiles. Vous assurerez les positions des villes sur lesquelles il y a encore du doute.

1. III § 07.
2. De Jupiter : III § 39.
3. Il s'agit du passage de Mercure.
4. III § 23, 24 ; il s'agit de l'occultation par la Lune de l'étoile δ Tau.

δ *Taureau* 14 mars

David à Prague	δ 1re	8h	20m	29s	t*emps* moyen
		9	23	42	
	δ 2	8	57	40 1/2	
		9	45	50	dout*eux*
Triesnecker	δ 1	8	23	6	
à Vienne		9	25	6	
	δ 2 im*mersion*	9	2	2,3	
Taucher à Bude	δ 1	8	36	36,2	t*emps* vrai
		9	37	35,2	
	δ 2 im*mersion*	9	15	19,1	

Je n'affranchis pas mes lettres parce que cela serait trop incommode, mais tenez-en une note et le Bureau des Long*itudes* vous en tiendra compte. Quand vous aurez des paquets, adressez-les toujours au ministre de l'Intérieur.

*Dès que vous avez l'erreur des tables en latitude vous pouvez en conclure la latitude de la Lune au moment de la conjonction[1]. Et c'est cette latitude déduite de la corde parcourue entre l'immersion et l'émersion[2] qui sert à reconnaître si l'émersion est bonne. Quand on voit qu'elle ne l'est pas, on ne se sert que de l'immersion qui est ordinairement plus certaine.

Je ne vous conseille pas de faire de réduction[3] pour l'aberration[4] de la Lune, car comme elle est toujours de la même quantité pour tous les lieux, c'est du temps perdu, et cela dénature un peu les observations.

Je vous enverrai d'autres occultations à calculer, si vous avez le courage de continuer.

Je vais passer deux mois à Bourg-en-Bresse, écrivez-moi là, si vous envoyez des observations, parce que c'est moi qui suis rédacteur de la Connaissance des Temps. Je serai à portée de les employer tout de suite.

Salut et fraternité
Lalande

1. III § 21.
2. III § 23.
3. III § 27 à 32.
4. III § 31.

PR15, 19 juillet 1796

Adresse

Au Citoyen Flaugergue*s* membre de l'Institut national, à Viviers en Vivarais

au Collège de France
le 1 thermidor

J'ai reçu, mon cher confrère, votre lettre et je l'ai lue au Bureau des Longitudes. Nous recevrons avec plaisir vos observations, et nous les comprendrons dans les recueils dont nous solliciterons l'impression. Mais les distances de la Lune aux étoiles [1] ne pouvant pas avoir la même précision que les observations de la Lune au méridien qui se font dans les grands observatoires, je ne pense pas que vous deviez vous en occuper.

Salut et fraternité

Lalande secrét*aire*
du Bureau des Longitudes

PR16, 31 août 1796

Adresse

Au Citoyen Flaugergue*s* membre de l'Institut national, à Viviers en Vivarais

à Bourg-en-Bresse,
le 14 fructidor an 4

J'ai reçu, mon cher confrère, votre lettre du 13 en revenant du Mont Blanc où j'ai été faire une visite aux glaciers.

Je suis enchanté de voir que vous continuez d'observer les satellites [2] et nous mettrons vos observations dans la Connaissance des Temps.

Vous ne me parlez pas de votre départ pour Toulon où je voudrais bien vous savoir en fonction.

Je vois avec plaisir que vous observez les taches du Soleil [3] et que vous déterminez les ascensions droites solaires et déclinaisons solaires [4] des taches que vous observez.

1. Il s'agit évidemment de distances angulaires.
2. De Jupiter III § 39.
3. III § 38.
4. III § 38.

Je ne crois pas à votre théorie de l'aberration[1], mais on y répondra probablement, puisque vous l'avez adressée à l'Institut.

Il est toujours flatteur pour vous d'avoir partagé les opinions des 4 personnes les plus occupées dans ces matières, puisque Lagrange et Delambre avaient commencé à être de votre avis. Legendre, depuis ce temps- là, a encore examiné la question, et a fait un Mémoire à ce sujet dans lequel il a été tout à fait de notre avis.

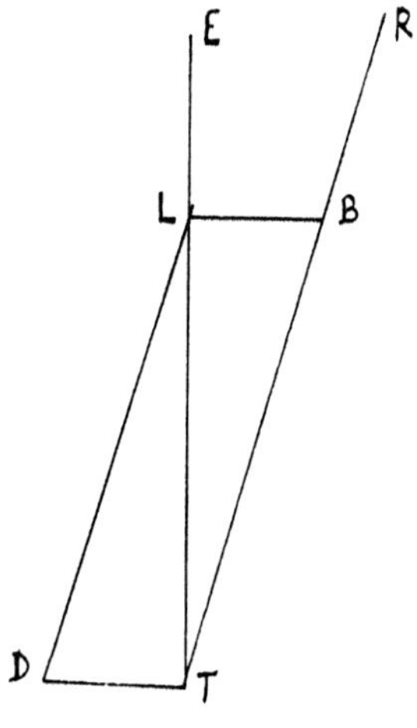

Figure 3[2]

La réponse que vous faites à mon objection n'est pas valable, il faudrait donc, dites-vous, pour qu'on pût voir la Lune en B, qu'il vînt de cet astre dans un instant indivisible à la Terre un rayon BT ; cela veut dire seulement que l'on néglige ici l'aberration lunaire qui n'est que d'une demi-seconde, ce qui se peut supposer quand il s'agit d'une aberration de 20''.

J'ai bien de la peine à croire à vos taches de Vénus[3] puisque Cassini et Herschel n'ont pu les voir avec des lunettes bien plus fortes que la vôtre.

Je viens de calculer les éclipses totales[4] de 1715 et 1724, qui n'avaient jamais été calculées, car avant moi on en observait beaucoup, on n'en calculait jamais.

1. Voir ci-dessus PR13, sa figure et ses notes. III § 31.

2. Identique à celle de PR13.

3. Lalande craint que Flaugergues n'ait pas réellement observé de structures visibles sur la surface vénusienne ; de telles structures pourtant étaient visibles pour des observateurs du XXe siècle tels que Boyer ou Focas, avec des instruments modestes.

4. 3 mai 1715, totale en Angleterre ; 22 mai 1724 : totale à Paris III, § 36.

Je voudrais que vous voulussiez m'envoyer les longitudes du Soleil et de la Lune, parallaxe[1] et mouvement horaire[2], pour les moments de la conjonction :

1715	2 mai	21h	39m	16s	T*emps* m*oyen* à Paris
1724	22 mai	5	33	32	

Je suis avec autant de considération que d'attachement votre dévoué confrère et ami,

Lalande

PR17, 26 septembre 1796

Cette lettre est en partie illisible car écrite recto verso avec un papier un peu transparent ; plusieurs mots sont raturés – et corrigés.

Adresse

Au citoyen Flaugergue*s* directeur de l'observatoire de Toulon
et membre de l'Institut national de France, à Viviers en Vivarais

Bourg le 26 sept. 1796

Puisque vous êtes en train, mon cher confrère, de calculer les éclipses de δ *Taureau*[3] le 14 mars je vous envoie celles que Triesnecker et Wurm n'ont pas calculées.

	δ[1]				δ[2]		
Genève imm*ersion*[4]	7h	35'm	47"s				
	8	38	52	T*emps* vrai			
Cremsmunster	8	21	37,5	imm*ersion*	9h	1m	48s, 6
	9	25	12,2	T*emps* moy*en*			
Berlin	8	12	59,5	T*emps* moy*en*	8	47	33
	9	16	29,0		9	41	34
Lilienthal	7	41	24,2	T*emps* v*rai*	8	16	28,2
	8	46	14,7				

Envoyez-moi seulement le t*emps* v*rai*[5] de la conjonction et la diff*érence* de latit*ude* entre la Lune et l'étoile au moment de la conjonction[6].

1. III § 35.
2. III § 09.
3. Il s'agit toujours des *occultations* de l'étoile δ Tau par la Lune. Voir PR14, III § 24.
4. III § 23, 24.
5. Après les corrections liées à la réduction : III, § 27 à 32.
6. III § 21.

J'en étais là lorsque je reçois votre lettre du 24 fructidor. Je vous remercie bien de vos observations, je les mettrai dans la Connaiss*ance* des Temps, si vous me mandez que vous ne les envoyez pas ailleurs.

Quand vous dites que l'erreur des tables est – 38", voulez-vous dire qu'il faut ôter 38" des tables ? c'est ainsi que je m'exprime toujours ; mais il y a des astron*omes* qui entendent que les tables donnent moins.

Donnez toujours le lieu apparent[1] de l'étoile, sans quoi vous tromperiez tous les astronomes, qui n'en emploient pas d'autres.

Vous ne pouvez guère recevoir de réponse de l'Institut. Le secrét*aire* lit votre lettre, on nomme des commiss*aires*, ils font un rapport. C'est le rapport qui est la réponse ; écrivez au secrét*aire* de vous l'envoyer et il le fera.

Si vous désirez d'avoir une nouvelle réponse à votre objection, écrivez à M. Legendre, de l'Institut national, sous le couvert du ministre de l'Intérieur. Il a fait un Mémoire sur votre difficulté, et peut-être vous lèvera-t-il vos doutes. Ne vous fiez pas à l'Acad*émie* de Haarlem il n'y a personne d'assez fort, on imprimera votre Mémoire mais cela vous fera tort dans l'avenir. Pour moi, c'est toujours la même réponse à la même difficulté :

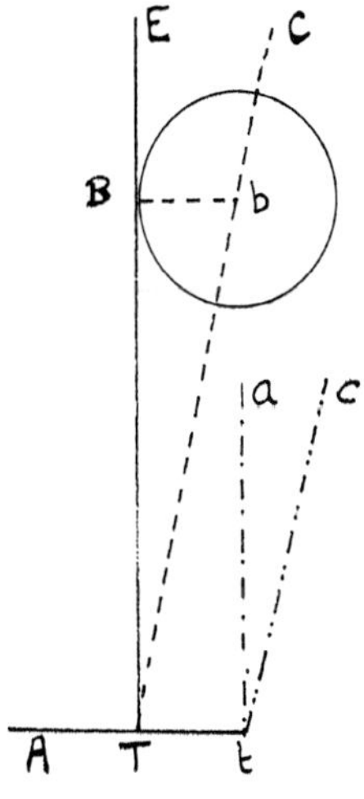

Figure 4[2]

1. Avant les opérations de réduction : III § 27 à 32.

2. Cette figure se réfère à une figure de Flaugergues dont nous ne disposons pas, mais que Lalande décrit ici. Essentiellement, elle reprend l'argumentation de Lalande des figures de PR13, 16, Flaugergues s'obstinant à ne pas la comprendre. On remarquera que les notations de Lalande (lettres de la figure) ne correspondent pas à celles de Flaugergues.

Lorsque la Terre arrivant en T reçoit le rayon venu de l'étoile E, elle la voit en C à raison de l'aberration[1]. Le rayon vrai ET a rasé le bord de la Lune en B, mais pendant qu'il est venu de B en T la Lune, transportée avec la Terre est arrivée en b. Ainsi l'étoile paraît toujours sur le bord de la Lune c'est-à-dire sur la ligne TbC. Je néglige le mouvement propre de la Lune puisqu'il ne fait rien à la question qui nous divise.

Il est vrai que pendant que le bord de la Lune va de B en b la Terre va de T en t et le rayon ta est parallèle au rayon TB et tc parallèle à Tb, ainsi cela ne change rien au lieu de la Lune.

Je sens bien vos raisons[2] pour les mandats, mais on commence à donner du numéraire aux fonctionnaires publics, écrivez au ministre de la Marine, et je crois qu'il vous satisfera.

Nous ne disons point que l'aberration dépend du grossissement des lunettes, mais quand l'impression du rayon ET se fait sentir à nous dans la direction CT à cause du mouvement AT de la Terre, la lunette ne peut pas nous la faire sentir autrement.

C'est une chose bien singulière, mais bien agréable pour moi, que les prix des Académies vous aient été utiles; je n'oublierai pas de vous en avertir si j'en suis instruit.

Il y a longtemps que l'Acad*émie* de Haarlem proposa deux médailles d'or à celui qui perfectionnera les tables des satellites[3] surtout du 1er par le moyen des observations; vous pourriez les avoir, en ajoutant quelque chose à ce que Delambre a fait. Il est à présent vers Montluçon pour des triangles. Je reviens à votre figure pour tâcher de vous faire sentir le défaut de votre rais*onnemen*t. Vous supposez que le bord de la Lune est en L lorsque la Terre est en D, il s'ensuit qu'il sera en β lorsque la Terre sera en θ, et que la Lune paraîtra toujours avec l'étoile. Après avoir supposé que la Terre voyait le bord de la Lune sur le rayon DL, vous supposez que la Terre en θ la voit sur le rayon θB, mais c'est sur le rayon θβ qu'il faut la supposer pour être conséquent, et alors le bord de la Lune paraît sur l'étoile.

Je suppose que vous avez la figure, vous commencez par dire : supposons que le rayon LT ait rasé le bord de la Lune à 6h0m0s, la Terre étant au point D et la Lune en L, vous prenez donc un rayon LT, tandis que

1. III § 31.

2. Phrase incomplète, semble-t-il ; « vos raisons pour que l'on verse les sommes dues sous forme de mandats », croyons-nous.

3. De Jupiter. III § 39.

c'est LD qui est le rayon de la Lune[1]. Il y a contradic*tion* dans votre supposition.

Il est vrai que ET est le rayon vrai de l'étoile, mais il faudrait supposer que LT est le rayon de la Lune à la Terre pour que vous fussiez conséquent, et alors je reviendrai à mon premier raisonnement en disant : pendant que la lumière a été de L en T, la Lune a été avec la Terre de L en B et nous la verrons suivant TB, qui est le rayon apparent de l'étoile.

Je partirai pour Paris le 18 octobre ; ainsi dans le cas où je ne recevrai pas de vos nouvelles à Bourg, je les attendrai à Paris avec l'impatience d'un très dévoué confrère et ami.

Lalande

PR18, 7 novembre 1796

Adresse

Au Citoyen Flaugergue*s*, membre de l'Institut des sciences, à Viviers

Paris, 7 nov*embre* 1796

J'ai reçu, mon cher confrère, votre lettre du 28 vend*émiaire* et vos deux Mémoires. Je les ai présentés à l'Institut. On a été charmé de voir que vous vous rendiez à nos raisons sur l'aberration. Il faudra bien que vous fassiez de même sur la rotation.

M. de Laplace a d'abord observé que vous supposez que la direction de la verticale se confond avec le rayon terrestre. Ce qui n'est pas. La force centrifuge[2] due à la rotation de la Terre écarte l'extrémité du fil à plomb au Sud du rayon mené du centre de la Terre au point de suspension, et cet écart est égal à la quantité dont le corps à la fin de la chute s'écarte au Sud du même rayon. Ainsi ces deux écarts étant les mêmes le corps dans sa chute ne s'éloigne point sensiblement de la verticale, du moins s'il ne tombe pas d'une grande hauteur et l'on doit attribuer aux erreurs de l'observation les différences que vous avez trouvées. Je vous enverrai son calcul si vous le voulez.

1. Il s'agit de la ligne de visée, et non du rayon de la sphère lunaire.

2. Force d'inertie liée à la rotation d'une masse *m* autour d'un axe lié à une masse *M*, et qui équilibre la force de gravitation. L'*aplatissemen*t (voir PR4) de la Terre est du à l'équilibre entre ces deux forces; du fait de cet aplatissement, la verticale (direction de la force de gravitation) ne se confond pas avec le rayon terrestre, direction du centre de la Terre.

La lettre que vous écrivîtes en menaçant de l'Académie de Haarlem a déplu à tout le monde; j'ai tâché de calmer ce ressentiment, et d'excuser votre vivacité.

Prony vous enverra les rapports que vous demandez.

Caroché vous fera bien un objectif tel que vous le demandez, mais quand vous serez à Toulon, nous vous en ferons donner un par la Marine, ainsi ne faites pas la dépense quant à présent.

Je n'ai pas de peine à croire qu'il y ait 2' à changer dans les tables du 3e satellite[1]; il y a tant d'inégalités[2] et si peu d'observations complètes.

Je mettrai dans la Connaissance des Temps celles que vous venez de m'envoyer.

La Connaissance des Temps de 1798 est publique, je vous l'enverrai quand j'aurai une occasion; je crains par la poste, il se perd souvent des livres contresignés.

Il y a eu effectivement dans la Connaissance des Temps une cacophonie bien ridicule sur les satellites, mais j'espère que cela n'arrivera plus. Mes éphémérides étaient bonnes pour 1796 parce que j'avais vu le *Nautical Almanac*[3], mais pour 1797 elles ne seront pas de même, la Connaissance des Temps pourra y suppléer. Je vous l'enverrai aussi si vous ne l'avez pas.

Salut et fraternité
Lalande

PR19, 17 décembre 1796

La lettre est écrite d'une assez grosse écriture, qui n'est pas celle de Lalande; le post-scriptum en revanche est de sa main.

Adresse

Au Citoyen Flaugergues, membre de l'Institut national, à Viviers en Vivarais

Paris 26 frimaire an 5

J'ai reçu, mon cher confrère, votre lettre du 27 9bre, et votre Mémoire intéressant; je l'ai présenté à l'Institut. J'ai été nommé commissaire, j'en ai fait le rapport qui finit par ces paroles: le Mémoire du Ct Flaugergues est

1. De Jupiter III § 39.
2. III § 32.
3. Éphémérides publiés depuis 1766 par la Royal Society, et où Maskelyne a publié les distances angulaires des étoiles à la Lune, reprises ensuite par Lalande dans la *Connaissance des Temps*, éditée depuis 1679 (alors par Picard).

très bien fait, comme on devait l'attendre d'un astronome si exercé et très exact et nous pensons qu'on doit le mettre par extrait dans les Mémoires de l'Institut.

Il faut que vous n'ayez pas reçu ma dernière lettre dans laquelle je vous mandais que vous n'auriez plus besoin d'acheter une Connaissance des Temps, puisque le Bureau des Longitudes vous l'enverra. Mais je voudrais trouver une occasion, le volume est trop gros pour la poste. Je vous mandais aussi que quand vous serez à Toulon, nous vous fournirons une lunette ; et que ce n'est pas la peine d'en acheter.

Je vais faire imprimer l'histoire de l'astronomie pour 1796, où je n'oublierai pas de parler de vos observations.

Salut et fraternité,
Lalande

L'étoile b dans Bayer est la 59e. Flamsteed a mis encore b à la 4e du Cat*alogue* britannique, ne faisant pas attention que cela faisait un double emploi.

La déclinaison[1] que je vous avais envoyée n'était point une déclinaison observée ici, mais tirée des catalogues. Celle que nous avons observée est 23°46'42", plus petite de 7" que celle que vous avez employée. Si l'on préférait cette observation unique, on aurait l'erreur de nos tables pour le lieu du nœud[2] de quelques secondes en sens contraire. Cela prouve que ce nœud est aussi bien qu'on peut l'espérer.

PR20, 24 mars 1797

Adresse

Au Citoyen Flaugergues membre de l'Institut national
à Viviers, départ*ement* de l'Ardèche

24 mars 1797

J'ai bien reçu, mon cher confrère, vos observations de trois mois, et elles sont déjà imprimées dans la Con*naissance* des T*emps* de 1799, mais pour prendre moins de place je vous invite à mettre seulement 2 colonnes :

T*emps* vrai à Viviers, et la correction à faire aux tables.

1. III § 06.
2. III § 15.

Prony a présenté votre Mémoire d'optique, on a nommé des commissaires. Je lui dirai d'en suivre le rapport et de vous l'envoyer.

Je présenterai votre Mémoire à l'Institut, mais je ne crois pas qu'on adopte vos idées : que l'aberration[1] serait insensible, qu'elle devrait être bien plus considérable, etc.

Je ne vous conseille pas de faire des tables d'aberration en ascension droite et déclinaison[2]. Celles de Delambre qui sont dans les éphémérides 1793-1800 sont excellentes; il faudrait les étendre, mais je ne saurais comment les faire imprimer, car elles occuperaient plus de 30 pages grand in 4°.

Dites-moi, je vous prie, s'il y a une *s* à la fin de votre nom, quel est votre nom de baptême, le lieu et la date de votre naissance.

Je me propose bien de mettre dans la Connaissance des Temps l'histoire de l'astronomie pour 1795 et 1796 qui a paru dans le Magasin Encyclopédique[3]. Je n'ai point reçu l'observation de M. Englefield.

Le grand traité de Laplace ne commencera de s'imprimer que l'année prochaine, quand le grand travail de la méridienne[4] sera fini. Delambre et Méchain vont entrer en campagne.

Je crois que les ténèbres de l'an 33[5] ne sont qu'une pieuse bêtise, mais si vous avez quelque passage curieux à ce sujet, je vous serai bien obligé de me le communiquer.

Il serait difficile que vous eussiez trouvé quelque comète[6] dont Pingré n'ait pas parlé dans sa *Cométographie* en 2 volumes in-4°.

Vous ne m'avez jamais répondu sur l'observatoire de Toulon dont je vous ai fait nommer directeur. Pourquoi ne voulez-vous pas y aller? On payera votre voyage et vous y seriez utile.

Salut et fraternité

Lalande

1. III § 31.

2. III § 06.

3. Cette revue a remplacé le *Journal des Savants*, disparu en 1792.

4. La Législative, puis la Convention ont décidé (1790-1792) la mesure du méridien de Dunkerque à Barcelone, afin d'asseoir la définition du mètre, base du système métrique. C'est Delambre et Méchain, l'un vers le Nord, l'autre vers le Sud, qui dirigeront cette double expédition de triangulation géodésique. Voir PR8.

5. Il s'agit de celles qui, selon les Évangiles, ont accompagné la crucifixion de Jésus. Rappelons que Lalande était un athée militant.

6. III § 46, 47. Il est amusant de noter ici, comme souvent dans cette correspondance, le scepticisme avec lequel Lalande accueille certaines des remarques de Flaugergues.

PR21 6 avril, probablement 1797

Adresse

Au Citoyen Flaugergue*s*, membre de l'Institut national, à Viviers en Vivarais

17 germinal

Mon cher confrère

Votre Mémoire d'optique a été approuvé avec éloge. On en a parlé tout au long dans l'assemblée publique du 15, qui était très nombreuse. Votre Mémoire sur l'aberration[1] éprouve plus de difficulté, comme je vous l'ai écrit. Je vous envoie les notes de Laplace qui vous feront voir l'erreur principale.

Voici une formule de lui pour tenir compte de l'inégalité[2] du mouvement de la Terre : A étant la long*itude* moy*enne* ⊙, e l'excentricité[3] de l'orb*ite* ⊙, q l'anomal*ie*[4] moy*enne* du ⊙[5], l la lat*itude* de l'étoile, l'aberr*ation* en longitude est :

$$-\frac{20''}{\cos l}(\cos A - e\cos(q+A))$$

l'aberr*ation* en lat*itude* : $-20''\sin l(\sin A - e\sin(q+A))$

Salut et fraternité
Lalande

PR22, 13 messidor an 5 (1er juillet 1797)

Adresse

Au Citoyen Flaugergues, membre de l'Institut national
à Viviers, depart*ement* de l'Ardèche

13 messidor an 5

J'ai reçu, mon cher confrère, votre Mémoire sur les satellites de Jupiter[6], je l'ai présenté à l'Institut et il sera imprimé.

Quant à votre Mémoire sur l'aberration[7], on n'a pas cru que cela fut assez différent de ce que l'on a donné sur l'aberration ; mais je vous citerai

1. III, § 31.
2. III § 32.
3. III § 12.
4. III § 32.
5. ⊙ : ce symbole est celui du Soleil, Lalande utilise pour la Lune le symbole ☾.
6. III § 39.
7. III § 31.

comme ayant donné l'idée d'employer le mouvement elliptique. Si vous calculez des tables d'après la formule de Laplace, ce serait celles de Delambre, éphém*érides* T*ome* 9 qu'il faudrait corriger; vous n'auriez que quelques décimales à ajouter ou à ôter, et il suffirait de calculer un nombre sur 10.

On a donné à l'impression pour les Mémoires de l'Institut vos observations de l'année dernière; je les ai arrangées de suite, en ôtant les grands titres.

Le Bureau est charmé que vous soyez déterminé à aller à Toulon, mais comme on ne paye pas dans les ports, vous faites bien d'attendre encore un peu.

Je vous enverrai la Connaissance des Temps de 1799 par la première occasion, elle vient de paraître, vous y trouverez beaucoup d'observations de vous.

J'ai observé la première impression de l'éclipse du Soleil[1] à 5h0m5s au Collège; j'estime que le véritable contact a eu lieu à 5h0m1s, j'en ai conclu la conjonction à 4h35m40s, t*emps* v*rai* à l'observat*oire*, et la latitude 59'27" par des distances des cornes[2], mais je serais bien aise d'avoir votre observation de la fin, pour avoir la latitude[3] plus exactement.

Salut et fraternité
Lalande

PR23, 27 juillet 1797

Adresse

Au Citoyen Flaugergues de l'Institut national, à Viviers

27 juillet 1797

J'ai reçu avec bien du plaisir, mon cher confrère, votre lettre et vos calculs. Je sens très bien que si nous ne nous accordons pas pour la conjonction[4], cela tient à la latitude de la Lune[5]. Je l'ai cherchée par l'observation de Toulouse, j'ai trouvé 59'42"; cela donne la conj*onction* pour Paris de

1. Du 24 juin 1797. III § 36. Cette éclipse était partielle à Paris.

2. Dans une phase d'éclipse partielle de Soleil assez forte, le Soleil a souvent la forme d'un croissant; les extrémités de ce croissant sont les *cornes*.

3. Du Soleil, III, § 07.

4. III, § 21.

5. III § 07.

4h34m57s et mon observation 4h35m2s. Celle de Marseille 4h34m55s, celle de Madrid 4h34m59s, mais je vous envoie les obs*ervations*[1] pour que vous les discutiez mieux, car je n'ai point employé les décimales

Darquier (Toul*ouse*)	Hadancourt	Madrid	Padoue	Marseille	
5h 11m 44s1/2	5 11 45,1	5 6 10	5 43 50,1/2	6h 37m 16s1/2	fin
6 19 56	6 19 46,5	5 53 2	7 3 45	Utrecht	
				5 2 17	
? 2° 36'	2° 33' 36"				commenc*ement*

J'ai supposé que, quand je vis la première impression à 5h0m4s, il y avait déjà 3s qu'elle était commencée. Messier a vu au même quart de seconde, et il appelle cela mal-à-propos le commencement. Je suis en usage à cause de cela d'ôter 2" de la somme des demi-d*iamètres* au commencement.

Il faut aussi observer qu'il y a 3 mouv*ements* horaires[2] différents à employer: Celui qui est le milieu entre le commen*cement* et la fin, pour calculer l'orbite apparente. Celui qui tient le milieu entre le commenc*ement* et la conjonction pour trouver la conj*onction* par le comm*encemen*t. Celui qui tient le milieu entre la fin et la conj*onction* pour trouver la conj*onction* par la fin.

Vous me flattez trop de dire que je ne dois pas m'amuser à cela; j'y ai passé une partie de ma vie et nous ne pouvons rien faire de plus utile.

Écrivez à Duc la Chapelle à Montauban, il l'aura sûrement observée. Vidal à Mirepoix, Thulis à Marseille, car je ne compte pas beaucoup sur l'observ*ation* de Silvabelle.

Quand j'aurai celle d'Angleterre, je vous l'enverrai.

J'ai fait contresigner au Directoire la Connaiss*ance* des Temps de 1799 pour vous.

Je n'ai point reçu votre lettre pour Laplace.

J'imprimerai volontiers dans la C*onnaissance* des T*emps* vos résultats sur les éclipses.

Je suis fâché que vous ayez pris la peine de me copier les détails de vos calculs, c'était bien assez des éléments et des résultats.

Salut et fraternité
Lalande

1. Ces observations sont groupées dans la table, qui donne, en divers lieux, l'heure du commencement et celle de la fin de l'éclipse du 24 juin 1797.

2. Mouvement horaire : III § 07.

PR24, 7 septembre 1797

Adresse

Au Citoyen Flaugergues de l'Institut national, à Viviers

7 sept. 1797

Je vous fait bien mon compliment, mon cher confrère, d'avoir vu la comète[1] le 17, mais elle l'a été le 14 à Paris le 16 à Marseille; le 15 en Allemagne et en Angleterre. Il est naturel que Bouvard qui l'a vue le premier ait le plaisir de la calculer. Je ne puis pas lui demander ses observations jusqu'à ce qu'il ait donné ses éléments[2]. Je ne vous conseille pas d'y mettre beaucoup de temps, puisque cela sera fait ici.

Je vous envoie des observations de Marseille, mais ce ne sont que des à peu près.

Bouvard ne l'a observée que jusqu'au 25, mais Messier l'a vue plus longtemps.

Quand vous aurez des éléments à peu près, envoyez-les moi, je ne les communiquerai pas à Bouvard qu'il ne m'ait donné les siens; je marquerai le jour, afin de rendre à chacun son dû.

Je ne sais pas à quel point votre figure est exacte, mais je ne puis trouver vos étoiles a b c, à moins que vous ne me disiez quelle peut être l'erreur. Vous trouverez dans le Cat*alogue* de 1799 p. 398 des étoiles qui en approchent, je vous en fournirai d'autres, car nous en avons beaucoup dans les environs.

Bouvard vient de me dire qu'il a déjà ses éléments, et qu'il me donnera bientôt ses observations, pour vous les envoyer.

	T*emps* sidéral		asc*ension* dr*oite*		déclin*aison*	
21 août	19h	52m	261°	57'	26°	20'
22	18	54	262	22	22	54
23	18	39	262	44	20	15
24	19	1	262	57	18	7
25	20	8	263	15 1/2	16	20

Salut et fraternité
Lalande

1. Au temps de Lalande, on n'avait encore observé, depuis qu'il existe des relations de découvertes, qu'environ 100 comètes. Les premières comètes mémorables furent celles de 64, de 603, de 1240, et de 1269. Les observations repèrent la position de la comète grâce aux étoiles du champ, ici désignées par a, b, c.

2. Les *éléments* de la comète sont les données définissant son orbite (position du périhélie, inclinaison du plan, etc.).

C'est sur la latitude qu'il faudra établir vos hypothèses et non sur la longitude parce qu'elle variait trop peu (*Astronomie*, art*icle* 3173)[1].

PR25, 13 septembre 1797

Adresse

Au Citoyen Flaugergues de l'Institut national, à Viviers

13 sept. 1797

Je m'empresse, mon cher confrère, de vous envoyer des obs*ervations* de la comète[2] par Messier. Envoyez-moi vos éléments approchés le plus tôt que vous pourrez. Bouvard n'a pas fini.

août	h	m	s	asc*ension* dr*oite*			décl*inaison*		
19	10	25	22	260	17	19	37	19	31
21	10	7	28	261	52	32	26	3	1
26	9	3	43	263	18	35	14	50	51
30	9	44	59	263	55	18	11	5	31

On ne l'a pas vue depuis le 30.

Quand Bouvard m'aura donné les siennes, je vous les enverrai

Salut et fraternité
Lalande

PR26, 28 septembre 1797

Adresse

Au Citoyen Flaugergues de l'Institut national, à Viviers

28 sept*embre* 1797

Avant de présenter, mon cher confrère, votre énoncé à l'Institut, je l'ai fait voir à Lagrange qui sera nécessairement commissaire et seul juge. Il m'a dit que votre 1er théorème est déjà démontré pour les carrés; si vous

1. C'est, dans l'*Astronomie* de Lalande, l'article qui justifie l'opinion émise ici par Lalande (c'est-à-dire utiliser la latitude plutôt que la longitude). Les articles 3125 à 3182 du chapitre XIX (« *Des Comètes* ») concernent le calcul de l'orbite des comètes par trois observations (il ne peut s'agir alors que d'orbites paraboliques).

2. C'est celle mentionnée dans PR24.

avez la démonstration des cubes cela sera intéressant, mais sans démonstration ce n'est rien.

Votre second théorème[1] est tout simple et facile à démontrer.

Vous auriez dû plutôt m'envoyer les éléments de la comète, si vous en avez faits de nouveaux; les premiers diffèrent énormément de ceux de Bouvard.

Salut et fraternité
Lalande

PR27, 5 octobre 1797

Adresse

Au Citoyen Flaugergues de l'Institut national, à Viviers

5 oct. 1797

Puisque vous continuez, mon cher confrère, à vous occuper de la comète[2], je vous envoie les premières observations de Bouvard.

T*emps* m*oyen* à Paris		asc*ension* dr*oite*	décl*inaison*
14 août	15h 7m	93° 52' 10"	58° 31' 12"
17	12 13	254 5 14	61 41 14

Comme vos éléments diffèrent de 25° à 30° de ceux de Bouvard, je ne suis pas fâché, que vous y donniez encore quelque attention, mais je ne communiquerai ni à vous ni à lui ce que j'aurai reçu d'un des deux, avant que je sache lequel a raison. Je suis trop occupé de ma Bibliographie Astronomique qui va s'imprimer, pour pouvoir penser à la comète.

J'ai corrigé une épreuve de vos observ*ations* p. 100-120 des Mémoires de l'Institut; j'ai ôté le passage où vous disiez que l'aberr*ation*[3] n'influait pas sur les immersions.

Éclipse de 1797[4]	à Bremen, fin	5h 16' 48"	t*emps* moyen
	à Prague	5 42 59	et 7 11 10 T*emps* vrai

L'aberration de la comète en asc*ension* dr*oite* est de plusieurs minutes, il faudra y avoir égard.

Salut et fraternité. Lalande

1. Ici encore, Lalande ne ménage ni ses critiques ni son scepticisme.
2. Toujours celle qui les occupe depuis PR24.
3. III § 21.
4. Du 24 juin 1797, de Soleil, partielle à Paris, à Brème, à Prague.

PR28, 14 janvier 1798

Adresse

Au Citoyen Flaugergues de l'Institut national, à Viviers

J'ai reçu votre lettre, mon cher confrère, j'ai écrit au dir*ecteur* fran. de n.[1] et il m'a envoyé votre paquet. Vous pourrez continuer quand vous aurez un paquet à m'envoyer, en m'avertissant directement par la poste du jour du départ.

Je mettrai vos obs*ervations* dans la Connaiss*ance* des Temps de 1801, celle de 1800 est finie. Je suis fâché qu'il n'y en ait pas davantage.

Nous engagerons le ministre à vous payer une lunette comme directeur de l'observatoire de Toulon, si vous voulez y aller. Mais ce n'est pas à Putois que nous nous adresserons, il m'en a fait une qui ne vaut rien ; ce sera à Caroché.

Votre observation sur le fil à plomb[2] est curieuse, je n'avais jamais rien éprouvé de pareil. Mais, avec le doigt, j'étais toujours le maître d'annuler les oscillations. Cependant nous publierons votre remarque.

Recevez les vœux de nouvel an de votre confrère et ami,

Lalande

PR29, 9 février 1798

Adresse

Au Citoyen Flaugergues de l'Institut national, à Viviers

9 février 1798

J'ai présenté, mon cher confrère, à l'Institut votre Mémoire sur le quart-de-cercle[3]. Je mettrai vos observations dans la Connaissance des Temps ; j'ai déterminé le Bureau des Longitudes à vous prêter une lunette de Caroché de 40 lignes d'ouverture et je l'envoie ce matin à la messagerie.

1. Administrateur postal ; nous ignorons la signification précise de ces deux abréviations.

2. S'agit-il ici d'une déviation oscillante et peu amortie par rapport à la verticale ? Voir PR4.

3. Instrument typique de l'époque, composé d'une petite lunette disposée le long d'un rayon d'un quart de cercle vertical en métal, et mobile autour du centre de ce cercle, gradué de façon à déterminer la hauteur de la direction visée. Le plus souvent, le quart-de-cercle se trouve dans un plan méridien. On peut aussi l'utiliser comme Picard, avec deux lunettes, pour les mesures d'azimut.

Comme il y a une rayure, si vous aperceviez un trait de lumière sur Jupiter, vous pourrez retourner l'objectif, pour que le trait ne soit pas dans le sens des satellites[1].

La Connaiss*ance* des T*emps* de 1800 paraîtra dans 15 jours. Voulez-vous que je vous l'envoie par la messagerie ?

Salut et fraternité
Lalande

PR30, 1er avril 1798

Adresse

Au Citoyen Flaugergues de l'Institut national, à Viviers

1er avril 1798

Vous ne m'avez point dit, mon cher confrère, si vous aviez reçu ma lunette.

J'ai présenté vos Mémoires à l'Institut.

Vous m'aviez envoyé quelques calculs de l'éclipse du 24 juin[2]. Si vous en avez fait d'autre, envoyez-moi vos résultats. Triesnecker en a donné 15 dans les Ephémérides Géographique de Zach, mais il fait la par*allaxe*[3] trop petite; cependant les diff*érences* des mérid*iens* doivent être bonnes. J'ai aussi calculé quelques observations, je trouve la conj*onction*[4] 4h35'0" pour Paris, et la lat*itude* 59'38" cela ne s'accorde pas avec ce que vous m'aviez écrit. Envoyez-moi votre dernier mot, mais ne m'envoyez que ce que vous avez de fait, ce n'est pas la peine de continuer puisque Triesnecker et moi en avons fait plusieurs.

Salut et fraternité
Lalande

Votre parallaxe et vos mouv*ements* hor*aires*[5] s'accordent avec moi, vous n'avez pas de vérific*ation* à faire à cet égard.

1. Lalande indique à Flaugergues une astuce pour éliminer des lumières parasites rares dues à l'imperfection de l'objectif. III § 39, 40.
2. 24 juin 1797, éclipse de Soleil. Voir lettres PR22 & 27.
3. III, § 35.
4. III § 21.
5. III § 12.

PR31, probablement 1798

Enveloppe

au citoyen Flaugergues, juge de paix
à Viviers, Ardèche

Au dos de l'enveloppe

au citoyen Gleizal, secrétaire rédacteur du corps législatif à Paris
au Palais des 500

Lettre de Lalande à Gleizal

Il y a longtemps, citoyen, que le Bureau des Longitudes a demandé une gratification pour Flaugergues, un des plus utiles astronomes des départements, et que le ministre l'a promis; mais le défaut d'argent fait que nous n'avons pas assez de crédit pour l'obtenir. Je voudrais bien que vous eussiez des moyens auprès des dispensateurs, Arnault[1], *etc.* Je partagerais bien la reconnaissance de mon confrère.

Salut et fraternité
Lalande

Lettre de Gleizal à Flaugergues

Voilà, mon cher concitoyen, la lettre que vient de m'écrire le C^en^ Lalande relativement à votre objet.

On m'avait promis pour le 21 l'expéd*it*ion désirée par le C^en^ Roqueplane, je ne l'ai pas encore reçue, demain je retournerai au Bureau des Comptes.

Dans les 1er jours de floréal, je serai à Antraigues où vous pourrez m'écrire & m'envoyer les pièces que vous jugerez à propos.

Je les ferai passer à Paris

Salut et fraternité
Gl[2]

1. Le dispensateur est sans doute ce que nous appellerions un trésorier payeur.
2. Signature de Gleizal.

PR32, 21 mai 1798

Cette lettre n'est pas de la main de Lalande, la signature non plus : il s'agirait plutôt d'une circulaire adressée aux astronomes français.

2 prairial an 6

Le Bureau des Longitudes me charge, très cher confrère, de vous rappeler le grand voyage[1] où des observations de toutes espèces vont procurer la gloire de la France et le bien des sciences. il est important que nous ayons en France des observations correspondantes[2]. Nous vous prions donc d'observer la Lune d'ici à un an le plus que vous pourrez, au méridien du moins, de même que les occultations et les éclipses des satellites[3], vous êtes mieux placé que nous pour cette utile correspondance et nous vous devrons bien des observations qui nous auront échappé. Vous acquerrez de nouveaux droits à la reconnaissance des Savants de tous les siècles et de tous les pays, car vous aurez travaillé pour l'univers et pour la postérité.

Salut et fraternité
Lalande secrét*aire* du Bureau des Longitudes

PR33, 1er juin 1798

Adresse

Au Citoyen Flaugergues de l'Institut national, à Viviers

1er juin 1798

Votre paquet, mon cher confrère, ne m'étant point parvenu, j'ai écrit au Directoire, ensuite aux postes, mais il paraît qu'il n'est point venu à Paris, ou qu'il a été renvoyé à Viviers. Informez-vous en, et mettez le tout simplement à la poste à mon adresse.

Si vous êtes obligé de recopier les observations, ne m'envoyez que celles qui n'ont pas été imprimées, ou que vous avez corrigées, car il ne faut

1. Orthographié : *voiage* par Lalande. Sans aucun doute l'expédition d'Égypte, diligentée par le Directoire et commandée par Bonaparte.

2. Observations des éclipses des satellites de Jupiter, des occultations par la Lune, et des passages de la Lune au méridien, pour déterminer les coordonnées géographiques en Égypte.

3. III § 24 et 35.

pas imprimer 2 fois les mêmes choses. Nous avons trop peu de place dans la Connaissance des Temps.

Vous avez dû recevoir une lettre du Bureau des Longitudes[1] qui vous invite à être cette année très attentif aux éclipses d'étoiles[2], vous en avez souvent si vous en regardez habituellement. Observez aussi plus assidûment que jamais les satellites[3], à cause du grand voyage[4].

Salut et fraternité
Lalande

PR34, 3 juillet 1798

Adresse

Au Citoyen Flaugergues de l'Institut national, à Viviers

15 messidor

J'ai reçu, mon cher confrère, votre nouveau paquet d'observations, et je les mettrai dans la Con*naissance* des T*emps* de l'an 10.

Je vous invite à les écrire sur du papier fin pour diminuer le port.

Il ne faudra y mettre à l'avenir que le nouveau style[5].

J'ai présenté tous vos Mémoires à l'Institut, on a nommé des commissaires.

Le Bureau vous enverra une lunette méridienne[6] si vous avez un endroit pour la placer.

Je pars pour 3 mois, je vais à Gotha, et à Bourg. Vous pouvez m'écrire à Bourg pour le 15 septembre.

Salut et fraternité
Lalande

1. PR32.
2. Ce sont des occultations par la Lune, III § 24.
3. De Jupiter III § 35.
4. Orthographié : *voiage* par Lalande. L'expédition d'Égypte : voir PR32.
5. Il s'agit des dates exprimées selon le calendrier républicain, d'usage devenu obligatoire en 1798.
6. Lunette se déplaçant dans le plan du méridien local ; on détermine la *distance zénithale* (III § 05) d'une étoile au moment de son passage au méridien et l'instant précis de ce passage.

PR35, 26 octobre 1798

Adresse

Au Citoyen Flaugergues de l'Institut national, à Viviers

à Bourg le 26 oct*obre* 1798

J'ai reçu, mon cher confrère, en arrivant de Gotha, votre lettre du 20 sept*embre* J'ai écrit à mon neveu pour qu'il vous envoyât la lunette méridienne[1], vous m'enverrez un récépissé, ainsi que de la lunette achromatique[2].

Je suis bien charmé que vous ayez continué les satellites avec les diaphragmes[3]. Ayez soin de mettre le nouveau calendrier à toutes vos observations, à cause des tracasseries que les malveillants ont faites au Bureau des Longitudes.

Votre obs*ervation* de φ *Poissons* m'a fait grand plaisir, j'en ai calculé 4, j'y ajouterai celle-là demain.

J'ai vu à Gotha vos deux petites taches[4] du 19 août.

Je vous enverrai certainement la Connaissance des Temps de l'an IX, dès que je serai à Paris, vers le 8 nov*embre*.

Delambre et Méchain ont fini leurs triangles; les 2 bases[5] s'accordent parfaitement, vous aurez bientôt le résultat.

Salut et fraternité
Lalande

PR36, 5 décembre 1798

Adresse

Au Citoyen Flaugergues de l'Institut national, à Viviers

15 frimaire an 7

J'ai fait partir hier, mon cher confrère, la lunette méridienne[6] dans deux caisses, j'ai payé le port jusqu'à Lyon. Je vous tiendrai compte du surplus

1. Voir PR34.
2. Voir PR1.
3. Voir PR11.
4. Du Soleil : III § 38.
5. Il s'agit de l'expédition géodésique de la mesure de la méridienne de France. Voir PR8 et 20.
6. Voir PR34 et 35.

que vous aurez dépensé, car le Bureau des Longitudes ne veut pas qu'il vous en coûte.

Il n'y a pas de niveau, mais vous y suppléerez facilement par un fil à plomb[1] suspendu sur deux points de la lunette.

Je vous enverrai bientôt la Connaissance des Temps de l'an IX dont la publication a été suspendue par les changements de calendrier et de mesures, exigés par le Conseil des 500 et par le ministre.

Je reviens d'un voyage de Gotha[2] fort agréable et fort utile, vous en verrez quelques détails dans l'histoire de l'astronomie pour l'an VI que l'on va imprimer.

Salut et fraternité
Lalande

PR37, 10 janvier 1799

Cette lettre n'est pas écrite par Lalande ; la signature et les titres sont de sa main.

Adresse

Au Citoyen Flaugergues de l'Institut national, à Viviers

de Paris le 21 nivôse an 7

J'ai reçu, mon cher confrère, votre lettre du 6 et vos observations. Je les ai portées le même jour au Bureau des Longitudes et nous avons écrit tout de suite au ministre pour vous procurer une gratification de 400 francs, et nous ferons de même chaque année. Quand le Bureau recevra les fonds qui nous sont affectés, il vous les donnera lui-même; mais pendant la guerre on ne paye rien, prenez patience avec nous.

Je n'ai pu vous envoyer un niveau[3], mais vous trouverez dans mon livre la manière d'y suppléer.

J'ai bien pensé que vous trouveriez le moyen de faire des vis mais au pis-aller vous m'auriez envoyé un modèle en bois et je vous les aurais fait faire.

Votre lunette méridienne[4] n'est pas celle de La Caille mais elle est toute pareille.

1. Accessoires nécessaires pour assurer l'horizontalité du bâti de la lunette méridienne.
2. Pour visiter son ami von Zach. Voir PR33.
3. Voir PR36.
4. Voir PR34, 35, 36.

J'ai fait payer les 24# de votre Mémoire et je vous les enverrai par la voie que vous m'indiquerez.

Vous avez raison de me parler avec confiance sur vos intérêts. Personne ne désire plus que moi de vous prouver le cas que je fais de votre zèle pour l'astronomie.

Laplace vous invite à calculer les lieux de la Lune[1] que vous avez observés par des éclipses, à les comparer avec les tables qui sont dans mon Astronomie en supprimant la 18 équation[2] et à joindre à chaque lieu les principaux arguments

Salut et fraternité
Lalande
directeur de l'observatoire
et inspecteur du Coll*ège* de France
place Cambrai[3]

PR 38, 15 mars 1799

Cette lettre ni sa signature ne sont de la main de Lalande.

au Collège de France
le 25 ventôse

J'apprends, mon cher confrère, avec une extrême satisfaction, que vous vous disposez à chercher des comètes. J'ai engagé le Bureau des Longitudes à vous envoyer une lunette de nuit[4]. Il en a une déjà fort avancée chez Caroché, elle vaudra mieux que celle de Putois. Nous croyons qu'un associé ne peut pas concourir pour les prix. Au reste, vous auriez tort de vous occuper de la comète[5] car je connais un travail considérable qui est déja presque fait.

J'ai écrit au *Citoyen* Gleizal pour lui demander où est ce que je pourrai lui envoyer votre argent et je n'ai pas reçu de réponse.

1. Position de la Lune, déterminée en exploitant les « éclipses » (occultations) d'étoiles bien cataloguées. III § 25.

2. Il y a là certainement une erreur du secrétaire.

3. Maintenant place Marcelin Berthelot, Paris V^e^. Elle tirait son nom du Collège de Cambrai, où a été installé le Collège de France.

4. C'est à la réunion du Bureau des Longitudes du 24 ventôse que fut pris cet engagement.

5. III § 46, 47.

Je n'en ai pas non plus sur votre gratification de 400 francs. Je reviendrai à la charge, mais je sais que pour le présent le ministre n'a pas le sou.

Salut et fraternité
Lalande

PR39, 22 mars 1799

Adresse

Au Citoyen Flaugergues de l'Institut national, à Viviers

2 germinal

J'ai reçu, mon cher confrère, avec grand plaisir, vos observations et vos Mémoires. Je les communiquerai au Bureau des Longitudes et j'en ferai usage. J'ai déjà mis dans ma Bibliographie une partie de vos articles et une autre partie dans mon Astronomie dont je prépare peu à peu la quatrième édition [1]. Il y a pas de jours où je n'y ajoute quelque chose.

Je fais partir aujourd'hui votre lunette de nuit [2] et je vous invite à en faire usage pour découvrir des comètes. C'est ce que vous pouvez faire de plus utile et qui vous fera le plus d'honneur puisque c'est la partie qui manque le plus à l'astronomie. Tout est fait pour ainsi dire dans les autres parties.

Vous ne m'avez point envoyé vos dernières observations des satellites de Jupiter [3]. J'aurais été curieux de les comparer avec celles que j'ai reçues d'ailleurs.

Envoyez-moi, je vous prie, un récépissé des trois instruments que vous avez reçus du Bureau des Longitudes.

Salut et fraternité
Lalande

1. Nous ne disposons que de la troisième édition, à laquelle Flaugergues propose des amendements. La quatrième édition n'a pas vu le jour.

2. Voir PR38.

3. III § 39.

PR40, 9 avril, probablement 1799

Cette lettre très « calligraphiée », n'est pas de la main de Lalande.

20 germ*inal*

Je m'empresse, mon cher confrère, de répondre à votre question. C'est bien l'aplatissement[1] 1/334 qu'il faut employer pour la parallaxe, quoique les degrés éprouvent des variations parce que les différences secondes y influent sensiblement, mais non pas sur les parallaxes[2] comme vous pourrez le voir dans le Système du monde et dans la Mécanique de Laplace.

Je n'ai pas pu joindre depuis longtemps le ministre, mais je lui ai écrit avec instance pour vous.

Salut, considération et attachement
Lalande

PR41, 5 mai 1799

Adresse

Au Citoyen Flaugergues de l'Institut national, à Viviers

16 floréal an 7

J'ai été surpris, mon cher confrère, de voir dans votre calcul de η du Lion que, prenant la parallaxe[3] pour Paris 38'58", vous preniez pour Viviers 38'52". Il ne peut y avoir que 0"9 de différence et elle est plus grande à Viviers. Je viens de voir la faute corrigée dans votre nouveau calcul, que j'ai reçu le 14 floréal par le ministre et j'en ai déjà fait part au Bureau des Longitudes ainsi que de votre récépissé. Je vous ai fait passer les 24# de votre compte. Je presse le ministre pour votre gratification, mais il n'a point d'argent à présent, j'espère que cela viendra.

Vous avez raison de dire que vous payerez avec des observations les peines que je me donne pour vous; c'est bien quelque chose à mon âge, mais ce n'est rien si l'astronomie en profite car je n'ai que ce besoin, cette passion et ce bonheur. Il est vrai que je jouis parce que je fais faire plus que

1. Voir PR4 et 18, et PR41, 42.
2. III § 35.
3. Il s'agit de la parallaxe de hauteur du bord de la Lune, A, § 4141.

je ne fais. Mes 48 000 étoiles sont un bonheur. Mais à présent je ne voudrais que des comètes[1], c'est à vous qu'il est réservé de compléter mon bonheur.

Je ferai mettre dans la Connaissance des Temps de l'an 10, que l'on imprime, une partie de vos observations, mais nous avons beaucoup de matériaux et je serai obligé d'en différer une partie.

Le nouveau mètre[2] vient d'être fixé à 36 p*ouces* 11 li*gnes*, 296 au lieu de 440 que Borda avait supposé. Le 45e degré ayant été trouvé 57008 toises. Mais les 9° mesurés ne s'accordent guère, ils annoncent une irrégularité dans la figure de la Terre, dont on s'était déjà douté ! En faisant passer une ellipse par la totalité de l'arc mesuré, on trouverait l'aplatissement de la Terre[3] 1/150 et, en comparant avec le degré de l'équateur, on ne trouve que 1/333, ce qui démontre une grande hétérogénéité.

Salut et fraternité
Lalande

PR42, 16 juin 1799

Adresse

Au Citoyen Flaugergues de l'Institut national, à Viviers

À Paris le vingt-huit prairial an 7

J'ai reçu, mon cher confrère, avec un extrême plaisir, votre lettre du 29 floréal et les observations que vous m'annonciez et qui contribuent effectivement à mon bonheur.

Je veux bien que l'on ne trouve pas des comètes[4] tous les jours, mais jusqu'à ce que vous en ayez trouvé une, je vous invite à y regarder souvent, c'est ce qui vous fera le plus d'honneur et à moi le plus de plaisir.

1. III § 46, 47.
2. Les unités sont des pieds, des pouces (p), des lignes (li), et des millièmes de ligne. La valeur de Borda était celle des millièmes du « mètre provisoire ». Un pied est égal à 12 pouces. Un pouce à 12 lignes. Une ligne est égale à 2.25 mm environ.
3. Voir PR4, 18, 40. On notera les remarques de Lalande. Il pressent, comme d'ailleurs d'autres savants, la forme du « géoïde » (défini maintenant comme la surface équipotentielle du champ de pesanteur de la Terre, moyenné sur le temps) comme s'écartant nettement d'un ellipsoïde de révolution. La détermination de la forme détaillée du géoïde, et même de sa variation dans le temps, connue depuis peu d'années, est un sujet très moderne, que seules les techniques spatiales ont permis d'aborder avec fruit, dans le cours du dernier demi-siècle.
4. On voit que Lalande pousse Flaugergues à observer les comètes, à les chercher : c'est un travail qui ne nécessite que peu de réductions, puisqu'on se réfère à des étoiles bien cataloguées. III § 46, 47.

Jacquemon me fait espérer vos cinq cents francs et je ne le lâcherai pas jusqu'à ce que vous les ayez.

N'ayez point de regret sur le passage de Mercure[1], il a complètement réussi à Paris et ailleurs. Il serait inutile de calculer vos observations.

J'ai dejà donné à l'impression une partie de vos observations et le résultat de vos éclipses[2]; mais il y a une discordance sur celle du 25 février 1799, l'anomalie moyenne[3] corrigée est suivant vous 7°12'24",11.

Dans celle du 21 août 1798 vous avez ôté 3'40", il fallait les ajouter. Vous avez raison de dire que la Terre n'est plus une ellipse[4]; on ne trouve que 1/150 par la mesure faite entre Dunkerque et Barcelone, et l'on trouve 1/334, quand on compare avec le degré du Pérou[5]. Nous avons du regret comme vous d'avoir fait perdre tant de temps a nos deux astronomes, pour un pareil résultat. Je m'y suis opposé en 1792; mais l'amour-propre de Borda[6], qui voulait faire valoir son cercle l'emporta à « la Cadémie »[7], en disant que pour faire passer notre nouvelle mesure, il fallait la lier à une grande et importante opération.

J'ai fait voir le catalogue de vos trois livres rares et je n'ai pas trouvé marchand.

Je vous conseille de donner votre démission et j'espère que nous vous faisons dispenser du service de garde nationale. Je viens d'écrire au Directoire à ce sujet au nom du Bureau des Longitudes. Vous savez que je suis l'instrument de cette compagnie, on a assez de confiance en moi pour ne jamais me désavouer.

Salut et fraternité
Lalande

1. De 1799 : III § 21.

2. 25 fév 1799, 21 août 1798 : occultations sans doute, Lalande souligne une erreur de Flaugergues dans la réduction des observations.

3. III § 32.

4. Voir PR42. III, § 24.

5. Mesuré (1735-1743) par Bouguer, La Condamine et Godin.

6. Le cercle de Borda remplace avantageusement les quarts-de-cercle pour la mesure des angles.

7. Petite plaisanterie de Lalande !

PR43, 4 août 1799

Adresse

Au Citoyen Flaugergues de l'Institut national, à Viviers

17 thermidor an 7e

J'ai reçu avec grand plaisir, mon cher confrère, votre paquet de calculs, le ministre me l'a fort bien envoyé, et en mettant sur l'adresse secrétaire du Bureau des Longitudes, il ne peut pas s'en dispenser.

On a bien ordonnancé vos 500# mais on ne sait pas s'il y aura de l'argent d'ici à 3 ou 4 mois, les armées engloutissent trop. Je ne crains pas les austro-russes en France, mais je crains bien la dépense qu'ils occasionnent.

Le rapport sur les mesures[1] sera dans la Connaiss*ance* des Temps de l'an 10 presque en entier. Je ferai mon possible pour avoir le titre d'astronome que vous désirez, mais on craint toujours en pareil cas la demande subséquente d'un traitement.

La Connaiss*ance* des T*emps* de l'an X est finie d'imprimer. Dès qu'elle paraîtra, je tâcherai de vous la faire passer par le Directoire ou par les voitures, vous y trouverez une partie de vos observations.

Le ministre de la police m'a écrit qu'il faudrait une loi pour vous exempter du service, qu'il y en a une pour les instituteurs, mais non pour les membres de l'Institut et qu'au surplus il vous est permis de vous faire remplacer.

Salut et fraternité
Lalande

PR44, 13 octobre, probablement 1799

La date de cette lettre est incertaine, probablement 1798 au plus tôt en raison du nombre d'étoiles figurant déjà dans le catalogue, et de la référence au calendrier républicain devenu obligatoire.

Adresse

Au Citoyen Flaugergues de l'Institut national, à Viviers

22 vend*émiaire*

J'ai bien reçu, mon cher confrère, vos observations, et vos Mémoires, vos calculs d'étoiles, j'ai communiqué tout au bureau et à l'Institut, et j'ai

1. Il s'agit des unités de mesure républicaines.

fait des extraits pour la Connaissance des Temps. Je ne mettrai pas vos anciennes observations qui sont imprimées ailleurs.

Je vous enverrai des correspondantes pour ι Balance, vous devriez prendre sa position dans la dernière Connaiss*ance* des Temps, elle vaut mieux que celle de Mayer, et en déduire la long*itude*.

Nous avons déjà 2 obs*ervations* de Vénus, mais vous faites bien d'obs*erver* l'asc*ension* dr*oite*; cela est bien important, peut-être ne l'aurons-nous pas le 24, car il pleut.

Ne prenez pas la peine de réduire vos obs*ervations* si ce n'est à mesure que vous aurez occasion d'en tirer des résultats, et que nous en aurons besoin.

Le ministre ne reçoit point d'argent, ni nous par conséquent. Il faut que vous et nous prenions patience en faisant des vœux pour la paix. Votre gratification est bien décidée et je ne la négligerai pas.

Je vous demande pardon d'avoir été quelque temps sans vous écrire, vous êtes très bon de faire cas de mon zèle au point où vous l'imprimez; mon âge n'a point encore affaibli mon enthousiasme.

Je vous recommande toujours les comètes [1], c'est ce dont l'astronomie a le plus besoin. Celle d'à présent a été très bien observée et calculée ici, elle a traversé l'équ*ateur* le 8 oct*obre* à 16h30m d'asc*ension* d*roite*. Mes 50 mille étoiles ont fourni des positions utiles partout où elle a passé.

Mon neveu a observé l'immersion [2]

	à 18h 5m 37s		T*emps* sidéral à l'École militaire					
	et 18 51 14							
positions exactes :	ascension droite 1800				déclinaison 1790			
	225°	12'	33"	50,90	18°	58'	54"	+ 14,15
	225	29	12	50,74	18	50	29	+ 14,08
			Zach				Lalande [3]	

Votre méthode pour déterminer l'erreur en latitude est fort bonne, et je vous invite à compléter votre résultat en calculant les positions que je vous envoie.

Je voudrais que vous écrivissiez vos observations sur du papier plus mince, afin qu'elles coûtent moins par la poste.

1. III § 46, 47.

2. III § 23, 24 : Sans doute une immersion observée et rapportée par Flaugergues. Lalande y répond en lui adressant l'observation correspondante de son neveu.

3. La table est difficile à interpréter sans la lettre de Flaugergues à laquelle répond ici Lalande, et sans la source des mesures de von Zach.

La latitude de votre pays est assez bien connue, tant que vous n'aurez pas un grand quart de cercle[1], car les observations que vous faites ne l'exigent pas.

Mettez toutes vos obs*ervations* aux dates républic*aines*, car le Bureau des Long*itudes* n'ose pas en imprimer d'autres; ils ont peur pour leurs pensions qu'ils ne touchent cependant pas depuis 8 mois.

Salut et fraternité
Lalande

PR45, 14 mars 1800

Adresse

Au Citoyen Flaugergues de l'Institut national, à Viviers

14 mars 1800

J'ai reçu, mon cher confrère, vos obs*ervations* des satellites[2] qui nous ont fait grand plaisir surtout celle du 4e qui avait mal réussi à Méchain à cause de la grande erreur de la Connaiss*ance* des Temps. Je les mettrai dans la Con*naissance* des T*emps* de l'an XI.

J'ai bien du regret de ne pouvoir rien tirer du ministre, mais personne ne reçoit rien, mes impressions sont suspendues, ainsi que nos traitements, cependant Bonap*arte*[3] travaille à la paix, et j'espère que nous sortirons bientôt de crise. Vous pouvez contracter un engagement pour votre observatoire. Je serai votre caution si l'on veut l'accepter.

Votre explication de l'aberration[4] a paru revenir à la nôtre, l'objection des humeurs de l'œil ne paraît rien prouver, mais je n'ai ajouté cette explication que subsidiairement, et je puis vous l'abandonner.

Je vous remercie bien de vos deux corrections pour mon Astronomie, j'en ai fait tout de suite mention sur mon exemplaire, et je vous prie de m'envoyer toutes vos notes. Je ne manquerai pas de vous en remercier dans ma préface.

1. Voir PR29.
2. III § 39.
3. Il «*travaille à la paix*», en 1800. Ce sera en 1801 la «paix de Lunéville». Sur l'évolution des relations entre Lalande et Bonaparte, puis Napoléon, voir I, p. 29 *sq*.
4. III § 31.

Vous verrez dans la Connaiss*ance* des Temps une manière bien simple de Delambre pour tenir compte de l'excentricité[1] de l'orbite dans le calcul de l'aberration.

Recevez mes salutations amicales, avec les assurances de la considération la plus distinguée et le plus sincère attachement

Lalande
ancien directeur de l'observat*oire*

PR46, 26 juin 1800

Adresse

Au Citoyen Flaugergues de l'Institut national, à Viviers

8 messidor

J'ai reçu, mon cher confrère, vos deux paquets; j'ai mis les 12# à la poste et j'ai payé le port. Vos calculs pour les immersions ne pourra pas servir, faute d'avoir les latitudes de la Lune, mais je vous les enverrai quand nous aurons des observations correspondantes et vous corrigerez les conjonct*ions*.

La Connaiss*ance* des Temps de l'an XI[2] paraîtra dans 15 jours; je ne serai plus à Paris, mais on vous l'enverra par la poste comme l'année dernière. Je vais passer 2 mois à Bourg, mais vous pouvez m'écrire à Paris comme à l'ordinaire; mon neveu présentera vos observations au Bureau des Longitudes en mon absence.

Pour l'immersion[3] du 5 mai, nous avons trouvé la conj*onction*[4] 10h26m11s T*emps* v*rai* à Paris et la diff*érence* des latitudes 53'55" au moment de la conjonction.

Voici la position exacte de la 43e[5] pour 1790

257° 32' 17"7 +56,"39
27° 55' 9" A[6] +4,"30

Salut et fraternité
Lalande

1. III § 12.
2. *La Connaissance des Temps an XI* a été publiée an VIII (juin 1800).
3. III, § 23.
4. III § 21.
5. De la constellation Ophiucus (le Serpentaire). Voir PR47.
6. Dans une indication de latitude stellaire, ce symbole signifie « Australe ».

PR47, 14 octobre 1800

Adresse

Au citoyen Flaugergues, de l'Institut national,
correspondant de l'observatoire et du Bureau des longitudes,
à Viviers, dép*artemen*t de l'Ardèche

14 oct. 1800

J'ai reçu, mon cher confrère, en arrivant de Bourg, votre éclipse de Lune [1] qui me fait d'autant plus du plaisir qu'elle a été mal observée à Paris; je l'ai observée à Bourg, mais nous différons beaucoup. Qu'entendez- vous par fin douteuse 11h 7m 40s et fin certaine 11h 9m 7s. ? Dès qu'on distingue le bord de la Lune dans la lunette, c'est la fin.

Je m'empresse de vous envoyer la position [2] de la 43e d'Oph*iucus* 1790 :

257° 32' 45"	117° 55' 25"	La Caille dout*euse*	par	56", 39
13	55' 15"	Brad*ley*		4", 33
22	55 17	Mayer		
18	9	Lefrançois		

Mais n'ayant pas la lat*itude* de la Lune, vous ne pouvez tirer de cette obs*ervation* que des diff*érences* de long*itude*. Il paraît que cette étoile est changeante [3] car elle est de 7e dans Mayer, 6e dans La Caille, 5e dans Bradley, 4.5 dans Flamsteed.

Je voudrais que vous vous occupassiez moins du calcul intégral, car vous ne rendrez aucun service à cette branche des math*ématiques*, et vous en pouvez rendre à l'astron*omie*. Le traité de Cousin me paraît être le plus complet, mais Lacroix en fait un qui ira plus loin.

Recevez, cher confrère, les salutations amicales de votre dévoué ami.

Lalande

1. Celle du 2 octobre 1800, III § 23.

2. Table difficile à comprendre; il s'agit d'angles (sans doute ascension droite et déclinaison); mais la déclinaison y serait alors comptée entre 0 et 180°.

3. Nous dirions aujourd'hui que c'est une « *étoile variable* ».

PR48, 13 décembre 1800

Adresse

Au Citoyen Flaugergues de l'Institut national, à Viviers

13 déc*embre* 1800

Je n'avais pas attendu, mon cher confrère, votre lettre pour demander au min*istre* Chaptal vos 500#. Le 28 nov*embre*, je lui avais demandé une audience, j'avais à lui parler de 12 affaires mais la vôtre était une des premières, je la lui donnai par écrit et il me promit de la finir, mais leur disette d'argent est terrible. Je reviendrai à la charge.

Je puis vous envoyer un quart-de-cercle[1] de 2 pieds et même de 3, mais cela ne suffira pas pour que vous ayez des hauteurs méridiennes qui concourent avec les nôtres. D'ailleurs je vous destine toujours l'observatoire de Toulon où j'espère que vous irez à la paix, et où vous aurez les instruments nécessaires.

En attendant, occupez-vous des satellites[2] et des comètes[3].

L'Atlas de Bode[4] reviendra à 100 francs et vous n'en aurez pas besoin. Vous avez dans une Connaiss*ance* des Temps le Catalogue de 100 nébuleuses[5] et cela est suffisant.

Nous ne manquons pas de calculs à vous proposer. Vous trouverez bien des observ*ations* dans les Connaissances des temps, qui auraient besoin de réductions.

Je voudrais bien avoir les précessions[6] en asc*ension* d*roite* et en déclin*aison* en centièmes de seconde, des 887 étoiles qui sont dans la Con*naissance* des T*emps* de l'an XI, p. 267 et suiv*antes*.

En employant[7] pour log*arithme* constant 1,300865, et pour la partie const*ante* 45" 91 le log*arithme* const*ant* s'ajoute à ceux de si*nus* (asc*ension* dr*oite*), t*angente* (décl*inaison*) pour avoir l'équation de la préc*ession en ascension droite* et à celui de cos*inus* (asc*ension* dr*oite*) pour avoir la

1. Voir PR25.

2. De Jupiter ou de Saturne III § 39, 44.

3. III § 46.

4. Atlas stellaire construit par Bode à Berlin.

5. Il s'agit, très probablement, des objets nébulaires de Messier (dont les désignations, – ainsi M31 pour la galaxie d'Andromède – sont toujours utilisées aujourd'hui) dont nous savons que certains sont des amas globulaires, d'autres des nébuleuses gazeuses ou des résidus de supernovae, dans notre Galaxie, d'autres encore des galaxies lointaines.

6. III § 16, 17, 18.

7. Cette phrase est en mots l'expression de deux équations simples : précession en α = constante + $\sin(\alpha)\,\mathrm{tg}(\delta)$, et : précession en δ = constante + $\cos(\alpha)$.

préc*ession* en décl*inaison*; il suffira d'employer les minutes pour l'asc*ension* dr*oite* et la décl*inaison*.

Les cercles entiers[1] sont encore trop rares pour que je puisse vous en procurer un. D'ailleurs il faut être deux pour s'en servir et cela les rend trop incommodes.

Salut et fraternité, considération et attachement

Lalande

PR49, 1800

Imprimé ayant pour titre

Prix d'astronomie proposé par le Bureau des Longitudes de France

(nous n'en donnons que l'extrait utile dans le contexte)

Prix de 6000 francs pour :..................

« Les conditions à remplir sont,

1. De discuter et établir, par la comparaison avec un grand nombre de bonnes observations, la valeur des coefficients des inégalités[2] de la Lune, et de donner, pour la longitude, la latitude[3] et la parallaxe[4] de cet astre, des formules plus exactes encore et plus complètes que celles qui servent de fondement aux tables actuellement en usage;

2. De construire, sur ces formules, des tables d'une étendue suffisante pour la commodité et la sûreté des calculs ».

à Paris, de l'imprimerie de la République, Prairial an VIII (mai/juin 1800)

En bas de page, courte note de Lalande

J'ai bien reçu, mon cher confrère, vos deux paquets d'observ*ations* mais ce sera pour le volume de l'an 12, celui de l'an 11 est fini. Je vous l'enverrai dès qu'il paraîtra, il contient beaucoup d'observations de vous.

Je vous envoie notre programme, mais je ne vous conseille pas de vous en occuper, car je sais que les tables sont déjà faites, par M. Burg à Vienne en Autriche, d'une manière à effacer tous les concurrents.

Salut et fraternité
Lalande

1. Instruments gradués en 360°, permettant de mesurer des angles, et notamment la hauteur d'un astre. Ils sont alors placés dans le plan méridien du lieu d'observation; il est clair que le fait que le cercle soit entier est une particularité qui assure la rigidité de l'instrument. Ces instruments sont d'un emploi très sûr. C'est (Lalande, A, § 2333) un « *instrument très utile* ».

2. III § 32.

3. III § 07.

4. III § 35.

PR50, 27 décembre 1800

Cette lettre a été reçue par Lalande, et transmise par lui à Flaugergues.

Adresse

Au Citoyen Lalande, Membre du Collège de France
et du Bureau des Longitudes

Au dos de l'enveloppe

au Citoyen Flaugergues, membre de l'Institut,
à Viviers département de l'Ardèche

Ministère	Liberté	*Égalité*
de l'Intérieur		Paris le 6 Pluviôse an 9 de la
5e division		République française

Le Chef de la Comptabilité centrale du Ministère de l'Intérieur,
a l'honneur de saluer le Citoyen Lalande
et de le prévenir que les 500f au profit du C. en Flaugergues
ont été ordonnancés le 9 nivôse
au nom du Préfet de l'Ardèche
et qu'avis en a été envoyé pour toucher sur les lieux.

Bonamy

PR51, 20 janvier 1801

Adresse

Au Citoyen Flaugergues de l'Institut national, à Viviers

20 janv*ier* 1801

J'ai reçu, mon cher confrère, vos observations, et vos notes sur mon Astronomie qui m'ont fait grand plaisir; je vous invite à les continuer. Le ministre m'a dit que votre gratification était accordée, ainsi vous recevrez bientôt vos 500#. Il m'a dit que vous alliez avoir une succession de mon ami de Ratte[1] que je regrette beaucoup. Cela ne m'empêchera pas de vous envoyer un quart-de-cercle[2] de 3 pieds, car je ne veux pas que vous

1. Lalande commet une erreur ; il s'agit ici d'un frère de l'astronome, Étienne Hyacinthe.
2. Voir PR29, 44.

employiez votre argent à acheter des instruments que le Bureau peut vous procurer.

Vous pouvez bien mettre votre lunette mérid*ienne*[1] de niveau avec un fil à plomb[2] pendant sur 2 points de la lunette en la retournant, et connaître les déviations en observant 2 étoiles, une haute et une basse, car il suffit d'avoir la quantité absolue à 1" ou 2" près pourvu qu'on ait la différence de 1/4 ou 1/2".

Nous employons les obs*ervations* de Vidal, mais c'est parce qu'il voit Mercure[3] que nous ne voyons pas, qu'il a une lunette, des yeux et un climat qui sont également extraordinaires. Il observe des étoiles qui sont trop basses à Paris. Mais quoique vous n'ayez pas ces avantages, vous ne ferez pas moins des choses très utiles par votre zèle et votre assiduité. D'ailleurs Vidal ne calcule point, et vous avez en cela un grand avantage, mais ne calculez que les observations les plus importantes.

Les observations que vous ferez de grand matin en vous couchant de bonne heure seront toujours précieuses, car il y a à parier qu'elles n'auront pas été faites à Paris et à Greenwich.

Ma lettre a été retardée par l'emballage du quart-de-cercle, il a été chargé hier 19 janv*ier* au roulage de Chatria rue d'Enfer, marqué D.L.F.

Vous écrirez une lettre de remerciement au Bureau des Longitudes, où vous ne parlerez pas de moi pour ne donner de jalousie à personne.

Je vous rembourserai le port quand vous aurez reçu la caisse, je n'ai pas voulu payer d'avance, afin qu'on ait plus de soin.

Recevez mes vœux du nouvel an, mes salutations de considérations et d'attachement

Lalande

1. Voir PR34, 35, 36, 37.

2. Voir PR25 et 48.

3. Vidal observe depuis Mirepoix, en Ariège, soit à une latitude géographique plus basse de 5° que celle de Paris; pour lui, Mercure, observable peu avant le lever ou peu après le coucher du Soleil, est un peu moins noyé dans les lueurs crépusculaires, et sa *déclinaison* est, au moment de l'observation, plus petite que celle du Soleil, lui même assez bas (nous sommes en janvier), c'est-à-dire négative (côté austral de l'équateur), mais plus grande en valeur absolue.

PR52, 5 mars 1801

Adresse

Au Citoyen Flaugergues de l'Institut national, à Viviers

5 mars 1801

Votre quart-de-cercle[1], mon cher confrère, n'est pas parti aussitôt que je l'ai eu envoyé chez Chatria rue d'Enfer. On estime qu'il est à Lyon à présent, les chemins sont mauvais et l'on va lentement. Vous pouvez écrire à Bonafou et Boury, commissionaires à Lyon. La caisse est marquée D.L.F., adressée à Viviers.

Salut et fraternité
Lalande

PR53, 28 mars 1801

Cette lettre n'est pas de l'écriture de Lalande ; mais elle est signée de sa main.

Paris le 7 Germinal

J'ai reçu mon cher confrère votre paquet d'observations, je ne sais pas si elles pourront entrer dans le Volume de l'an 12[2], mais toujours auront-elles leur tour.

J'ai remis vos 67 francs à Mr Gleisal[3] qui m'a promis de vous les faire passer.

J'ai bien reçu précédemment vos précessions[4] pour les 887 étoiles et je vous en remercie, ainsi que des notes sur mon Astronomie. Vous ne sauriez en faire trop et je vous en ferai mes remerciements dans la 4e Edition[5].

J'ai lu vos remerciements[6] au Bureau des Longitudes, qui m'a chargé de vous en témoigner sa satisfaction et je le fais officiellement en ma qualité de Secrétaire. Je serais charmé que vous eussiez trouvé une nouvelle

1. Voir PR25, 48, 51.
2. *La Connaissance des Temps an 12* a été publiée en 1801.
3. L'orthographe correcte est : Gleizal.
4. III § 16, 17, 18.
5. Voir PR39.
6. Les remerciements de Flaugergues ont été lus à la séance du Bureau des Longitudes du 25 mars.

équation[1], mais cela est bien difficile d'après la théorie complète de Laplace.

Je vous remercie des offres affectueuses et réitérées que vous me faites de vous occuper de ce qui m'intéressera le plus, j'en profiterai à la première occasion.

Salut, considération et attachement
Lalande

PR54, 16 avril 1801

Adresse

Au Citoyen Flaugergues de l'Institut national, à Viviers

16 avril 1801

J'ai reçu, mon cher confrère, votre obs*ervation* de l'éclipse de Lune[2], elle n'a point été vue à Paris.

J'ai déjà calculé la conj*onction* de α *Virgo*[3], mais je serai bien aise que vous la calculiez avec les mêmes éléments et la même méthode que la nôtre.

Messier à l'obs*ervatoire*
de la Marine 14h 7m 50s, 5
conj*onction* 14h 41m 41s, 1
15h 17m 7s, 5 1s, 8
réd*uction* à l'observ*ation* 39s, 3
diff*érence* lat*itude* 56' 28", 5

Il faudrait aussi calculer l'obs*ervation* faite au mér*idien* et la réduire au moment de la conj*onction* pour voir si elle s'accorde avec celle déduite de l'éclipse

asc*ension* dr*oite* 197° 58' 42",5
12h 41m30s temps
à l'observatoire 8° 42' 8" décl*inaison*

Je vous envoie du fil d'argent[4]. Je n'ai pu en avoir de plus mince, mais vous ferez un poids plus fort.

1. III § 32.
2. Éclipse du 29 mars 1801. III § 23.
3. La conjonction d'une étoile bien connue, Spica, « l'Épi de la Vierge », avec la Lune, est une donnée nécessaire pour prévoir des occultations. III § 21.
4. Nécessaire pour la construction d'un réticule placé à l'oculaire, pour repérer avec précision la position d'une étoile observée.

De l'écriture de Flaugergues

Suivant la Clef du cabinet[1] n° 1602 la conjonction
d'après le calcul de M. de La Lande est arrivée
à 14h 41m25s Tem*ps* vrai

M. Ciccolini à Florence	15h	1m	13s
	16	10	22
conjonction	15	17	5

PR55, probablement mai 1801 (avant le 24 mai)

Cette déclaration n'est pas de l'écriture de Lalande.

astronomie

Le Citoyen Caigné, notaire rue de la Harpe n°237, est chargé de remettre une somme de six cents francs, au premier astronome français ou étranger qui aura découvert une comète à la fin de 1801, pourvu qu'elle ne soit point visible à la vue simple et qu'elle ait été constatée par un autre astronome, par exemple en France un de ceux de Paris, Toulouse, Marseille, Montauban, Viviers, en Allemagne un de ceux de Gotha, de Berlin ou de Vienne, en Italie un de ceux de Milan, ou de Pise, en Angleterre par l'astronome royal. Il n'est pas nécessaire d'être astronome pour trouver une comète[2]. Il n'est pas besoin qu'on ait déterminé la position de la comète, il suffit d'indiquer qu'à telle heure la comète était à peu près à telle hauteur au-dessus de telle étoile ou à telle distance du méridien. Ce qui est très facile. Il y a tant d'amateurs qui regardent le Ciel, qu'on a lieu d'espérer qu'ils s'en trouvera qui y mettrons ce degré d'attention, en considérant que les comètes sont actuellement le seul besoin de l'astronomie et qu'on peut en trouver avec une simple lunette montée sur un quart-de-cercle[3] ou une machine parallactique[4] de bois que chacun peut exécuter en consultant l'Astronomie de Lalande.

La Lande

1. C'est un journal quotidien.

2. III § 46. « Il n'est pas nécessaire d'être astronome pour trouver une comète ». Phrase à rapprocher des conseils données par Lalande à Flaugergues, voir PR42, 54, 56, 58.

3. Voir PR24, 29, 44, 48.

4. Orthographiée parallatique dans A, § 2400, 2401. Il s'agit simplement d'une lunette équatoriale, qui suit le mouvement diurne d'un astre, le « parallèle d'un astre ».

PR56, 24 mai 1801

Adresse

Au Citoyen Flaugergues de l'Institut national, à Viviers

24 mai 1801

J'ai reçu, mon cher confrère, avec grand plaisir, vos observations.

Je vous invite à calculer la conjonction[1] et la différence des latitudes[2] par votre occultation[3] de α *Virgo*[4]; j'ai déjà beaucoup d'observations et de calculs de cette éclipse. Je voudrais avoir votre résultat.

On n'est pas disposé à adopter votre équation[5] du satellite[6]; la théorie ne l'indique pas et il faudrait qu'elle fut vérifiée par l'ensemble de toutes les observ*ations* comme Delambre l'a fait pour ses tables.

β du Scorpion Connaiss*ance* des Temps an XI.

Il paraît que vous avez appliqué la corr*ection* de l'anomalie[7] en moins au lieu qu'elle doit être en plus; vous avez trouvé l'erreur +7" et -40" d'après les corrections, tandis qu'elle doit être presque nulle.

Salut, considération, attachement
Lalande

Cherchez-vous des comètes? Il y a 600 francs d'offerts pour la première.

PR57, 30 juillet 1801

Adresse

Au Citoyen Flaugergues de l'Institut national, à Viviers

30 juillet 1801

J'ai reçu, mon cher confrère, avec grand plaisir vos calculs de l'Épi de la Vierge[8] qui sont très bons; j'avais employé une parallaxe[9] plus petite, et c'est la cause de la différence.

Je vous ai envoyé d'autres observ*ations*, je vous invite à les calculer.

1. III § 21.
2. Entre l'étoile et de la Lune, III § 07.
3. III § 24 : notée ici « éclipse ».
4. Épi de la Vierge, ou Spica, voir PR54, 55. On notera que les occultations (ici appelées « éclipses ») concernent le plus souvent des étoiles (α Virgo, β Scorpio, χ Leo) appartenant à une constellation zodiacale, la Lune ne pouvant s'écarter que peu de l'*écliptique*. III § 07, 13.
5. III § 32.
6. III § 39.
7. III § 32.
8. α Virgo, ou Spica, voir PR54, 56.
9. III § 35.

Je vous invite à ne pas vous occuper de votre équation[1] du 3e satellite[2]. Delambre a calculé beaucoup d'autres obs*ervations* dans des périodes éloignées, où elle ne s'accorde pas. D'ailleurs elle dérangerait les beaux théorèmes de Laplace qui sont prouvés par toutes les observations.

Je suis fâché que vous n'ayez pas eu les 600 francs que j'avais déposés pour une comète[3], mais elle a été vue par 4 personnes le même jour. Je crois que Pons, concierge de l'Observatoire de Marseille, aura le dépôt.

Les obs*ervations* de χ *Leo* et α de la *Vierge* ont été vues dans beaucoup d'endroits et vous faites bien de les calculer en ôtant 3" de la parallaxe de nos tables.

Je vous ai envoyé mon Hist*oire* Céleste par la poste, l'avez-vous reçue ?

α *Virgo*	9h	9m	16s	T*emps* v*rai*
	10	10	10,5	Méchain à l'obs*ervatoire*, conj*onction* 10 6 21, diff*érence* lat*itudes* 51'21"
	9	9	2,3	T*emps* v*rai*
	10	19	57,9	Lefrançois et Burckhardt à l'École militaire, 10 6 12, diff*érence* lat*itudes* 51'14"
	9	27	23,2	T*emps* m*oyen* à Marseille
	10	39	20,4	
	9	6	18 3	T*emps* m*oyen* à Montauban
	10	12	2,1	T*emps* v*rai* à Padoue
	11	16	1,9	
	10	10	2,4	T*emps* v*rai* à Prague
	9	57	7,1	T*emps* m*oyen* à Florence
	11	11	12,1	
	9	9	16	T*emps* v*rai* Messier à l'hôtel
	10	20	17	
χ *Leo* 21 mai	10	23	59,2	T*emps* v*rai* à Gotha, conj*onction* 9h 36m 54s à Paris, diff*érence* lat*itudes* 53'35"
	11	26	45,3	
	10	39	1"5	Temps moyen à Florence
	11	6	35,5	Temps vrai à Cracovie
	11	20	28,5	Temps vrai à Vilna[4]
	10	27	45,0	Temps vrai à Witti 38'11" de Paris lat*itude* 52°10'
	10	42	11	Temps vrai à Prague

Salut, attachement, considération
Lalande

1. III § 32.
2. De Jupiter, III § 39.
3. III § 46. Cette comète est en effet répertoriée sous le nom de Pons, premier découvreur.
4. Aujourd'hui Vilnius.

PR58, 21 août 1801

Adresse

Au Citoyen Flaugergues de l'Institut national, à Viviers

3 fructidor

Vous ne m'avez point envoyé, mon cher confrère, les calculs des obs*ervations* de α *Virgo* que je vous ai proposés de calculer. Quand vous les aurez finis, je vous engage à examiner si, en 1185 ou environ[1], il y a eu une conjonction des planètes dans le 3e degré de la Balance; un Arabe en fit beaucoup de bruit dans ce temps- là. Il ne faut le faire qu'en gros.

Le concierge de l'observ*atoire* de Marseille a trouvé la comète[2] qui me coûte 600# et vous ne les avez pas voulus.

salutation amicale
Lalande

Ne vous donnez pas la peine d'observer ☾[3] à la lunette mérid*ienne*, on le fait ici et à Greenwich plus exactement.

PR59, 6 septembre 1801

Adresse

Au Citoyen Flaugergues de l'Institut national, à Viviers

6 sept. 1801

Je vous remercie, mon cher confrère, de vos deux lettres. Je vous invite à ne pas vous occuper du Soleil ni de la Lune.

Je suis bien impatient de savoir ce que vous aurez fait sur la conj*onction* de 1186[4]. Je vous prie de commencer par là.

1. III § 21. Cette conjonction ne figure pas dans la liste des « grandes conjonctions » établie par Lalande (A § 1280). Voir PR59.

2. III § 46. Voir PR57 et PR59. Le « *concierge* » est M. Pons.

3. ☾ : Lalande utilise parfois, pour désigner la Lune, le symbole ☾, ainsi que, pour désigner le Soleil, le symbole ⊙.

4. Il s'agit de la conjonction des cinq planètes, événement qui eut de l'importance pour les astrologues qui prédirent (en vain) des catastrophes.

Je remettrai 600# chez mon notaire pour une comète[1], je souhaite que vous les ayez; cette fois c'est le concierge de l'observatoire de Marseille.

La Connaiss*ance* des Temps de l'an 12 est finie.

Salut, considér*ation*, attach*ement*,
Lalande

PR60, 19 septembre 1801

Adresse

Au Citoyen Flaugergues de l'Institut national, à Viviers

19 sept. 1801

Je vous remercie, mon cher confrère, de vos observations, et des calculs de la conjonction[2].

Mais pour votre latitude je voudrais que vous eussiez des étoiles près du zénith[3] pour vous mettre à couvert des erreurs de division. Les déclin*aisons*[4] sont bien connues.

Pour votre tache[5] qui a quitté le bord du Soleil le 29 sept*embre*, si elle a reparu le 15 oct*obre*, je vous prie de m'envoyer votre obs*ervation* calculée.

Votre déclinaison solaire[6] 21°53', je l'ai trouvée 21°47' le 24 sept*embre* et il y a toujours un demi-degré d'incertitude.

Puisque vous voulez bien[7] concourir à nos étoiles, je vous en envoie 360 environ. Je vous prierai de les copier de la forme et de la grandeur ci-jointe, sans écrire sur le verso pour que je puisse les couper pour les mettre à leur place.

Je désire les avoir bientôt pour faire un 11e Catalogue dans la Connaiss*ance* des T*emps* de l'an 13. Et pour que cela aille plus vite,

1. III § 46. Voir PR42, 54, 57. 58. Lalande pousse Flaugergues à concentrer son activité vers la recherche des comètes.
2. III § 21.
3. Orthographié « zénit » par Lalande : III § 05.
4. III § 06.
5. III § 38.
6. III § 38.
7. Lalande aimait bien faire travailler ses amis (Flaugergues, Chabrol, Vidal, son « neveu », etc.) aussi bien pour observer étoiles, éclipses et occultations, que pour la réduction des observations, les leurs, ou les siennes. Il publiait ensuite les résultats dans la *Connaissance des Temps*, dans son *Astronomie*, ou dans une autre de ses publications.

négligez les parties propor*tionnelles*[1] dans les tables, ne prenez que le nombre le plus prochain, négligez les dixièmes de sec*onde* toutes les fois que cela n'est pas bien facile.

Je vous envoie les corr*ections* à faire aux distances au *zénith* et aux passages, parce que je n'ai fait que copier le registre des observations.

M. Chabrol a fini le 27 avril, et je l'ai barré sur la copie.

S'il y a des nombres douteux sur la copie, vous m'enverrez la note de celui que vous aurez employé pour que je le vérifie.

Quand les étoiles seront voisines l'une de l'autre, vous n'aurez besoin que de prendre la diff*érence* des pass*ages* et la différence des hauteurs, et vous ne ferez la réduction que pour une.

Vous n'emploierez le therm*omètre* et le barom*ètre* que pour les dis*tances* au *zénith* de 60° et plus. Vous séparerez les ét*oiles* austr*ales* des boréales pour ne pas vous tromper de signe.

Pardon, mon cher confrère, de tant de peine. Salut, considér*ation*, attachement

Lalande

Noté verticalement sur le bord droit de la lettre

I gr*andeur*	I asc*ension* dr*oite*	I asc*ension* dr*oite* en *degrés*
I 8	I 4h 22m	I 65° 17'53"
I préc*ession*	I déclin*aison*	I préc*ession*
I 88"5	I 66° 51'26" B*oréale*	I + 8", 3

PR61, 25 septembre 1801

Adresse

Au Citoyen Flaugergues de l'Institut national, à Viviers

25 sept. 1801

J'ai bien reçu, mon cher confrère, votre conj*onction*[2] de 1186 et vous verrez dans le Moniteur du 1er de l'an 10 que je vous en ai fait honneur. Je ferai usage de votre erreur du Soleil, mais Delambre calcule actuellement 800 observations de Bradley.

1. Technique d'interpolation, permettant des gagner un chiffre significatif par rapport aux données des tables ; Lalande la déconseille à Flaugergues : PR61.

2. Celle des cinq planètes en 1186. Voir *supra* lettres PR59 et 60.

Si vous avez observé la belle tache[1] ces jours-ci, envoyez-moi votre résultat. Je l'ai aussi observée, sa déclin*aison* solaire[2] est de 22° B.

J'attends vos calculs des éclipses de l'Épi de la Vierge que je vous ai envoyées.

Si vous avez du loisir ensuite pour réduire[3] des étoiles, je vous en enverrai, et vous coopérerez à notre immense travail. Si vous n'avez pas les tables d'aberration[4] qui sont dans le 9e vol*ume* de mes éphém*érides*, je vous les enverrai. Les tables de précession[5] sont dans la Con*naissance* des T*emps* de 1792.

La Con*naissance* des T*emps* de l'an 12 paraîtra dans quelques jours, vous serez des premiers servis.

Salut, considér*ation*, attachement
Lalande

PR62, 6 novembre 1801

Adresse

Au Citoyen Flaugergues de l'Institut national, à Viviers

6 nov*embre* 1801

Vous avez remporté un prix sur les couleurs, mon cher confrère. Je fais imprimer l'Histoire de l'Optique de Montucla. Je voudrais bien que vous me donnassiez un petit historique sur les bêtises de Marat[6], le titre de son livre si vous l'avez, l'anecdote du prix proposé par l'académie de Lyon. Mettez cela sur un papier séparé afin que je ne sois pas obligé de le faire recopier pour le donner à l'impression.

Savez-vous quelque chose sur Gordon[7], autre imbécile qui a réfuté Newton ?

1. III § 38.
2. III § 38.
3. III § 27 à 32.
4. III § 31.
5. III § 16.
6. Lalande s'intéresse encore beaucoup à Marat. Voir dans la première partie de cet ouvrage, la lettre UR12 de 1793 (un mois avant l'assassinat de Marat) à Madame du Pierry. Voir aussi PR63, PR64.
7. Lalande ne mâche pas ses mots et ses convictions ! Le prix attribué jadis (1786) à Flaugergues (et non à Marat) par l'Académie de Lyon portait sur les lois newtoniennes de la dispersion.

Messier vous prie en grâce de nous envoyer les latitudes des planètes le 15 sept*embre* 1186.

Je ne vous demande pas des nouvelles de nos étoiles, mais je vous invite à ne pas y mettre la précision qui allongerait le travail, parce que je suis impatient de les avoir pour arranger le 11 e Catalogue.

Je vous ai envoyé la Connaiss*ance* de l'an XII, et je commence l'impression de l'an XIII où il y aura beaucoup de choses de vous.

Je suis dans les transes d'une élection à l'Institut; la place est bien due à mon neveu, mais Bouvard est protégé par Laplace qui a beaucoup de crédit.

Salut, considér*ation*, attachement
Lalande

PR63, 25 novembre 1801

Adresse

Au Citoyen Flaugergues de l'Institut national, à Viviers

25 nov*embre* 1801

J'ai reçu avec grand plaisir, mon cher confrère, vos 14 étoiles, et j'attends les autres avec grande impatience pour terminer mon Catalogue. Je vous invite à négliger les parties proportionnelles[1] pour aller plus vite, et à prendre les précessions[2] dans la Connaiss*ance* des T*emps* de 1792.

Je ferai mon possible pour engager le ministre à vous donner une gratification cette année, mais je crois que cela sera difficile; il dit qu'il a tant de dettes et si peu de fonds!

La pension que j'ai de Pétersbourg n'est que de 500 francs, mais j'ai été très flatté de la manière dont l'empereur[3] me l'a assurée.

Je vais faire imprimer l'hist*oire* de l'astronomie pour 1801, dans laquelle vous n'êtes pas oublié!

Avez-vous reçu la lettre où je vous demandais une petite notice des folies de Marat[4] sur la lumière? Je fais imprimer l'Hist*oire* de l'Optique de

1. Subdivision des unités utilisées (seconde de temps, seconde d'arc) permettant une interpolation rationnelle. Voir PR59.

2. III § 16, 18.

3. Il s'agit du Tsar Alexandre 1 er, qui succéda à Paul 1 er, assassiné le 23 mars 1801.

4. Voir PR62. Les qualificatifs ont évolué : Marat a écrit des « *folies* » sur la lumière; c'est une « *bête féroce* », à vouer « *au mépris comme à l'exécration* » !

Montucla, je voudrais dire un mot de la bête féroce pour la dévouer au mépris comme à l'exécration.

Salut, considération, attachement
Lalande

PR64, 4 décembre 1801

Adresse
Au Citoyen Flaugergues de l'Institut national, à Viviers

4 décembre 1801

Je vous remercie, mon cher confrère, de votre détail sur Marat[1] qui me procure le plaisir de parler de vous dans l'histoire de l'optique. Je vous remercie également de vos calculs sur les latitudes[2] des planètes.

Puisque vous avez peu de temps et que je suis très impatient, je vous prie de m'envoyer les observations d'étoiles que je vous envoyai le 16 oct*obre*. M. Chabrol qui vient d'arriver m'offre de les réduire, et il le fera dans peu de jours. Ne gardez que celles que vous pouvez finir la semaine prochaine.

Salut, considération, attachement
Lalande

Vous marquerez sur mon papier les étoiles que vous avez réduites ou celles que vous vous proposez de réduire dans huit jours.

PR65, 28 décembre 1801

Adresse
Au Citoyen Flaugergues de l'Institut national, à Viviers

28 déc*embre* 1801

Je vous remercie, mon cher confrère, des observations que vous m'avez envoyées. Il en sera fait une mention honorable dans le compte-rendu des travaux de la classe qui sera distribué à la séance publique du 15 nivôse.

1. Voir PR62 et 63.
2. III § 07.

Je vous remercie aussi des étoiles réduites[1], vous avez très bien fait de laisser ce que vos fonctions ne vous permettaient pas de faire.

J'appuierai de tout mon pouvoir votre demande pour une gratification, mais le min*istre* nous dit toujours qu'il n'a point de fonds.

J'ai eu le plaisir, avant-hier, de voir élire mon neveu à l'Institut.

Recevez mes vœux du nouvel an et les assurances de ma considération et de mon attachement

Lalande

PR66, probablement mars 1802

Cette lettre non signée n'est pas de l'écriture de Lalande.

Comme je ne doute point, mon cher confrère, que vous n'ayez envie d'observer la nouvelle planète, et qu'elle est fort difficile à voir et que nous n'avons point de beaux jours à Paris, je vous envoie sa position calculée par M. Burckhardt.

Lieu de la nouvelle planète[2]

Temps moy*en*	long*itude* géoc*entrique*	lat*itude* géoc*entrique*	asc*ension* dro*ite*	décl*inaison*
1802 le 13 mars				
15h 6	177° 9'	17° 8' 1/2 B[3]	183° 1/4	17° B
1802 le 21 mars				
17 43	174 44'	18 44 B	182 1/2	19° B

Les ascensions droites et les déclinaisons[4] n'ont été prises que dans une carte.

Le 21 mars, la planète sera très près d'une étoile de 4e grandeur : la 11e de la Chevelure de Bérénice. La planète sera en opposition le 19 mars 1802.

1. III § 27 à 32.

2. Il s'agit de Cérès, découverte par Piazzi le 1er janvier 1801. Cette planète (ou « astéroïde », dans la nomenclature proposée par Herschel, aujourd'hui « planète naine ») était appelée « planète Piazzi » par Lalande, tout comme il appelait « planète Herschel », la planète Uranus. Voir PR67, 68.

3. Pour Boréale (et A pour Australe).

4. III § 06.

PR67, probablement mars 1802

Lettre non datée, non signée, et pas de l'écriture de Lalande.

Je me hâte, mon cher confrère, de réparer ma faute.
Voici les positions de la planète Piazzi[1]

	h	m	asc*ension* dr*oite*		décl*inaison*	
9 mars	14	52	185°	13'	16	22
13	14	56	184	25	16	45
17	16	10	183	34	17	7
21	17	43	182	20	17	27

Nous avons été un mois sans la voir, et vos observations pourront être fort importantes.

PR68, 7 mars 1802

L'écriture n'est pas celle de Lalande, signature de Lalande.

Le 16 ventôse an X

J'ai reçu, mon cher confrère, vos deux envois d'observations sur les satellites et sur les taches. Je vous ai envoyé par la poste l'Histoire de l'astronomie et la position de la planète de Piazzi[2].

Je suis bien flatté de la part que vous prenez à la nomination de mon neveu ; elle était bien juste, mais comme vous le dites cela ne suffit pas.

Le ministre s'intéresse à vous et j'espère que vous obtiendrez quelque chose, mais vous avez été si occupé cette année de votre administration, qu'elle doit aussi vous dédommager. Vous ne calculez plus d'éclipses[3].

Je voudrais que vous fissiez quelque attention ce printemps à l'étoile Algol[4]. Le 17 de mars, elle doit être à 10 heures 1/2 à la moindre lumière. En la comparant avec gamma et delta, vous verrez à quelques minutes près le

1. Cérès, voir PR66.
2. Cérès, voir PR66, 67.
3. Il s'agit ici, principalement, d'occultations par la Lune, III § 24.
4. Cette étoile variable (β Persée) est le type des « *étoiles doubles à éclipses* », chacune de ses composantes éclipsant l'autre à intervalles réguliers ; ces éclipses ont lieu pendant une portion assez brève de la période qui les sépare. Au temps de Lalande, on n'avait encore découvert qu'un nombre limité d'étoiles variables, et l'on ignorait la nature du phénomène à l'origine de la variabilité.

temps de la plus petite lumière. Je suis un peu languissant ce qui fait que j'abrège en vous assurant de ma considération et de mon attachement.

Lalande

PR69, 3 avril 1802

Adresse

Au Citoyen Flaugergues de l'Institut national, à Viviers

3 avril 1802

Je suis bien sensible, mon cher confrère, à l'intérêt que mon indisposition vous inspire. J'ai reçu avec bien du plaisir vos obs*ervations* et vos calculs.

Vous avez bien deviné que les 3" à ôter de la par*allaxe* viennent de l'aplatiss*ement*[1] diminué et des calculs de Triesnecker et de Burg. C'est plutôt 2"6.

La planète[2] est comme une étoile de 7e gr*andeur* et j'espère que vous la verrez.

Voici sa position

9 avril	11h 56m	18°10'
12	54	9
15	52	5
18	50	0

Je vous fais bien des excuses de vous avoir trompé d'un jour pour Algol[3], mais votre obs*ervation* diffère des tables d'une heure. Le 27 avril je trouve 8h30m, le 30 avril ce sera 11h41m, 23 mai 10h13m, trois jours plus tôt c'est 3h11m plus tard, et cela est incommode[4].

Je reviendrai à la charge auprès du ministre pour votre gratification. Il s'intéresse à vous, et vous avez encore quelqu'un auprès de lui qui peut vous aider. Mais Rœderer a maintenant la principale influence.

Salut, consid*ération*, attach*ement*,
Lalande

1. Voir PR4, 18, 40, 41, 42.
2. Cérès.
3. Voir PR68.
4. Nous ne comprenons pas le sens de la fin de cette phrase.

PR70, 27 mai 1802

Adresse

Au Citoyen Flaugergues de l'Institut national, à Viviers

27 mai 1802

Le ministre m'annonce, très cher confrère, qu'il vient de vous accorder une gratification de 600 francs.

J'ai présenté votre Mémoire à l'Institut, mais les expériences de Guglielmini sur la chute des corps[1] ayant été faites bien plus en grand et avec plus de précautions, j'ai du regret de la peine que vous avez prise, d'autant que Laplace soutient que, suivant le calcul, on ne devait trouver que 5 li*gnes* à l'orient pour 241 pieds et rien au midi.

Salut, considération, attachement
Delalande

PR71, 25 prairial an 10 (14 juin 1802)

Adresse

Au Citoyen Flaugergues de l'Institut national, à Viviers

25 prairial an 10

Je suis bien charmé, mon cher confrère, que vous ayez obtenu ce que vous méritiez.

Cela vous encouragera à vous occuper d'astronomie. Vous pouvez faire une chose utile en calculant les tables d'aberration[2] qui nous manquent pour les 600 étoiles du Catalogue de la Connaissance des Temps. La Duchesse de Gotha en a calculé une partie, Con*naissance* des Temps an 10. Voici les premières qui restent à faire, je vous indiquerai les autres si vous avez le courage de l'entreprendre.

χ Cassiopée	0h	22m
48 Andr*omède*	1	16
49	1	18
50 Cassio*pée*	1	47
35 Cas*siopée*, Her*cule*	2	12

1. Il semble que Flaugergues ait été physicien autant qu'astronome ; c'est ce que Lalande lui reproche souvent, de façon plus ou moins explicite. D'autres que Flaugergues ont refait ces expériences en 1804 et 1805.

2. III § 31.

τ^1 Eridan	2	35
11 Eridan	2	54
χ Persée	2	56
α Fourneau	3	3
2 Gir*afe*, *Hercule*	3	13

Il nous en a manqué 127, mais vous verrez ce que vous en pouvez faire et le temps que cela vous prendra.

Salut et attachement
Lalande

Nous sommes fort occupés de la planète d'Olbers[1], mais comme vous n'avez pas de machine parallactique[2], vous ne pourrez pas l'observer.

Voici cependant sa position			décl*inaison*		
21 juin	186	37	19	51	B[3]
1er juillet	188	59	18	58	B
11 juillet	191	27	17	57	B

PR72, 8 juillet 1802

Adresse

Au Citoyen Flaugergues de l'Institut national, à Viviers

8 juillet 1802

J'ai reçu, mon cher confrère, avec grand plaisir les 10 Tables que vous m'avez envoyées. Je ne vous en demande plus que 40 d'ici à deux mois. J'ai donné les autres à M. Chabrol qui comme vous est charmé d'être utile à l'astronomie et de se faire honneur. Le Catalogue des 600 étoiles principales étant le Catalogue fondamental de l'astronomie, il était nécessaire qu'on eût les tables pour toutes. M. Chabrol en a calculé les long*itudes* et les latitudes[4] avec les angles de position, et je m'occupe à en déterminer les asc*ensions* d*roites* et les décl*inaisons*[5] avec une nouvelle précision.

1. Il s'agit de Pallas, le second astéroïde découvert, celui-là par Olbers, après Cérès, découvert par Piazzi. On notera qu'elle n'est pas alors très éloignée, dans le ciel, de Cérès (voir PR67).
2. Voir PR55.
3. B signifie : Boréal.
4. III § 07.
5. III § 06.

Je vais passer deux mois à Bourg-en-Bresse où j'espère recevoir de vos nouvelles.

Je vous enverrai les 18 francs des ports de lettres.

Je n'ai pas pu faire adopter votre Mémoire sur la chute des corps[1], je vous enverrai les raisons de M. Legendre.

Salut, considération, attachement
Lalande

Au dos : liste de 40 étoiles (4 fois 10)

ε Hydre	8h	36m	+
17.Gr*ande* O*urse*	8	53	+
θ Hydre	9	4	+
δ Gr*ande* O*urse*	9	16	+
ψ Nav*ire*	9	22	+
15 Sex*tant*	9	57	+
q^1 Nav*ire*	10	5	+
ν Hy*dre* et C*hevelure*		39	+
β	11	2	+
ε	11	14	+
γ Hy*dre* et C*hevelure*	11	15	+
ξ		13	+
β		26	+
ζ		34	+
β		42	+
η		46	+
31	11	50	+
κ Chevelure	12	25	+
ν Centaure	13	37	x
G (?) Cent*aure*	13	38	x
γ Bouv*ier*	14	24	x
α Pet*ite* O*urse*		28	x
τ Bouv*ier*		31	x
ξ		42	x
δ Loup	15	8	+
λ Serpent	15	36	+
χ		39	x
η Loup		46	x
ε Couronne		49	x

1. Voir PR70.

π Serp*ent*		53	x
λ Oph*iucus*	16	20	x
α Drag*on*		28	x
γ Oph*iucus*		44	x
χ		48	x
ζ Drag*on*	17	8	x
5 Oph*iucus*		9	x
ν Serp*ent*		9	x
ξ Serp*ent*		26	x
μ Oph*iucus*		27	x
ν Drag*on*		28	x

PR73, 14 juillet 1802

Adresse

Au Citoyen Flaugergues de l'Institut national, à Viviers

14 juillet 1802

Je vous envoie, mon cher confrère, les billets pour recevoir vos 18 francs.

On a fait le rapport de votre Mémoire. On a observé que le parallèle ne s'écarte que de la moitié de ce que vous avez trouvé. Cela fait 33 lignes d'erreur.

L'angle de la verticale au lieu d'être de 10' n'est que de 6' quand on considère la direction de la pesanteur seule, sans égard à la force centrifuge.

Il ne doit point y avoir de déviation vers le sud. Si l'on en trouvait une, on l'attribuerait à l'attraction des corps environnants, ou au défaut de sphéricité des boules. Mais vos expériences ne sont ni assez concluantes ni comparables à celles de Guglielmini[1].

Salut et attachement
Lalande

1. Cette lettre concerne les mesures de la verticalité du *fil à plomb*, et leur interprétation par la théorie de l'attraction universelle – et de la chute des corps. Voir PR70, 72.

PR74, 12 septembre 1802

Cette lettre n'est pas de l'écriture de Lalande, la mention de l'année est de Flaugergues.

Le 25 fruct*idor* an 10, 12 sept. 1802

Je reçois, mon cher confrère, en arrivant à Paris, les tables que vous avez eu la bonté de me calculer et vos observations. L'éclipse de Soleil [1] m'a fait d'autant plus de plaisir que nous ne l'avons pas vue à Paris ni à Dijon où j'étais allé pour l'observer.

Si j'ai donné à M. Chabrol la majeure partie des tables, c'est qu'il m'avait paru, l'année passée, que vous n'aviez pas de loisir. Je ne suis pas moins sensible à vos offres et j'en profiterai toujours pour le bien de l'astronomie.

Salut, considération et attachement
Delalande

PR75, 15 octobre 1802

Lettre qui n'est pas de l'écriture de Lalande ; la formule de politesse et la signature seules sont de sa main.

Adresse

Au Citoyen Flaugergues, de l'Institut national
à Viviers, dép*artemen*t de l'Ardèche

à Paris le 25 vendémiaire an 11
(année de la main de Flaugergues)

Puisque vous avez envie, mon cher confrère, de coopérer encore à mon travail, je vous envoie les dernières étoiles [2] que M. Vidal a observ*ées* à Mirepoix pour les réduire à 1790. Les distances au zénith sont du côté du Nord, il faut y ajouter 43° 5'19" [3] et la réfraction [4]; il faut ajouter aux passages 6 s de temps.

1. Du 27 août 1802, partielle à Paris. III § 36.
2. Il s'agit évidemment d'observations faites à l'aide d'un instrument des passages ou d'une lunette méridienne.
3. C'est la latitude de Mirepoix.
4. III § 29.

Grandeur	Passage	Dist*ance* au Zénith	grandeur	Passage	Dist*ance* au Zénith
.67[1].	3h 0m 41s, 3	13 18' 14"	.8	4h 39 20,6	18 19 45
.7.	7 58, 1	14 54 21	.78	43 50 0	17 40 49
.7.	9 42, 2	14 52 57	.6	45 50 6	17 2 25
.6	14 10, 4	15 5 7	.7,8	48 38,5	17 47 13
.78	14 22, 0	15 24 45	.89	50 40,0	18 49 24
.Double7	17 43, 1	14 59 1	.8	51 22,7	19 6 30
.78	22 16, 8	12 58 51	.7	54 56,2	18 29 59
.7	22 49, 5	13 10 38	.78	55 8,1	19 20 4
.8	25 14, 6	15 5 35	.6,7	5h 1 55,2	19 19 51
.7	26 28, 6	16 13 17	1 La chèvre[2]	2 3,1	2 41 41
.8	29 43, 6	15 8 36	.89	6 47,5	18 31 55
.8	33 36, 2	13 24 12	.67	11 29,4	19 47 25
.8,9	33 42, 4	13 24 31	.89	13 5,9	19 42 54
.<u>8</u>	4h 18 16, 2	19 23 2	.89	17 7,4	20 16 12
.78	19 50, 0	17 50 25	.89	18 48,5	17 59 32
.8	21 17, 2	19 42 35	.8	22 7,7	18 43 28
.8	27 28, 7	19 46 48	.8	23 41,0	17 24 23
.8	31 19, 7	18 2 41	.8	25 55,5	18 16 14
.78	35 51, 8	18 2 36	.78	30 22,8	19 37 13
			β Cocher	44 57,6	1 49 23

Salut, considération, attachement,
Lalande

PR76, 1802

Liste de 48 étoiles, observées le 22 octobre 1802 à Mirepoix (Vidal) : passage au méridien et distance au zénith

22 oct*obre* 1802 à Mirepoix

grandeur	Passage au Méridien	Distance au Zénith au nord	grandeur	Passage au Méridien	Distance au Zénith
.6,7.	4h 28 46,5	27 28 12	.7	5h 36 25,1	26 26 46
.7.	35 37,5	27 12 58	.8.	31 54,2	26 15 8
.78.	38 23,1	27 0 18	.78.	41 15,1	25 20 30

1. 67, 78, etc. ... veulent sans doute dire : 6 ou 7, 7 ou 8, etc. ... Cette remarque s'applique aussi aux tables des pages 166 et 168.

2. Capella, α Aurigae, étoile de première grandeur.

.7.		38	46,1	26	31	41	.2βCocher.		45	8,5	1	49	26,5
.7.		41	5,3	25	44	35	78		49	3,5	28	1	59
.67.		45	11,8	25	29	19	78.		52	27,8	27	35	14
.67.		48	13,7	26	15	18	.7.		53	25,4	27	43	37
.78.		49	55,2	26	45	27	.8.		55	18,8	26	24	40
.7.		52	47,3	26	27	59	.6.		57	8,5	26	16	1
.78.		56	54,7	25	27	44	.78.		57	48,5	26	30	55
.8		58	29,2	27	53	12	.7.	6h	5	47,7	27	31	7
1 la Chèvre[1]	5h	2	13,8	2	41	41,5	.78.		14	29,7	27	32	6
.67.		4	51,2	26	55	22	.8.		25	43,6	26	42	35
.?8.		9	52,3	27	32	12	.6.		32	26,4	25	59	53
.78.		12	25,7	26	22	42	.8.	5h	42	8,5	29	16	4
.7.		16	36,4	27	6	44	.7.		42	42,2	29	28	48
.7.		18	20,0	26	44	16	.2βCocher[2].		45	8,5	1	49	26,5
.78.		23	10,7	25	38	59	.78.		54	0,3	29	53	0
.78.		24	17,8	25	38	45	.67.		57	2,2	29	5	33
.78.		27	21,0	25	29	24	.8.	6h	1	0,2	30	24	5
.78.		29	22,5	28	6	15	.78.		13	0,5	29	3	26
.8.		30	47,0	25	48	4	.67.		17	13,6	28	47	22
.67.		31	49,5	25	17	39	.78.		23	34,2	28	25	48
.8.		35	26,4	26	1	24	.8.		30	26,5	30	29	38

PR77, 9 novembre 1802

Adresse

Au Citoyen Flaugergues de l'Institut national, à Viviers

18 brumaire an XI

J'ai reçu, mon cher confrère, votre table des densités, 2 fois, dont je ferai usage aussitôt qu'elle aura été discutée au Bureau.

Je me hâte de vous dire que les observations des étoiles sont du 3 oct*obre* 1802 afin que vous puissiez réduire par l'aber*ration*[3] et la nut*ation*[4] à 1790.

1. Capella, c'est-à-dire α Aurigae (du Cocher).
2. Menkalinan, étoile de deuxième grandeur.
3. III § 31.
4. III § 19.

Sans cela vous ne pouviez pas même calculer l'erreur de la lunette méridienne par les passages de la Chèvre[1] et de β du Cocher[2].

Je vous envoie encore quelques étoiles circumpolaires[3] comme les autres observées par Vidal à Mirepoix et qui manquaient à ces zones.

Je voudrais les mettre dans la Connaiss*ance* des T*emps* de l'an 13 qui est très avancée et où il y a un Catalogue de 1500 étoiles déjà imprimé.

Votre observation d'Algol[4] diffère beaucoup de la mienne. J'espère que celles du 14 nov*embre* s'accorderont mieux.

4 déc*embre*

Mille salutations
Lalande

PR78, 12 décembre 1802

Étoiles boréales dont l'ascension droite est comprise *entre*
4 et 5h et qui ont à Paris 24 à 26 degrés de distance au zénith
Observées à Mirepoix le 27 et 29 novembre 1802 par le C*itoyen* Vidal

(avec une note de l'écriture de Lalande sur le côté droit du tableau, comme l'est la note au bas du tableau)

Je vous envoie encore, mon cher confrère, quelques étoiles que je voudrais bien avoir promptement ainsi que les précédentes pour les mettre dans la Connaiss*ance* des T*emps* pour l'an 13 qui en est déjà à la page 436. Il y a beaucoup d'observations de vous.

Vous m'avez envoyé des réductions incomplètes[5]; comment ne m'aviez-vous pas demandé la date des observations? Mais je vous l'ai envoyée.

Salut et attachement
Delalande 12 déc*embre* 1802

1. Capella, c'est-à-dire α Aurigae (du Cocher).

2. Menkalinan, étoile de deuxième grandeur.

3. Depuis un observatoire donné, les étoiles circumpolaires sont celles dont la trajectoire diurne, centrée sur le pôle, ne descend jamais au-dessous de l'horizon.

4. Voir PR68.

5. Lalande est très exigeant vis-à-vis de ses collaborateurs bénévoles ! C'est un gage de qualité du catalogue qu'il construit. Il fait réduire par Flaugergues les étoiles observées par Vidal à Mirepoix.

grandeur	Passage au méridien en temps de la pendule			Distance au zénith de Mirepoix		
	h	m	s c	°	'	"
.7.	3	55	22,7	31	1	30
.67.		55	57,6	31	1	42
.8.		56	47,5	31	3	26
.89.	4	1	37,0	30	42	40
.89.		7	8,5	30	24	38
.78.		8	3,5	30	3	55
.89.		12	40,0	29	24	5
.89.		14	16,0	30	36	40
.89.		15	12,5	30	57	2
.89.		19	45,5	29	35	26
.89.		20	2,5	29	28	20
.9.		21	50,0	31	27	38
.7.		23	2,5	32	27	28
.8.		27	12,0	32	15	0
.8.		38	0,5	30	50	40
.8.		40	18,0	30	21	5
.8.		40	27,0	30	3	25
.67.		48	10,1	30	34	15
.8.		52	37,5	31	10	46
.67.		54	30,8	29	55	15
.8.	5	0	46,3	30	19	19
1 Chèvre.		12	36,2	2	41	43,5

celle-ci servira pour avoir l'état de la pendule

PR79, 28 décembre 1802

Cette lettre, à l'exception d'une portion de la première phrase et de la signature, n'est pas de l'écriture de Lalande.

Adresse

Au Citoyen Flaugergues, de l'Institut national à Viviers
Département de l'Ardèche, à Viviers

Paris le 28 décembre 1802

J'ai reçu, mon cher confrère, avec un extrême plaisir votre première feuille d'étoiles de 3h0m à 5h44m que vous m'avez envoyée une fois et la seconde 4h27m – 6h29m. J'attends la 3e avec impatience parce que je voudrais les mettre toutes ensemble dans la Connaissance des Temps de l'an XIII qui est près de finir.

J'ai reçu aussi avec grand plaisir votre disparition de l'anneau[1] de Saturne. Elle m'a appris que le nœud de l'anneau a rétrogradé[2] depuis 15 ans, comme il avait rétrogradé dans les quinze années précédentes. Mais la disparition sera très courte parce que la Terre commence à être stationnaire. Je vous invite à vous y rendre attentif.

Je vois, avec bien de la reconnaissance, le plaisir que vous avez à faire ce que je vous propose. Mais c'est toujours ce qu'il y de plus utile pour l'astronomie, car je n'ai point d'autres règles pour moi, pour mes amis et pour mes élèves.

La conjonction de Vénus[3] et le passage de Mercure[4] sur le Soleil m'ont donné une confirmation bien agréable de l'exactitude de mes tables. Nous n'avions pas encore pu observer Mars en opposition[5]. Vous aurez été plus heureux que nous. Mais mon neveu vient de partir à 10h du soir pour aller à l'École militaire. Il y a 1800 toises, ainsi il aura plus de peine que vous, mais le zèle de l'astronomie me dévore mon neveu à faire des tables de Mars qui lui ont pris beaucoup de temps et je suis impatient d'en avoir une confirmation.

Salut, considération, attachement
Lalande

PR80, du 5 janvier 1803

Une courte note de Lalande, sur le côté après le mot « thermomètre », complète le tableau.

Adresse
Au Citoyen Flaugergues de l'Institut national, à Viviers

Je vous remercie, mon cher confrère, de vos dernières étoiles, je vous envoie les dernières que Vidal a observées et en voilà pour longtemps.

1. III § 42.
2. III § 42.
3. Et du Soleil, III § 21.
4. Le 9 novembre 1802, III § 21.
5. III § 22.

Méchain n'a pas vu l'anneau[1] le 3.

5 janvier 1803

Tableau (quelques mots sont déchirés au début du tableau)

??? décembre 1802

grandeur des Étoiles[2]	Passage au Méridien	Distance au zénith au nord à Mirepoix	grandeur des Étoiles	Passage au méridien	Distance au zénith à Mirepoix[3]
9.	4*h* 13 29,5	39 48 18	1 Chèvre[4]	5 2 16,4	2 41 46,5
89.	16 33,0	39 42 32	8,9	6 1 29,0	42 37 52
.9.	21 6,5	40 1 1	67.	4 54,5	44 10 19
.67.	24 34,1	37 43 38	89.	16 30,5	42 53 0
.9.	26 54,5	37 49 37	9.	30 21,0	43 33 51
.9.	28 24,5	39 4 50	8.	31 9,5	43 36 14
.7.	39 2,5	42 19 54	9	47 41,5	41 26 31
.10.	41 47	40 28 15			
.7,8.	48 24,5	40 32 12		Baromètre	27^p 1^l
.9.	55 22,0	37 44 25			
.7	5*h* 0 42,5	41 36 27		Thermomètre	+7°, 0
Chèvre.	2 36,4	2 41 13,5			
.8.	4 46,5	42 3 55			
.9.	7 8,0	40 22 12			
.10.	15 51,0	38 18 55			
.8.	19 13,5	39 33 10			
.9.	19 36,5	38 10 2			
.9.	26 11,0	39 28 12			
.89.	44 56,5	37 16 48			
.89.	50 34,0	37 49 0			
.10.	52 35,0	39 30 50			
.7	6*h* 3 7,5	39 7 35			

Au dos de cette feuille, un tableau préparé pour y porter les résultats des calculs.

1. III § 42.
2. La Chèvre mise à part, le nombre porté dans cette colonne est une estimation de la *grandeur* (magnitude) de l'étoile. III § 03.
3. *Mirepoix* : c'est là, en Ariège, que Vidal poursuit ses observations d'étoiles avec une lunette méridienne.
4. Capella, c'est-à-dire α Aurigae (du Cocher).

PR81, 3 février 1803

Adresse

Au Citoyen Flaugergues de l'Institut national, à Viviers

3 février 1803

Je reçois, mon cher confrère, avec bien du plaisir, vos étoiles, et la réapparition de l'anneau [1] ; j'ai reçu il n'y a pas longtemps vos obs*ervations* de décembre, vous êtes encore plus favorisé que nous.

Je vous enverrai bientôt la Con*naissance* des t*emps* de l'an 13, et l'hist*oire* de l'astr*onomie* de l'an 12, où vous vous trouverez souvent, ainsi que dans la Bibliographie dont on imprime la table.

Méchain estime que l'anneau a disparu du 20 déc*embre* au 10 janvier. Si vous avez l'erreur des tables de Saturne actuellement, elle servira à calculer le nœud de l'anneau qui me paraît 5*s* [2] 16°20' sur l'écliptique [3].

Salut, considération, attach*ement*

Lalande

PR82, probablement 1803

La table n'est pas de l'écriture de Lalande

12 février; j'ai reçu, mon cher confrère, vos observations avec grand plaisir, et puisque vous avez envie de calculer, je vous envoie des obs*ervations* de Vénus vers sa conj*onction* inf*érieure* [4] qui méritent d'être comparées aux tables. Il faudra ôter 7" des lieux du Soleil tirés des tables, ajouter 3' aux long*itudes* hélio*centriques* de Vénus [5] tirées des tables à cause des perturbations.

1. III § 42.

2. Indication de longitude dans l'écliptique, le mot « signe » étant entendu au sens « signe du zodiaque » : dans 360°, il y a 12 signes de 30° chacun.

3. III § 07.

4. III § 21.

5. Différence entre la longitude de Vénus et la longitude du centre du disque solaire (III § 07). Dans la Table ci-dessous, le symbole ⊙ désigne le Soleil, la lettre V Vénus (alors que Lalande utilise pour Vénus le symbole traditionnel de cette planète). L'observation de l'étoile brillante Antarès (α Scorpion) sert de contrôle et de référence pour les mesures relatives aux observations de Vénus (« passage » de Vénus par sa conjonction inférieure – mais pas devant le disque solaire).

Conjonction inférieure de Vénus
à Toulouse

Le 26 décembre 1802			
⊙ au méridien Centre à	0h	11m	57s,9
⊙ hauteur bord supérieur	23°	19'	24"
V passage bord précédent	0h	66m	45s,8
V hauteur bord inférieur	26°	3'	58"
29 décembre			
⊙ passage Centre	0h	13m	54s,9
⊙ hauteur bord supérieur	23°	27'	20"
V passage bord précédent	0h	27m	48s,1
V hauteur bord inférieur	26°	40'	32"
30 décembre			
⊙ passage Centre	0h	14m	33s,8
⊙ hauteur bord supérieur	23°	30'	37"
V passage 1er bord	0h	27m	24s,2
Second bord	0h	21m	29s,0
V hauteur bord inférieur	26°	52'	12"
31 décembre			
Antarès au méridien	9h	52m	56s,7
Antarès hauteur	20°	28'	46"
V premier bord	0h	15m	0s,0
Second bord	0h	15m	4s,5
V hauteur bord inférieur	27°	3'	46"
⊙ passage Centre	0h	15m	12s,7
8 janvier 1803			
V passage bord suivant	11h	25m	31s,6
V hauteur bord inférieur	28°	23'	55"
⊙ passage Centre	0h	20m	8s,5
⊙ hauteur bord supérieur	24°	22'	51"

Dans la Connaiss*ance des Temps* de l'an 12 p. 176, il y a une fig*ure* de l'éclipse[1] où elle commence à l'occident au lever du Soleil comme cela arrive toujours mais le mot finit dans l'explication se rapporte à la figure. On aurait dû dire, commence, eu égard à la manière dont la Lune avance.

Salut, considération, attachement,
Lalande

1. Il s'agit cette fois de l'éclipse de Soleil du 17 août 1803 (29 thermidor), partielle en France.

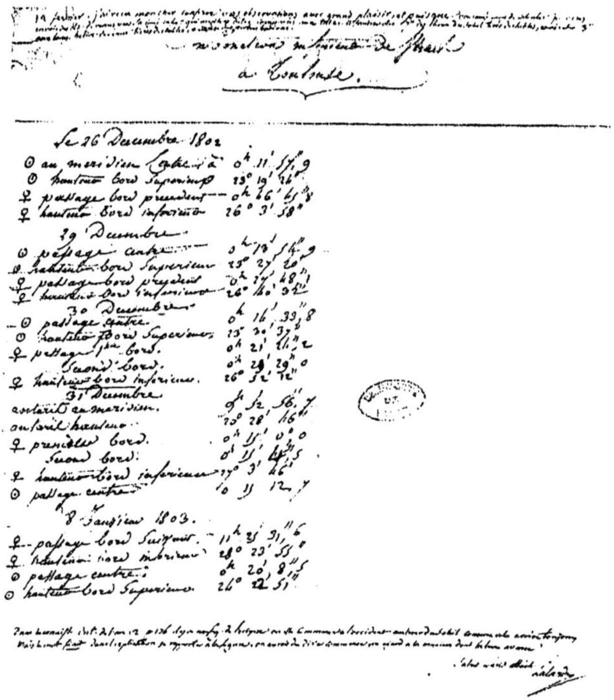

PR83, probablement 1803

Pas de date. Tout petit bout de papier avec au dos : Toulouse 12 may 18 ? ?. Pas de signature. La lettre est sans doute de l'écriture de Lalande.

Je recommanderai M. Duclaux à nos Sénateurs.

Où en êtes-vous de la table de Mercure[1] ?

Je vous prie d'y joindre une colonne du changement d'équation en centième pour une seconde de changement dans la plus grande équation[2]. Et de même pour le rayon vecteur[3], le changement pour 1" de la grande équation.

Mille amitiés

1. Voir PR86 et 89.
2. III § 32.
3. A § 1234 : « *ligne tirée du centre de Soleil au centre de la planète* ».

PR84, 24 avril 1803

Lettre à deux écritures: Lalande, sur la première page, jusqu'à « on peut calculer » ; le reste est un texte de Burckhardt.

Adresse

Au Citoyen Flaugergues de l'Institut national, à Viviers

4 floréal an XI

J'ai reçu, mon cher confrère, 3 envois d'observations, vous pourriez mettre vos envois de 6 en 6 mois pour diminuer l'embarras.

Vous ne calculez plus d'éclipses[1] observées.

Je vous ai envoyé des observations à calculer, vous n'en parlez point.

Nous avons trouvé comme vous -8" pour l'erreur des tables de Herschel[2] en longit*ude*, mais vous ne me donnez pas l'erreur en latitude qui est plus forte que dans l'opposition précédente.

Vous feriez une chose utile en calculant le changement en longitude et en latitude des 600 étoiles du Catalogue fondamental dont les long*itudes* sont dans la Connaiss*ance* des Temps de l'an 12, p. 429, en corrigeant les suivantes.

	Longit*ude*.	latit*ude*.
α Cassiopée	1° 5' 0" 36	
θ Eridan	1 26 37 58	
δ2 Taur.		
Regulus		0° 27' 30"
λ Hydre		22 0 35
ε de la Vierge, il faut recalculer la long*itude* et la latitude pour 1800		
ζ du Télescope		13 35 42
ν Antinous		20 2 12

La formule est *donnée dans* l'art*icle* 2761 et *l'article* 2763 *de mon Astronomie* avec les attentions pour les signes. Quoiqu'elle soit pour 1750 elle peut également servir pour 1800. Voici un moyen de faciliter beaucoup le calcul que je vous propose. C'est M. Burckhardt qui en fait la remarque.

1. III p. 126 *sq*. Il s'agit surtout d'occultations.

2. Il s'agit sans doute des tables de la planète Herschel, c'est-à-dire de celle que nous appelons aujourd'hui Uranus, découverte par William Herschel en 1781.

On peut calculer le changement en longitude et latitude produit par la diminution de l'obliquité de l'écliptique[1] supposé de 50" par siècle au moyen des tables de précession[2] de M. Delambre (Conn*aissance* des Temps pour 1792). Le changement en latitude se trouve par la table IV page 220; et celui de la longitude par la table V page 227 mais il faut changer les arguments de ces deux tables comme suit :

Notes de Lalande figurant en bas de la première page de cette lettre

Je me ferai un grand plaisir de solliciter une gratification, mais je n'ai pas autant de crédit que M. de Ratte. Faites lui bien mes compliments et priez le de remercier M. Poitevin du livre qu'il m'a fait l'amitié de m'envoyer.

Deuxième page

Au lieu de la déclinaison, servez-vous de la latitude.

Au lieu de l'ascension droite[3], employez la longitude[4] de l'étoile diminuée de 81° ou plus exactement de 80°53.

Pour les étoiles dont la latitude est australe, on suit la même règle qu'on observe pour celles dont la déclinaison est boréale[5], on change les signes.

En augmentant les nombres trouvés de cette manière de leur centième partie, on aura les changements de la latitude pendant 40 ans, d'où l'on conclura le changement annuel.

Exemple :

η Gémeaux : long*itude* 91°20', donc l'arg*ument* de la table IV est 10°27'. lat*itude* 0°54'A

On trouvera dans la table IV + 19",75, table V. +0,04 + 0"05

la centième partie 0,20

Donc le mouvement pendant 40 ans : +19",95 en latitude, +0"05 en longitude; par an +0",499 en latitude, +0",0012 en longitude.

La latitude étant australe ou négative, elle est diminuée par un mouvement positif.

1. III § 14.
2. III § 16.
3. III § 06.
4. III § 07.
5. Le texte du secrétaire indique ici « *australe* ». Ce ne peut être qu'un *lapsus calami*.

PR85, 14 mai 1803

Adresse

Au Citoyen Flaugergues de l'Institut national, à Viviers

14 mai 1803

J'ai reçu, mon cher confrère, votre lettre du 6 et je me hâte d'y répondre pour vous observer que votre résultat n'est point celui de la formule.

ζ de Pégase	0s	6°	22'	long*itude*	
		9	7	la précession[1] 50"15 n'est pour rien dans ce calcul	
		15	29'............	cos.	998395
				50"6	170415
Tau(?)		12°	36'	lat*itude*	934933
chang*ement* en long*itude*				50"9	103743

Je n'ai pas manqué de présenter votre Mémoire sur l'anneau[2]. J'avais aussi fait des calculs sur les obs*ervations* de Méchain du 20 déc*embre* au 10 janvier. J'ai trouvé 5s16°34', ce qui me donne 40' de rétrogr*adation*[3] en 29 ans.

Nous nous sommes occupés ces jours-ci à recalculer par les observations les 34 étoiles de Maskelyne dont nous nous servions avec une pleine sécurité, et je trouve 5 à 6 secondes à ajouter aux ascensions droites. En sorte qu'il faudra corriger tous nos catalogues, toutes nos tables et toutes nos long*itudes* des planètes observées. Ce vieux barbouillon[4], ivrogne, paresseux, avare avait usurpé notre confiance. Il est fort riche, il aurait dû se procurer un calculateur et vérifier plus d'une fois cet important résultat.

Salut, considér*ation*, attach*ement*,
Lalande

1. III § 16.
2. De Saturne : III § 42.
3. Du nœud de l'anneau, III § 42. Ce n'est pas l'acception usuelle du mot « *rétrogradation* » qui désigne la phase du mouvement apparent d'une planète au cours de laquelle celle-ci se déplace sur le ciel dans le sens inverse du mouvement annuel du Soleil sur la bande zodiacale.
4. Ces épithètes … flatteuses se rapportent à l'éminent Maskelyne. Elles reflètent ce qu'écrit von Zach en 1798 dans une lettre à Lalande. Mais, dans son *Astronomie*, Lalande cite souvent Maskelyne, qui fait pour lui autorité. Voir PR88.

PR86, probablement 1803

Adresse

Au Citoyen Flaugergues de l'Institut national, à Viviers

28 mai

J'ai reçu, mon cher confrère, votre lettre du 21, et j'y réponds tout de suite, pour vous engager à donner dans votre table le mouvement seul que donne la formule, en long*itude* et en lat*itude*, pour laisser à ceux qui emploieraient une autre précession [1] la liberté de l'appliquer.

À l'égard de l'anneau [2], je vous envoie ma méthode [3] :

Long*itude de* Sat*urne* :	5s	20°	35'	lat*itude*	2°	8'
long*itude* de la Terre	11	20	35			
nœud O	11	17	4			
		3	31	878774		
incl*inaison*		31°	20'	971602		
EB		1°	49'	850376		

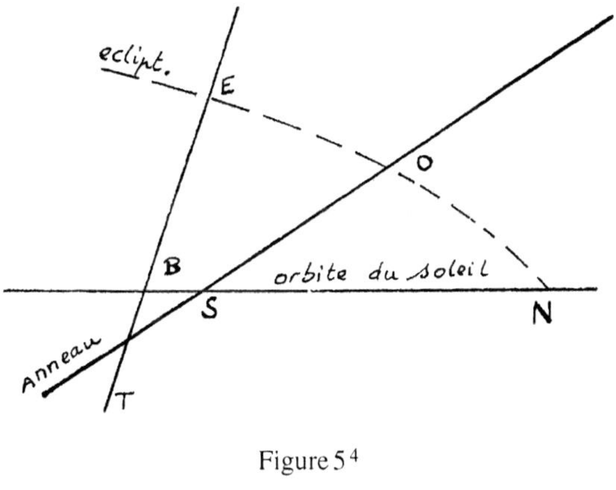

Figure 5 [4]

1. III § 16.

2. De Saturne : III § 42.

3. Elle se réfère à la méthode utilisée par Lalande pour déterminer, pendant la disparition de l'anneau, la position exacte du nœud. Cette figure reste d'une interprétation difficile. On notera la différence entre l'*écliptique*, et *l'orbite diurne* apparente du Soleil. Le Soleil et l'écliptique se déplacent en fait en même temps en une journée, le Soleil restant toujours sur l'écliptique dans son mouvement diurne apparent.

4. Les lettres O, B, T, E sont celles des points de la figure ; les groupes de deux lettres, tels OE, EB, sont les angles qui séparent les directions de ces points ; une expression telle que « Terre E » ou « nœud O » désigne l'angle entre la direction de la Terre et celle du point E.

mais la terre T est à 2°8'. Pour qu'elle soit dans le plan même de l'anneau, il faut changer le nœud

faut changer le nœud	sin	2°	8'	857084
	sin O			971602
				885472
OE	4°	6'		
Terre E	11	20	35	
Nœud O	11	16	29	
et par la dispar*ition*	11	16	40,	milieu 11s 16° 34'

On imprime dans la Connaiss*ance* des T*emps* vos tables d'aberrations [1]. Je profiterai de la première occasion pour parler de vous au ministre.

Salut considér*ation*, attachement
Delalande

Comme nous allons faire des tables de Mercure avec les perturbations au dixième de seconde, vous feriez une chose utile en calculant la table d'équation, Connaiss*ance* des T*emps* an VI p. 226 en dixièmes. Cela ne sera pas long [2] puisque les secondes sont justes et que les différences d'un degré à l'autre peuvent se calculer aisément : Astronomie, art*icle* 1250.

PR87, 5 juillet 1803

Adresse

Au Citoyen Flaugergues de l'Institut national, à Viviers

5 juillet 1803

J'ai reçu avec bien du plaisir, mon cher confrère, votre table des variations des étoiles [3], et l'inscription trop flatteuse que vous avez eu la bonté d'y mettre. Je vais insérer la table dans la Connaiss*ance* des Temps de l'an 14.

1. III § 31.
2. Lalande propose sans doute à Flaugergues une simple interpolation et un lissage des valeurs numériques des tables de certaines fonctions, ce qui exige des intervalles petits de la variable (ici un degré), et une variation quasi-linéaire de la fonction dans deux intervalles successifs.
3. Il s'agit des variations d'éclat des étoiles variables.

Vidal, qui a d'excellentes lunettes, a fixé la disparition de l'anneau[1] du 16 au 17. Je vous conseille de faire votre calcul là-dessus.

Vous ne me devez point de remerciements pour ma Biblio*graphie*. Vous êtes sans doute un des premiers à qui elle était due.

L'opposition de Saturne[2] au mois de mars nous a donné, pour la correction des tables -17" en longitude, et zéro en latitude.

Je n'oublierai pas votre gratification dès que le ministre sera de retour.

Salut et attachement
Lalande

PR88, du 27 juillet 1803

Adresse

Au Citoyen Flaugergues de l'Institut national, à Viviers

27 juillet 1803

Je vous fais mille remerciements, mon cher confrère, des notes intéressantes que vous m'avez envoyées pour mon Astronomie. Je commence l'impression d'une 4e édition, ainsi je vous prie de continuer.

Je vous prie de continuer la table de l'équ*ation*[3] de Mercure; je ne laisserai pas ignorer aux astronomes que c'est à vous que nous en aurons l'obligation. Il faudra l'étendre de 10 en 10' d'anomalie comme celle de Mars que mon neveu a donnée dans la Connaiss*ance* des Temps.

Je vous enverrai le nouveau Catalogue de Maskelyne, pour les 36 étoiles, pour les obs*ervations* que vous calculerez; il y a 4 à 5" de plus que dans le précédent et il faudra changer toutes nos tables du Soleil, de la Lune, etc., pour avoir trop compté sur le fameux Catalogue[4].

Salut, considération, attachement
Delalande

1. III § 42.
2. III § 22.
3. III § 32.
4. Voir PR85.

PR89, probablement 1803

Adresse

Au Citoyen Flaugergues de l'Institut national, à Viviers

dimanche 4 sept*embre*

J'ai reçu, mon cher confrère, vos observations et vos remarques dont je ferai usage. L'argument VII de Saturne[1] est V + VI; on m'avait déjà indiqué cette faute.

Je suis bien charmé que le commencement de l'éclipse[2] vous ait si bien réussi, car nous l'avons très mal *vue* à Paris. Je me servirai de votre commencement avec notre fin pour calculer la latitude en conjonction.

Vous ne me parlez point de la Table de Mercure. Je l'attends avec impatience.

Je parlerai demain de vous au ministre.

Salut, consid*ération*, attachem*ent*,
Lalande

PR90, 20 septembre 1803

Adresse

Au Citoyen Flaugergues de l'Institut national, à Viviers

20 sept*embre* 1803

Je viens d'imprimer, mon cher confrère, votre table des changements de lat*itude* des étoiles dans la Connaiss*ance* des Temps de l'an 14.

Comme je pense que vous êtes avancé pour votre table de Mercure, je me hâte de vous prévenir qu'il faudra 8 chiffres à la table des log*arithmes* dist*ances*.

J'ai donné un Mémoire pour vous au ministre Chaptal, et il m'a dit qu'il ferait son possible.

Mille amitiés
Lalande

1. « *argument d'une équation : quantité de laquelle dépend une équation et qui en règle les retours* » (A, index alphabétique : Argument) : nous parlerions sans doute plutôt de « terme ». Les équations des planètes (A, § 1500) sont toutes des sommes de termes, fonctions périodiques des arguments, affectés d'un chiffre romain pour leur nomenclature.

2. Éclipse de Soleil du 17 août 1803, partielle en France.

Si vous avez quelques autres notes sur mon Astronomie, je vous en serai bien obligé. Vous serez souvent dans la 4e édition[1].

PR91, 26 novembre 1803

Adresse

Au Citoyen Flaugergues de l'Institut national, à Viviers

26 novembre 1803

Je vous fais bien des remerciements, mon cher confrère, de votre table de Mercure. Je l'ai déjà annoncée dans l'histoire de l'astronomie de 1803 que je vais faire imprimer.

Il n'est pas nécessaire que la dernière décimale soit exacte; et il ne faut pas y mettre plus de temps.

Avant que vous étendiez votre table, je vous envoie quelques étoiles dont je voudrais bien avoir la position pour 1790.

Je ne crois pas qu'on trouve à Paris les Logarithmes de Vega, mais il y a quatre libraires allemands établis à Paris qui se chargeront volontiers de les faire venir.

Salut, considération, attachement
Dela Lande

Au dos de la lettre, des observations d'étoiles boréales faites à Mirepoix en octobre 1803.

Étoiles boréales observées à Mirepoix[2].

Le 25 et Le 26 8bre 1803 de 4h27m à 6h13m d'A*scension* D*roite* et qui à Paris ont de 24° à 26° de Dist*ance* au zénith[3] vers le Nord

	Grand*eur*	Passage			Dist*ance* au zénith		
.1	8	4h	37m	38s, 5	30.	50.	33
.2	8		39	58,0	30	21	10
.3	8		40.	7,2	30	39	0
.4	6-7		44	47,7	30	34	19
.5	7		54	9,7	29	55	14
.6	Chèvre	5h	2	12,8	2	41	58

1. Cette « quatrième édition » n'a jamais été publiée. Lalande notait toutes les corrections nécessaires sur son exemplaire de la troisième édition. Voir aussi PR39, 53.

2. Lieu des observations de Vidal, en Ariège.

3. III § 05.

.7	8		2	25,5	31	14	43
.8	8		3	24,0	31	0	16
.9	8		11	33,2	31	3	37
.10	9		11	53,1	31	26	6
.11	8		17	58,0	30	44	46
.12	9		20	36,6	31	33	47
.13	9		28	30,5	29	17	5
.14	9		39	2,3	31	21	21
.15	8-9		40	1,6	30	52	12
.16	9		42	43,5	29	29	5
.17	9-10		45	35,0	31	25	16
.18	9		51	4,7	30	45	20
.19	8-9		54	2,2	29	53	6
.20	9		56	50,8	31	47	56
.21	9	6h	1	3,9	30	24	5
.22	9-10		3	18,0	30	32	6
.23	7		5	49,0	27	31	12
.24	7-8		13	7,0	30	43	23

À droite de ce tableau, écrit verticalement

Baromètre durant ces observations : 27 p 4 li, 7[1]

Thermomètre { intérieur + 9,7 / extérieur + 6,8 } Vent Nord faible

PR 92, 7 février 1804

Adresse

Au Citoyen Flaugergues de l'Institut national, à Viviers

7 février 1804

Je vous remercie bien, mon cher confrère, de vos notes sur mon Astronomie, surtout des 15 époques défectueuses, je les mettrai dans la Connaissance des Temps avec votre nom. Je fais usage de toutes dans ma 4e édition[2] et je les ai placées tout de suite.

1. Ces symboles désignent les « pouces », et les « lignes », mesures de longueur, courantes alors.

2. Voir PR39, 53, 90.

Mais page 265 arg*ument* A et p. 306 arg*ument* 5, la correction n'est pas celle que vous m'indiquez. Kepler a bien mis *mundi* et non *martis*, car il s'agit du Soleil (1217) art*icle* 1203[1]. Je crois qu'il ne faut pas ôter *également*, car Ptolémée supposait bien les distances égales.

Je n'ai point reçu la suite des corrections pour la table d'équation de Mercure dont vous m'avez envoyé une page. Ne les avez-vous pas continuées ? N'avez-vous point étendu votre table de dix en dix minutes, comme vous me l'aviez promis ?

J'ai reçu votre observation de l'éclipse de Lune[2]. Nous n'avons pas été plus heureux que vous pour le commencement. Nous avons eu la fin à 10h27m5s.

Salut, considération, attachement
DelaLande

PR93, 18 mars 1804

Adresse

Au Citoyen Flaugergues de l'Institut national, à Viviers

18 mars 1804

Je vous ai envoyé, mon cher confrère, la Connaiss*ance* des Temps le jour même qu'elle a paru. Il y a une table de vous p. 386 et suiv*antes* que je vous prie de collationner sur votre minute, car il y aura des fautes et j'ai envie de les mettre en *errata* dans le vol*ume* de l'an 15 que l'on imprime déjà.

Je voudrais bien que vous observassiez β et ρ de Persée[3], l'une de 2e, l'autre de 4e grandeur, avec des diaphragmes, pour savoir quel est le rapport de leur lumière et en conclure combien les taches de β lui ôtent de la lumière quand elle devient égale à ρ.

1. Nous avons gardé la typographie de Lalande ; mais il s'agit surtout ici de A § 1217. Le paragraphe A § 1203 se rapporte à une construction de Ptolémée qui, selon Lalande, inspira Kepler.

2. 26 janvier 1804, III § 22.

3. L'étoile β Persée est Algol ; voir PR68, PR69, PR77, et PR106. Il est intéressant ici de noter que Lalande attribue la variation d'éclat d'Algol à la présence d'une *tache* sur la surface de l'étoile, tache analogue aux taches solaires. L'idée d'une éclipse par une autre étoile non encore observée, mais détectée bien plus tard par l'analyse spectrale, ne pouvait encore venir à l'esprit. C'est la bonne interprétation de la variation d'éclat d'Algol. L'observation de ρ Persée, qui n'est pas variable, permet de calibrer les variations d'éclat d'Algol.

J'ai reçu avec bien du plaisir votre équation de Mercure. Ce sera un plaisir pour vous d'être cité dans la belle collection des nouvelles tables du Bureau des Longitudes.

Pons, le concierge de Marseille, a vu la comète[1] deux jours avant Bouvard. Il m'en coûte cent francs, mais je les donne avec grand plaisir.

Mille amitiés, salut considér*ation*, attachement
Delalande

PR94, 4 septembre 1804

Lettre du « neveu » Lefrançais.

Paris le 4 sept. 1804.

Monsieur,

Si je ne vous ai pas accusé la réception de vos lettres et de vos observations, c'est que j'étais dans l'intime persuasion que mon oncle vous avait fait part de son voyage à Bourg-en-Bresse.

Chaque fois que j'ai reçu quelques observations de vous, je lui en ai fait part, sachant très bien que tout ce qui vient de vous l'intéresse beaucoup.

J'ai communiqué vos observations au Bureau des Longitudes. Il est probable qu'elles ne pourront pas être imprimées dans la Conn*aissance* des Temps de l'an XV.

Je reçois des nouvelles de mon oncle plusieurs fois par semaine, il se porte très bien.

Agréez, je vous prie l'assurance de la plus haute considération de votre serviteur

Lefrançais

La nouvelle planète annoncée dans les journaux n'est qu'une fable[2].

1. III § 46. On se souvient (PR62) que Bouvard, poulain de Laplace, avait été opposé au neveu de Lalande lors d'une élection académique. Lalande aurait préféré que ce soit Flaugergues qui découvrît la comète Pons ! Voir PR56, PR57, PR107.

2. Le *Journal de Paris* n°283 du lundi 13 messidor an XII (2 juillet 1804) annonce qu'Olbers a découvert une nouvelle planète très grosse, qu'il appelle Hercule, et qui aurait sept satellites. Deux jours plus tard (n°285), Lalande dénonce cette « nouvelle absurde ».

PR95, 13 octobre 1804

Adresse

Au Citoyen Flaugergues de l'Institut national, à Viviers

21 vendémiaire an 13
(année, de l'écriture de Flaugergues)

Si je n'ai pas répondu, mon cher confrère, à vos dernières lettres c'est que j'avais tant à écrire que je ne le fais que quand cela est absolument nécessaire.

Je ferai mon possible pour obtenir la gratif*ication*, mais cela sera bien difficile par le défaut d'argent et la retraite de Chaptal.

Vos observations s'impriment dans le vol*ume* de l'an 15.

La nouvelle planète[1] de Harding* est comme une étoile de 8e grandeur. Voici sa pos*ition* :

	asc*ension* d*roite*	décl*inaison*
Le 21 sept*embre* :	359 27	3 40 A
23	359 7	4 6

M. Burckhardt trouva la révolution[2] 5 ans 28, la dist*ance*[3] 3, 03 le nœud[4] 5s 23° 15', l'inclin*aison*[5] 21° 6', le périh*élie*[6] 2s 9° 58', l'excentr*icité*[7] 0,24, l'anom*alie*[8] le 7 sept*embre* 43 de 9s 15° 24' comptée du périhélie.

Mille amitiés
Lalande

* de Lilienthal le 5 sept. 1804

le 25 oct*obre*	asc*ension* d*roite*	305°	14'
	décl*inaison*	9	47 aust*rale*

La note est de l'écriture de Flaugergues pour les trois lignes après la signature de Lalande.

1. Il s'agit de Junon. La découverte de Harding date de septembre 1804. Vidal, en décembre 1804, en annonce une autre. Est-ce, ou non, la même ?
2. III § 11.
3. III § 35.
4. III § 15.
5. III § 14.
6. III § 12.
7. III § 12.
8. III § 32.

PR96, 24 décembre 1804

Cette lettre n'est pas de la main de Lalande, sauf le post-scriptum.

24 décembre 1804

Je n'ai point oublié, mon cher confrère, votre commission auprès du ministre de l'Intérieur, mais comme je ne suis pas fort lié avec lui, je me suis adressé à votre sénateur Dubois Dubai. Je l'ai trouvé hier chez l'Empereur[1]. Je lui ai fait voir vos articles dans la Connaissance des Temps que j'allais présenter et il m'a promis de vous appuyer de tout son pouvoir et de vous marquer le printemps prochain toute la considération que vous méritez.

Si la place de secrétaire de l'Observatoire avec un logement et 1500 f. pouvaient vous convenir, je vous prie de me l'écrire.

J'ai rencontré le président de votre tribunal. Il m'a promis de prendre le grand Catalogue de Piazzi dont vous ne pouvez vous passer et que je trouve du plaisir à vous offrir. Il m'a parlé de vos qualités morales d'une manière qui m'a autant intéressé que votre mérite astronomique.

Salut, considération et attachement

Lalande

J'espère vous aller voir l'été prochain.

PR97, 6 mars 1805

Adresse

Au Citoyen Flaugergues de l'Institut national, à Viviers

6 mars 1805

J'ai reçu, mon cher confrère, vos passages mais point de satellites[2], point d'éclipses[3] calculées. Il y en a dans le vol*ume* de l'an 15.

Vous ne parlez pas de la Con*naissance* des T*emps* que je vous ai envoyée par la poste.

1. Lalande se rend chez l'Empereur pour lui présenter en délégation la Connaissance des Temps, au nom du Bureau des Longitudes. Mais les relations avec Napoléon deviennent houleuses. Voir Première partie, p. 29 *sq*.

2. De Jupiter, III § 39.

3. Sans doute occultations. III § 24.

Puisque vous êtes si heureux que d'avoir les tables de Zach[1], je vous prie de me les envoyer tout de suite par la poste sous le couvert de M. Anson administrateur des postes. Je vous les renverrai de la même manière. Comme je lui avais envoyé la copie de celles de M. Delambre, je suis fort curieux de voir la différence. Celles-ci ne sont pas achevées d'imprimer, je vous les enverrai tout de suite.

Le service du ministre me promet un rapport pour vos 500 f. et je ne lui laisserai pas oublier. J'ai eu une audience du ministre exprès pour vous.

Salut et attachement
Delalande

votre corr*ection* d'aberr*ation*[2] est utile.
M. de Zach est à Marseille[3].

PR98, 24 mars 1805

Adresse
Au Citoyen Flaugergues de l'Institut national, à Viviers

24 mars 1805
(année écrite de la main de Flaugergues)

Je vous remercie bien, mon cher confrère, de votre empressement à m'envoyer les tables[4] dont j'étais très impatient. M. de Zach n'a pas eu de peine à les faire, car je lui avais envoyé l'année passée celles de M. Delambre et c'est la même chose. Ainsi vous avez bien fait de ne pas les copier. D'ailleurs je les ferai venir d'Allemagne, vous aurez dans deux mois celles de Delambre qui sont plus commodes. Je ne vous conseille pas de les comparer aux observations, cela est fait dix fois mieux ici.

1. Il s'agit ici de Tables du Soleil. Les astronomes de cette époque considéraient que la construction de tables (donnant, en ascension droite et en déclinaison, le mouvement des astres non stellaires observés), et de catalogues (donnant, en ascension droite et en déclinaison, les positions des étoiles), était une contribution majeure à l'astronomie dans la mesure où la comparaison des prédictions des tables avec les observations devaient permettre de nouveaux progrès.

2. III § 31.

3. Les relations entre Lalande, von Zach et Flaugergues sont complexes ; voir PR99, 100, 101 ; un volume de nos *Lalandiana* sera consacré aux contacts entre Lalande et les astronomes d'Allemagne, de Gotha essentiellement.

4. Voir PR97, III § 02.

Envoyez-moi la déclinaison solaire [1] de la belle tache [2].

Il vaut mieux calculer des occultations d'étoiles [3] que des obs*ervations* du Soleil.

Je vous renverrai les tables d'ici à 4 jours.

Le ministre de l'Int*érieur* m'a annoncé que mon crédit ne passait pas cent écus, mais je reviendrai à la charge l'année prochaine.

Dites-moi pourquoi vous n'avez pas voulu de nos 1800 f. Vous ne les avez pas de votre place, vous auriez fait de l'astronomie au lieu de juger. Vous auriez eu plus de plaisir et plus d'honneur avec plus d'aisance.

Salut, considération, attachement
Delalande

PR99, du 18 avril 1805

Adresse

Au Citoyen Flaugergues de l'Institut national, à Viviers

À Paris, le 18 avril 1805

Je vous fais mille remerciements, mon cher confrère, des observations intéressantes que vous m'avez envoyées, des éléments de Gauss et des tables de Zach; vous ne pouviez me faire un plus grand plaisir, et je suis infiniment sensible à cette attention.

Mais je vous demande une autre marque d'amitié qui vous coûtera peut-être plus, mais que j'espère cependant : c'est le détail des choses que l'on vous a dites à mon désavantage. C'est pour mon instruction plutôt que par curiosité. Il est clair que Zach, qui ne me répond plus [4], a pris un travers contre moi. Il a eu de la peine à vous donner pour moi ses tables du Soleil, il vous en a dit la raison; ne me cachez rien je vous en conjure. Je ne vous compromettrai certainement pas. Si vous ménagez les termes, je m'en apercevrai et je vous en saurai mauvais gré. Mad*ame* la duchesse qui

1. Du Soleil, III § 38.

2. III § 38.

3. Lalande préfère continuer à faire améliorer, grâce aux observations de Flaugergues, les catalogues stellaires et les tables du mouvement de la Lune, ce qui exige de la rigueur, – plutôt que de connaître mieux les taches solaires, que l'on est encore loin de savoir interpréter en physicien.

4. On verra, sur les relations avec von Zach, un des volumes suivants des *Lalandiana*, consacré aux relations de Lalande avec les astronomes allemands. Il est possible d'attribuer aux voyages de von Zach et à l'état de guerre le silence dont se plaint Lalande.

écrivait à ma nièce je donnerais ma vie pour vous ne lui répond plus. Nous ne concevons rien à ce changement; j'espère que vous l'expliquerez d'après des conversations assez longues pour qu'il ait été question de moi.

M. Delambre vient de refaire toutes les tables de la Lune en rendant toutes les équations additives, cela épargnera du temps et des erreurs.

Les chronomètres [1] de Louis Berthoud ont la même exactitude que ceux d'Angleterre. J'en ai vérifié plusieurs.

Les Anglais ne font point de cercles répétiteurs [2], c'est une bien sotte jalousie qui nuit à leur astronomie. Ils ne sont point nos maîtres actuellement.

J'attends, mon cher confrère, votre réponse avec grande impatience et suis toujours votre ami.

Lalande

PR100, 8 juin 1805

Adresse

Au Citoyen Flaugergues de l'Institut national, à Viviers

8 juin 1805.

Vous avez fait une très bonne chose, mon cher confrère, en découvrant la faute des argumens IX et X des tables horaires [3]. Je vous en ferai honneur.

J'ai engagé M. de Laplace à vous donner son 4e volume; et je vous l'ai envoyé par la poste.

L'observation de π *Leo* a été faite à Marseille par Thulis

8h	28m	32,5s	
9	31	52,6	T*emps* moyen

Cela vous donnera la latitude de la Lune.

Je vois que vous n'osez pas me répondre sur ce que Zach et la duchesse [4] ont dit de moi, mais vous deviez être bien sûr que je ne vous compromettrai pas.

1. Souvent orthographié sans *h* par Lalande. Lalande était très conscient de la nécessité de disposer d'horloges susceptibles de ne dévier que très peu au cours du temps. Il écrit (A § 2465) : « *Lorsqu'on aura perfectionné les horloges à pendule, au point d'être assuré d'une ou deux secondes par année, on aura peut-être un moyen de rechercher les petites inégalités de la rotation de la Terre* ».

2. Accessoire permettant une grande commodité de mesure des angles caractérisant la direction de visée de la lunette qui lui est associée.

3. Arguments des tables horaires, voir PR89.

4. Voir PR99.

En m'envoyant vos calculs d'éclipses[1], ne prenez pas la peine d'y mettre les détails, il suffit de la parall*axe* et du mouv*ement* hor*aire* avec le résultat.

On parle à Turin de demander un astronome pour deux ans afin de monter l'observatoire; seriez-vous disposé à y aller?

Salut, considération, attachement
Delalande

PR101, 1er juillet 1805

Adresse

Au Citoyen Flaugergues de l'Institut national, à Viviers

1. juillet 1805

J'ai reçu, mon cher confrère, votre lettre du 20 avec les calculs de la conj*onction*[2] d'Alcyone[3] que j'ai communiqués au Bureau des Longitudes.

Je crois comme vous que les passages des satellites et de leurs ombres ne valent pas la peine qu'on prendrait.

Au sujet de la duchesse et de Zach[4], il semble que vous n'avez pas tout dit; vous avez peur d'aigrir, mais il m'importe de savoir le vrai. Et je ne vous compromettrai certainement pas.

Le ministre m'ayant promis votre gratification, c'est à vous à lui écrire, cela est naturel et cela sera suffisant.

Pour nos observations, vous pouvez prendre tout le temps; d'ici à quelques mois le volume ne sera pas fini.

Les tables du Soleil ne sont pas encore finies d'imprimer; on imprimera de suite celles de la Lune de Burg.

Je vais partir pour Bourg, d'où j'espère aller à Viviers.

Mille amitiés
Lalande

1. Ici très probablement des *occultations*.
2. III § 21.
3. Étoile du groupe (amas galactique dans la nomenclature actuelle) des Pléiades.
4. Voir PR99 et 100.

PR102, 26 août 1805

Adresse

À Monsieur de Flaugergues de l'Institut national
à Viviers dép*artemen*t de l'Ardèche
chez M. De Ratte, à Montpellier, dép*artemen*t de l'Hérault

à Lyon le 26 août 1805
(l'année est écrite de la main de Flaugergues)

Je suis arrivé[1] à Lyon, mon cher confrère, fort agréablement; on m'a fait entrer dans la voiture et l'on a eu pour moi des attentions inouïes.

Je m'empresse de vous remercier de toutes vos amitiés ainsi que Mad*ame* de Flaugergues.

Je vous envoie la quittance des 72 fr. dont votre voisin m'avait chargé.

Je lirai ce soir un Mémoire à l'assemblée publique de l'Académie.

Je viens de voir de belles taches[2] sur le Soleil, je voudrais bien que vous déterminassiez la décl*inaison* solaire[3] de celle qui est ronde et bien terminée. Je serais bien curieux de savoir si elle est au même endroit que celle dont j'ai donné les retours.

Mille amitiés, mille remerciements
Lalande

PR103, 17 octobre 1805

La lettre n'est pas de la main de Lalande, mais la signature est de sa main.

À Paris 17 octobre 1805

J'ai reçu, mon cher confrère, vos deux lettres et, en arrivant, j'ai fait votre commission. J'ai reçu les 300 francs et je les ai portés à la diligence où je les ai fait enregistrer devant moi.

Je vous invite à m'envoyer promptement un article pour M. de Ratte[4] afin que je puisse le mettre dans l'histoire de l'astronomie que je lirai à la rentrée du Collège de France. J'ai bien raconté à M. de Laplace que nous avions bu à sa santé. Les tables de la Lune ne sont pas encore achevées d'imprimer. Je vous les enverrai avec la Connaissance des Temps de l'an 13.

1. La visite de Lalande à Flaugergues est relatée ci-dessus, p. 84.
2. III § 38.
3. III § 38.
4. M.de Ratte est mort le 15 août 1805.

Celle de l'an 16[1] sera retardée parce que l'on a réimprimé le calendrier pour y mettre 5 mois.

Salut et attachement
Delalande

PR104, 10 mars 1806

Adresse

Au Citoyen Flaugergues de l'Institut national, à Viviers

10 mars 1806

Vidal nous déclare qu'il veut quitter l'obs*ervatoire* de Toulouse. Voulez-vous que je le demande pour vous ? Vous y seriez bien plus à votre aise.

Prompte réponse. Je suis malade, je finis[2].

(pas de signature)

PR105, 3 septembre 1806

Adresse

Au Citoyen Flaugergues de l'Institut national, à Viviers

3 sept*embre* 1806

Si je n'ai pas répondu, mon cher confrère, à vos dernières lettres, c'est que je suis faible et que je n'écris que ce qui est bien nécessaire. Vous ne m'aviez pas demandé formellement réponse. Je suis enchanté de vos acquisitions.

La Con*naissance* des Temps de 1808 n'est pas encore publique.

Je vous remercie bien des bulletins. J'ai du regret de voir l'astron*omie* abandonnée à Montpellier.

Mon Isaac[3] commence à travailler avec intelligence, il calcule, il observe, il démontre.

Mes forces reviennent un peu. Je cours les campagnes pour les augmenter.

1. Dans la Connaissance des Temps, on va revenir au calendrier grégorien.

2. Sur l'état de santé de Lalande en 1805 et 1806, on consultera *la première partie*, notamment la lettre UR36, p. 71 de ce volume.

3. Isaac est le fils aîné de Michel Lefrançais et d'Amélie, donc le petit-fils de Lalande.

Mille salutations
Lalande

M. Biot et M. Arago[1] sont partis pour continuer la méridienne jusqu'aux îles Baléares. Il n'y a plus que Bouvard qui observe à Paris.

PR106, 13 novembre 1806

Adresse
Au Citoyen Flaugergues de l'Institut national, à Viviers

13 nov*embre* 1806

Vous avez calculé, mon cher confrère, la table d'équation pour Mercure et je vais l'imprimer dans la nouvelle collection de tables que publie le Bureau des Longitudes.

Je vous invite à compléter votre ouvrage en calculant aussi en dixièmes de secondes la latitude et la réduction, pages 114 et 115 de la troisième édition, mais en supposant l'inclinaison 7°0'10" qui est mon dernier résultat. Il faudra aussi mettre un chiffre de plus à la réduction du logarithme, comme vous avez fait pour votre table des distances.

Nos astronomes[2] sont à l'île d'Ivica pour continuer la méridienne de Méchain et Delambre.

Mon petit neveu Isaac travaille à m'aider dans mon cours qui va recommencer le 24; il démontre bien.

Je vous ai envoyé la Con*naissance* des T*emps* de 1808. Je vous enverrai bientôt l'hist*oire* de l'astr*onomie* de 1806.

Mille salutations amicales
Lalande

Je vous invite à observer la diminution d'Algol[3] en la comparant avec δ ou γ quand elle diminue et qu'elle augmente, le 21 nov*embre* et le 14 déc*embre*.

1. Biot et Arago sont sans doute à Ibiza (Ivica dans PR106), où ils mènent des opérations de géodésie pour prolonger la Méridienne de France jusqu'aux Baléares. Voir PR8 et 20.

2. Voir PR8, 20, 105.

3. Voir PR68, 69, 77. Pour étudier sa variabilité, on compare la brillance d'Algol aux étoiles voisines dans la constellation de Persée, c'est-à-dire δ ou γ Persei.

PR107, 19 novembre 1806

Adresse

Au Citoyen Flaugergues de l'Institut national, à Viviers

19 nov*embre* 1806

Je vous envoie, cher confrère, la découverte de la 97e comète[1] par M. Pons à Marseille.

		asc*ension* d*roite*	déclin*aison*
9 nov*embre*	17h 24m	181° 38' 45"	2° 37' 5" B
10	16 21	181 32 0	2 20 0

On ne la voit pas à la vue simple.

Comme les temps sont mauvais à Marseille dans ces mois-ci, il pourra arriver que vous la suiviez utilement.

Mille amitiés
Lalande

PR108, 5 février 1807

Cette lettre n'est pas de la main de Lalande ; seule la signature l'est peut-être.

Paris le 5 février 1807

Je vous remercie, mon cher confrère, des précessions[2] que vous m'avez envoyées, de votre erratum pour la Connaissance des Temps et de votre observation d'Algol.

Comme elle diffère d'une heure de la dernière que ma fille[3] avait faite à Bourg, je crains que vous n'ayez pas suivi la méthode des hauteurs correspondantes; lorsque Algol[4] diminue, j'observe le temps où elle est égale à δ et lorsque deux heures après elle reprend sa lumière, à quelle heure elle est revenue égale à δ.

Mille salutations
Delalande

1. Pons, au début modeste employé (concierge) de l'Observatoire de Marseille, et qui finit successivement directeur d'observatoire à Lucques et à Pise, fut un excellent observateur, et découvrit plusieurs comètes, invisibles à l'œil nu.

2. III § 18.

3. Il s'agit d'Amélie, épouse de Michel Lefrançais, le « neveu ». Dans les lettres à Mme du Pierry, elle apparaît comme sa « nièce » ou sa secrétaire (voir première partie, lettres UR 28, UR31, UR32).

4. Voir PR68, PR69, PR77, PR106.

Troisième partie

ANNEXES

ABRÉGÉ D'ASTRONOMIE

Cet abrégé d'astronomie (suivi d'un index alphabétique des noms communs de cet abrégé) rassemble les définitions scientifiques que nous avons été amenés à donner sur divers aspects techniques de la correspondance de Lalande avec Flaugergues. Nous les avons ordonnés rationnellement, comme en un abrégé de traité d'astronomie, et notre source essentielle a été évidemment l'« *Astronomie* » de Jérôme le Français (Lalande), troisième édition de 1792, en trois volumes. L'exemplaire utilisé est celui de la Bibliothèque de l'Institut de France.

Dans ce qui suit, nous avons adopté la terminologie de Lalande, en précisant les terminologies utilisées aujourd'hui, dans les cas où elles diffèrent. On doit remarquer que certains mots ont, pour Lalande et ses contemporains, une signification évidente, liée à leur origine ou à leur étymologie ; aujourd'hui, nous les utilisons sans en connaître souvent le sens précis.

Dans cet abrégé, les alinéas sont signalés par un nombre (01, 02, 03, ...) auquel se réfèrent les notes des lettres à Flaugergues (exemple : III, § 01).

Observations des positions des astres

Les catalogues

01. Les observations des positions stellaires ont dans l'astronomie d'observation des XVIIe et XVIIIe siècles une importance primordiale. Les étoiles dites « fixes » constituent la référence, aussi précise que possible, des mouvements apparents des planètes et des astéroïdes. C'est par rapport à elles que l'on suit, par exemple, les évolutions rapides des comètes. La précision de la détermination des positions du Soleil et de la Lune sur ces « cartes routières du ciel » que sont les catalogues de positions stellaires

commande la précision avec laquelle on peut prédire (par exemple) les occultations d'étoiles par la Lune. Ces occultations permettent en retour la détermination des coordonnées géographiques du lieu d'observation.

02. Mais il s'agit *in fine* de comprendre le « Système du Monde ». Bien entendu, le sujet majeur d'étude reste donc le mouvement du Soleil, de la Lune, des cinq planètes alors connues, de leurs satellites, des comètes, des nouvelles planètes découvertes par les contemporains de Lalande. Comme pour les étoiles, on détermine leur position apparente sur le ciel, par rapport aux étoiles fixes; et l'on en dresse des *Tables*. Ces *mouvements apparents*, tout comme le déroulement des *éclipses* de Lune et de Soleil, ou des *occultations* des étoiles brillantes, calculés pour les temps à venir, à partir des observations passées et de la théorie newtonienne de l'attraction universelle, sont décrits par ces «*Tables*». À l'époque de Lalande, les tables étaient nombreuses. Aujourd'hui, on établit des Éphémérides uniquement à partir de la théorie, dans le cadre d'une coopération internationale; en sont chargées les institutions: l'IMCCE (Institut de Mécanique Céleste et de Calcul des Éphémérides, Observatoire de Paris) autrefois Service des Calculs du Bureau des Longitudes, dont Lalande fut le premier Secrétaire, le Bureau des Éphémérides (Royaume-Uni), et l'USNO (United States Nautical Observatory, Washington, États-Unis d'Amérique).

03. On notera (Lalande, *Astronomie*, chapitre III, § 704 à 721) qu'avant Lalande, un certain nombre d'astronomes avaient établi des *catalogues* de positions stellaires et des *atlas*. Hipparque, le premier, avait déterminé les positions (pour l'an 128 avant notre ère) de 1022 étoiles visibles à l'œil nu en Grèce; son catalogue est repris par Ptolémée. C'est grâce à l'Almageste de Ptolémée que le catalogue d'Hipparque nous est parvenu, avec les positions stellaires pour l'an 63 de notre ère. On peut noter les catalogues d'Albategnius (Al Battani), et d'Ulugh Beg. En 1572, Tycho-Brahé dresse un catalogue plus précis (la minute d'arc) de 777 étoiles, complété par 280 étoiles recensées par Kepler, dans les travaux manuscrits de Tycho. Le landgrave Guillaume de Hesse (1593) construit un important catalogue, mais moins précis que celui de Tycho. On notera aussi l'Atlas de Jean Bayer (*Uranométrie*, 1603), le catalogue de Jules Schiller (1627), accompagné de figures. Notons encore le catalogue de Riccioli (1665) réduit à l'an 1701, celui d'Augustin Royer (1679), de 1800 étoiles, complété par le père Anthelme. En 1676, Halley publie le catalogue de 711 étoiles australes, observées par lui à Sainte-Hélène. En 1690, Hevelius publie un catalogue de 950 étoiles (dont 377 australes). En 1725, le catalogue de Flamsteed, publié après sa mort, contient les positions de 2884 étoiles, et devient la meilleure référence. Au XVIIIe siècle, plusieurs astronomes émi-

nents consacrent une activité importante et nécessaire à cette construction de catalogues. Ce fut le cas de La Caille, observateur comme Halley des étoiles australes, au Cap et aux îles de France (Maurice) et Bourbon (la Réunion), et qui publie les positions de 1942 étoiles australes, après avoir établi un catalogue très soigneux de 397 étoiles boréales. Ce fut le cas de Le Monnier, de Tobie Mayer, de Bradley, ou de Maskelyne. Ce fut surtout le cas de Lalande lui-même, dont la correspondance avec Flaugergues (II, *passim*; voir aussi I, UR16 et UR17) révèle la préoccupation, l'obsession même, de construire un catalogue de près de 50 000 étoiles : celui-ci sera terminé et publié en 1801. De nombreuses étoiles intéressantes sont encore désignées par leur numéro dans le catalogue de Lalande.

Les coordonnées célestes

04. Les étoiles forment sur le ciel des *constellations* dont la forme n'a pas sensiblement évolué depuis l'Antiquité. Elles conservent donc leurs positions mutuelles. Pour déterminer la position d'une étoile à un instant donné, il suffit de connaître deux angles, mesurant l'écart angulaire de l'étoile à des repères déterminés qui seront des « grands cercles » de la sphère céleste (cercles de la sphère dont le plan passe par le centre de la sphère). Les mesures d'angles sont les opérations, quasiment uniques, de l'astronomie classique. Comme le dit Lalande (A § 26), « *La mesure des angles... est la base de toute l'astronomie* ». L'astronomie de position ne se préoccupe pas en effet des caractéristiques physiques des étoiles (à l'exception de leur éclat, – leur « *grandeur* », voir ci-dessous), auxquelles on ne commencera guère à s'intéresser vraiment qu'au XIXe siècle.

Les angles sont donnés par Lalande en unités usuelles : degré °, minute ', seconde ", auxquelles il faut ajouter le « signe », de 30° (étendue d'un signe du zodiaque), noté *s*.

Les catalogues d'étoiles, tout comme les positions indiquées par Lalande dans les lettres PR ci-dessus, comprennent une indication de la *grandeur* de l'étoile, estimation de son éclat. Elle est alors donnée en nombres entiers ou semi-entiers (grandeur 1... grandeur 6,5... grandeur 9...), et estimée plus ou moins bien par comparaison avec des étoiles voisines déjà cataloguées.

05. Les grands cercles de la sphère céleste utilisés pour définir les repères de ces mesures angulaires, sont, deux par deux :

a) L'*horizon* (figure 1) et un grand cercle (le *méridien local*) passant par le point du ciel à la verticale de l'observateur, c'est-à-dire le *zénith* (orthographié *zénit* par Lalande), et par le *pôle*, fixent la « *hauteur* » *h* de l'astre au-dessus de l'horizon et son « *azimut* », angle formé par la direction de cette étoile avec le méridien local. Cette définition est **purement locale**, rattachée en somme à l'observateur terrestre. La hauteur et l'azimut d'un astre changent au cours de la rotation diurne.

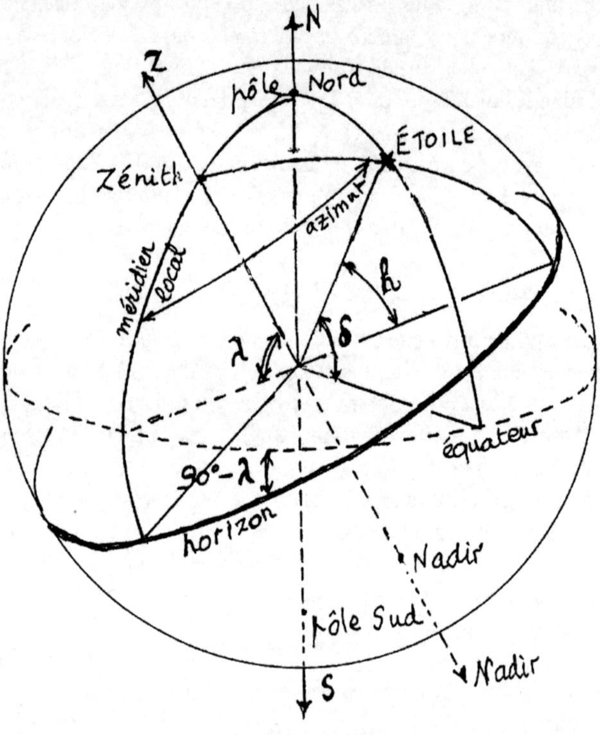

Figure 1

06.b) L'*équateur céleste* (figure 1) et le *méridien local* permettent de définir la « *déclinaison* » δ et « *l'angle horaire* » d'un astre, coordonnées liées en somme à **la rotation terrestre** autour de son axe (δ distance angulaire de l'astre à l'équateur ; angle horaire : distance angulaire de l'astre au méridien local). *L'ascension droite* α est la distance angulaire de l'astre à un méridien origine (que l'on choisit comme celui qui passe par le point γ, intersection entre l'équateur et l'écliptique – voir ci-après).

07.c) Enfin *l'écliptique* (« *la route apparente et annuelle du soleil* », A, § 64), qui traverse les constellations du zodiaque (figure 2), et qui permet de définir la « *longitude d'un astre* » et la « *latitude d'un astre* » (termes utilisés par Lalande, pour le Soleil et la Lune notamment, parfois sous la forme *latitude géocentrique*, mais que l'on utilise rarement aujourd'hui).

Ces coordonnées sont liées en somme au mouvement de *révolution* de la Terre autour du Soleil, qui définit *l'écliptique*.

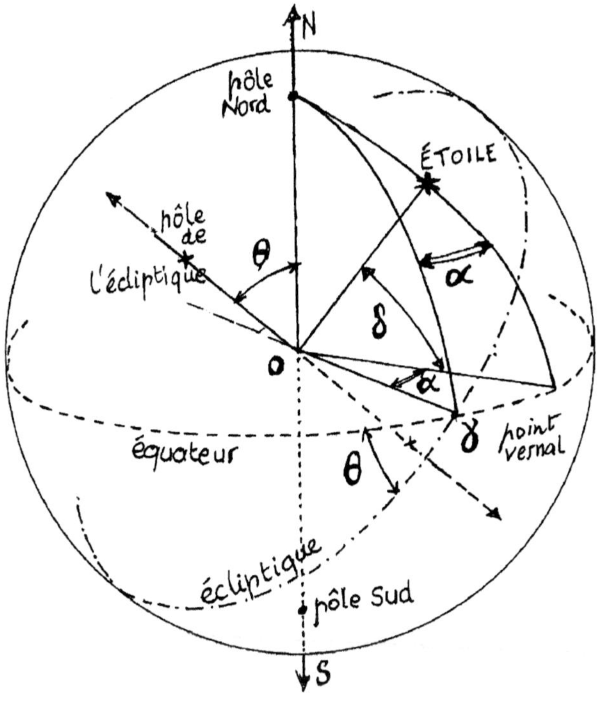

Figure 2

08. Par une commode abréviation, on donne généralement le nom d'horizon, d'équateur, d'écliptique, de méridien, aux plans des cercles qui les définissent.

09. Les méridiens autres que le méridien origine sont dits « *cercles horaires* » ; tous les méridiens sont aussi appelés « *cercles de déclinaison* ». La mesure immédiate détermine la hauteur de l'astre au-dessus de l'horizon, et son azimut, angle formé par le plan du grand cercle contenant la direction de cette étoile avec le plan du méridien local. Moins liées au lieu et à l'instant de l'observation sont les coordonnées polaires, déclinaison et ascension droite. Au moment où l'étoile traverse le méridien local, la hauteur de l'étoile permet de calculer alors sa déclinaison, connaissant la hauteur de l'équateur en ce lieu. La mesure du moment de passage au méridien local permet de déterminer l'angle horaire, et l'ascension droite.

Les mesures de temps sont donc essentielles en astronomie, tout comme les mesures d'angles. Le *temps vrai* est le temps solaire; le midi correspond au passage du Soleil par le méridien local. L'*angle horaire* est en quelque sorte une mesure du temps vrai. Le *mouvement horaire* est la quantité angulaire de déplacement d'un astre en une heure de temps vrai. Le *temps moyen* correspond à une moyenne sur l'année du temps solaire; le Soleil en effet va « plus vite » au voisinage du périhélie, plus lentement au voisinage de l'aphélie, un fait qu'exprime la seconde loi de Kepler (voir *infra*, § 12).

Les temps sont donnés par Lalande en unités usuelles (heure, minute, seconde, fraction décimale de seconde), et désignés par les symboles *h*, *m* (et non *min*, symbole utilisé aujourd'hui), *s* (mais souvent aussi *h*, ', ", ce qui risque d'entraîner une confusion avec les unités d'angle).

Coordonnées terrestres

10. Sur Terre, la position de tel ou tel lieu est définie par sa *latitude* et sa *longitude*. On les détermine par des observations astronomiques d'étoiles. La co-latitude (angle complémentaire de la latitude) du lieu est fixée par l'angle entre la direction du zénith (la verticale), et celle du pôle céleste. Celui-ci est proche de l'Étoile Polaire, et on le détermine plus précisément grâce à l'observation du mouvement apparent au cours de la nuit (mouvement diurne) des étoiles assez proches du pôle. Le pôle observable d'Europe est le pôle Nord : la direction du Nord est sur Terre la projection de la direction du pôle Nord céleste. Au nord de l'équateur, les lieux ont des latitudes « septentrionales » ou « *boréales* » (souvent notées par Lalande par le symbole B), et au sud, des latitudes « *australes* » (souvent notées par Lalande par le symbole A). Le plan méridien du lieu passe par les pôles et le zénith. Il trace sur la sphère terrestre comme sur la sphère céleste un cercle méridien. La longitude d'un lieu est déterminée par l'angle du cercle méridien du lieu avec un autre cercle méridien, choisi aujourd'hui comme « méridien origine » par des conventions internationales (au temps de Lalande, chaque pays avait choisi son propre méridien origine). Les lieux qui se trouvent sur un même méridien terrestre ont la même longitude. Le méridien origine, au temps de Lalande, était pour la France celui de l'Observatoire de Paris. La détermination des longitudes des lieux terrestres (notamment des îles ou des navires) est « *l'une des choses les plus nécessaires, mais en même temps les plus difficiles dans l'astronomie* » (A, § 24). Ce problème sera évoqué dans la correspondance de Lalande à Flaugergues.

Orbites

11. Au XVIIIe siècle, les observations d'étoiles permettaient de dresser, on l'a dit, une carte du ciel ; les observations du Soleil, de la Lune, des planètes, etc., permettaient de décrire les mouvements apparents dans le ciel du Soleil, de la Lune, des planètes, etc. Les trajectoires réelles des planètes et des comètes autour du Soleil, de la Lune autour de la Terre, des satellites de Jupiter et de Saturne autour de la planète, c'est-à-dire les « *orbites* » de ces astres, se déduisent de ces observations. Les orbites sont en général elliptiques, à peine déformées par les perturbations gravitationnelles dues aux autres astres du système solaire ; les comètes ont souvent une trajectoire si allongée qu'elle devient indiscernable d'une orbite parabolique. Le temps que met une planète pour effectuer un tour autour du Soleil est sa *période de révolution*, ou, en abrégé, *sa révolution.* La période de révolution d'une comète à trajectoire parabolique est infinie.

12. Les caractéristiques des orbites elliptiques sont d'abord leur *foyer*, c'est-à-dire un astre dont l'effet gravitationnel domine le mouvement orbital (le Soleil pour les planètes par exemple), puis l'*excentricité* de l'ellipse orbitale. Le point de l'orbite planétaire le plus éloigné du Soleil est l'*aphélie* (l'*apogée* pour la Lune autour de la Terre, l'*apoastre* dans le cas général). On définit de façon analogue le *périhélie*, le *périgée*, le *périastre*. Le périhélie est évidemment le point de l'orbite planétaire le plus proche du Soleil. Le *demi grand axe* d'une orbite (son rayon, si l'orbite est un cercle) est une fonction de la période de révolution, définie par la troisième loi de Kepler, ce qui permet par exemple à Lalande de déterminer la *distance* de la première petite planète découverte, Cérès. Au cours de sa révolution, la planète (ou la comète) se déplace par rapport aux étoiles fixes. Son mouvement apparent en une heure (vitesse apparente de révolution) est son « *mouvement horaire* ».

Équinoxe et précession

13. Le Soleil, au cours de l'année, se déplace par rapport aux étoiles, et son mouvement propre est d'environ un degré par jour, d'occident en orient. La trace de ce mouvement annuel sur la sphère céleste, à une heure déterminée, midi, est l'« *écliptique* ». Le plan de l'écliptique est celui de l'orbite de la Terre autour du Soleil.

14. La mesure de l'« *inclinaison du plan de l'écliptique* » sur celui de l'équateur, (ou de l'« *obliquité de l'écliptique* ») a été l'objet de mesures qui ont occupé de très nombreux astronomes depuis les premiers astronomes

chaldéens. Les deux points d'intersection entre l'équateur et l'écliptique ont une importance particulière. Ce sont les *nœuds* de l'orbite de la Terre.

15. Au passage par l'un de ces nœuds, le Soleil traverse l'équateur du Sud au Nord : c'est le « *nœud ascendant* ». Au passage par l'autre nœud, le Soleil traverse l'équateur du Nord au Sud : c'est le « *nœud descendant* ». Des définitions analogues définissent aussi des nœuds pour les orbites des satellites autour de Jupiter, de la Lune autour de la Terre, en se référant aux équateurs de ces planètes.

16. Quand le Soleil passe par ces points, la durée du jour et de la nuit sont égales sur toute la Terre : c'est l'instant des « *équinoxes* », l'équinoxe de printemps, l'équinoxe d'automne. En raison des perturbations gravitationnelles dues à l'action du Soleil et de la Lune sur la Terre aplatie, les nœuds se déplacent régulièrement sur l'écliptique. Le nœud ascendant, correspondant à l'équinoxe de printemps dans l'antiquité babylonienne, se trouvait alors dans la constellation du Taureau ; au temps d'Hipparque, il se trouvait dans le Bélier ; il fut nommé le « *point vernal* », ou « *point* γ », les symboles représentant le Bélier et la lettre grecque « gamma » étant les mêmes : γ. Aujourd'hui, le point γ se trouve dans les Poissons, comme d'ailleurs au temps de Lalande. Ce phénomène, découvert par Hipparque, est celui de la « *précession des équinoxes* », – en abrégé : la « *précession* ».

17. En même temps, du fait de la précession, différentes étoiles se succèdent au voisinage du pôle céleste. Du temps des Babyloniens, c'était α du Dragon ; maintenant c'est la Polaire, c'est-à-dire α de la Petite Ourse (couramment « Petit Chariot » au temps de Lalande).

18. La précession est de 56",25 par an. Elle correspond à une rotation de l'axe des pôles de l'équateur autour de l'axe des pôles de l'écliptique, décrivant ainsi un cône dont l'angle au sommet est de 23°28'0" pour Lalande (*Astronomie*, § 2722), *obliquité moyenne* en 1786. Sa période est de 26 000 ans. C'est un phénomène *terrestre*, dû à l'action gravitationnelle du Soleil et de la Lune sur la Terre. En 26 000 ans, le point γ a complètement parcouru les constellations du Zodiaque, et le pôle céleste s'est replacé par rapport aux constellations comme il l'était 26 000 ans auparavant.

Nutation

19. Ce phénomène découvert par Bradley, et rarement nommé par Lalande dans les lettres à Flaugergues, s'ajoute au phénomène de la précession. La « *nutation* » correspond à un autre mouvement de l'axe des pôles, dû également à des influences gravitationnelles sur la Terre.

Éclipses, occultations, passages...

20. La Terre T, un astre de référence A, et un astre B en déplacement par rapport à A, peuvent être strictement alignés. Ils peuvent l'être de plusieurs façons : TAB, ou TBA, ou ATB.

21. À la configuration TAB correspond une « *conjonction* » (exemples au voisinage d'une conjonction : éclipse de Soleil B par la Lune A, occultation d'une étoile B par la Lune A, passage d'un satellite B dans l'ombre de Jupiter ou de Saturne (c'est alors une éclipse), conjonction d'une planète B, Mars par exemple, lorsqu'elle est le plus loin possible de la Terre dans la direction du Soleil A).

À la configuration TBA correspond une conjonction nommée aussi «*passage*» (au voisinage de la conjonction: passage de Vénus ou de Mercure devant le Soleil, des satellites de Jupiter devant la planète).

Si A est le Soleil (S), alors une conjonction telle que TSB est une «*conjonction supérieure*»; une conjonction telle que TBS est une «*conjonction inférieure*». Les deux cas se présentent pour Vénus ou Mercure, qui ne sont jamais en opposition, car leur orbite est située entre celle de la Terre et le Soleil. Pour Mars au contraire, il y a une conjonction et une opposition (voir *infra* § 22).

Sans que les points T, A, B soient strictement alignés, les projections t, a, b, de ces points sur l'écliptique peuvent, eux, l'être : les deux astres A et B ont la même ascension droite. On dit qu'on a une « *conjonction en* α ».

22. À la configuration ATB correspond une « *opposition* » (exemple : opposition de Mars, A étant le Soleil, et B Mars, ou des satellites de Jupiter, A étant alors la Terre, T Jupiter et B tel ou tel des ses satellites). Une *éclipse de Lune* se produit au voisinage de l'opposition de la Lune (A étant le Soleil, et B la Lune), une éclipse d'un satellite de Jupiter au voisinage de l'opposition.

23. Une *éclipse de Lune* est le phénomène observé, lorsque la Lune (au moment de la pleine Lune) disparaît dans le cône d'ombre de la Terre (la Lune est alors proche de l'opposition). Mais Lalande donne parfois le nom d'*éclipse*, par analogie plutôt avec les éclipses de Soleil (le disque de la Lune masque alors, en partie ou en totalité, le disque solaire), aux « *occultations* » d'étoile ou de planète par la Lune. Lorsque la Lune passe devant une étoile, celle-ci disparaît (« *immersion* »), puis réapparaît à l'autre bord de la Lune (« *émersion* ») : c'est le phénomène de l'occultation.

24. Les observations d'occultations d'étoiles ou de satellites (d'« *éclipses* » dans la terminologie de Lalande) faites par Flaugergues sont souvent mentionnées dans les lettres de Lalande à Flaugergues. Il peut s'agir d'éclipses et d'occultations par la Lune (étoiles) ou par Jupiter (satel-

lites). Ce phénomène est assez rare pour des étoiles brillantes ; la difficulté de l'observation pour des étoiles plus faibles est liée aux qualités de l'instrumentation. Il est clair qu'on observe mieux les « *immersions* » et « *émersions* » de l'étoile derrière la Lune lorsque cette immersion ou cette émersion ont lieu du côté de la Lune qui est dans l'ombre ; la phase de pleine Lune est particulièrement défavorable pour ces observations.

25. Les observations d'éclipses des satellites de Jupiter ont permis à Römer de démontrer que la vitesse de la lumière est finie.

Les observations d'éclipses et d'occultations sont utiles pour déterminer la *longitude* et *la latitude d'un lieu d'observation*, lorsque celles-ci sont mal connues, alors que le même phénomène a été observé en d'autres lieux dont les coordonnées terrestres, latitude et longitude, sont au contraire bien connues. La précision de la mesure de l'instant de l'immersion, et de celui de l'émersion commande la précision du calcul.

Les éclipses de ces satellites et les occultations par la Lune furent sans doute utilisées lors de l'expédition de Bonaparte en Égypte.

26. Lorsqu'on fait les observations d'éclipses ou d'occultations dans un observatoire dont la position est très bien connue, alors les mesures permettent de préciser les caractéristiques du mouvement et de la figure de la Lune, et d'en corriger les *Tables*. Bien entendu, elles peuvent servir de point de comparaison avec les mesures d'un même événement faites dans d'autres observatoires ou lieux moins bien connus, voire éventuellement en mer.

Observations et réductions

27. De nombreuses observations, faites avec un télescope de Gregory (tel celui de Flaugergues), ou avec une lunette équatoriale, permettent de déterminer la position relative de certains astres par rapport au disque du Soleil, de la Lune ou d'une planète, pour lesquels on dispose préalablement de Tables, qui n'exigent guère de corrections.

28. Les observations des positions stellaires sont faites à l'instrument méridien, pour la plus grande partie. On a donc alors l'instant de passage au méridien local, et la hauteur h d'un astre à cet instant.

29. La première correction, fonction de la seule *hauteur*, est la correction de *réfraction* par l'air, très forte au voisinage de l'horizon, insignifiante près du zénith. Lalande (A, § 2206) décrit une méthode de calcul de la réfraction, en fonction de la hauteur apparente, et il en donne une table (A, volume I, p. 363). La réfraction, selon cette table, est de 32'53",8 à l'horizon, de 56",8 pour une hauteur de 45° (et, bien entendu, de 0'0" au

zénith !). Ce sont ces corrections que Lalande recommande à Flaugergues pour obtenir la hauteur vraie.

30. Une fois faites les corrections de réfraction, il faut passer de la hauteur vraie et de l'instant de l'observation, aux *cordonnées équatoriales* (ou *polaires*) α, ascension droite, et δ, déclinaison. De la hauteur vraie h, au moment du passage au méridien et de l'inclinaison θ de l'écliptique, on déduit sans aucun mal la déclinaison $\delta = h - \theta$. L'ascension droite est déduite de l'angle horaire (qui est l'intervalle de temps séparant le moment de passage de l'astre étudié au méridien local et le moment de passage au méridien local des étoiles se trouvant sur le méridien origine).

31. D'autres corrections sont nécessaires. Il faut tenir compte des aberrations astronomiques. L'« *aberration de la lumière* » (découverte par Molyneux et surtout Bradley en 1725-1728, à l'Observatoire de Kew, près de Londres, puis à Wansted) résulte de la combinaison du mouvement de la Terre, et de la vitesse de propagation non instantanée de la lumière. Elle se traduit par une variation de la position apparente de l'étoile (ou du Soleil, de la Lune, de la planète...) au cours de l'année, qu'il faut rapporter à une position particulière, celle à laquelle le mouvement relatif de l'étoile (ou de la planète) par rapport à la Terre est nul. Le calcul en est détaillé par Lalande dans des tables, qui font appel à la déclinaison et à l'ascension droite de l'étoile, et à la longitude du Soleil. Chaque étoile décrit sur le ciel une ellipse d'aberration, dont le grand axe est de 40" (A § 2856)

32. Au cours du mécanisme de la réduction, le mot « *équation* » est souvent utilisé par Lalande avec un sens différent de celui que nous utilisons aujourd'hui (sauf dans l'expression « *équation du temps* », utilisée par exemple, encore de nos jours, pour connaître l'heure en temps moyen avec un cadran solaire). Pour Lalande, « *c'est la différence qu'il y a entre la situation moyenne d'un astre et sa situation vraie* » (A III, glossaire alphabétique : *équation*). Une équation est donc constituée de deux angles (différence de déclinaison, différence d'ascension droite). Elle résulte de la détermination (par le moyen des observations, et celui de la mécanique céleste) des « *inégalités* » diverses qui affectent le mouvement apparent de tel ou tel astre. On peut noter (comme le fait Lalande) que les inégalités sont associées de près aux constructions géométriques de Ptolémée ou de Copernic. La « *première inégalité* » ou première « *anomalie* » (A § 1202) vient du caractère elliptique des orbites (lié à l'excentricité, ou, si l'on veut, au rayon de l'épicycle du système copernicien). D'autres inégalités sont dues à la vitesse de la lumière; d'autres à l'insuffisance de la loi newtonienne à deux corps (perturbations du champ gravitationnel newtonien par les diverses planètes, par le Soleil, ou par les satellites); d'autres encore à

l'inclinaison des orbites (par rapport à l'écliptique – pour les planètes –, par rapport au plan équatorial de Jupiter – pour ses satellites –).

On ne confondra pas « *inégalité* » et « *anomalie* »; ce dernier mot est (A § 1234) la distance de la planète à l'aphélie de son orbite. Ces deux notions ont cela de commun qu'elles sont liées à l'existence de l'ellipticité de l'orbite.

LE SOLEIL

33. Le Soleil est l'étoile autour de laquelle gravite la Terre. Lalande savait sans aucun doute qu'il s'agissait d'une étoile, mais, dans son *Astronomie*, il ne mentionne pas ce fait, qui ne semble guère le passionner, sauf dans son chapitre ultime (A, § 3376 à 3379) sur la pluralité des mondes.

34. Ce qui intéresse Lalande au premier chef, c'est la « *figure* » du Soleil : l'aspect aplati de son disque, lié principalement à la réfraction, son diamètre apparent (qui varie au cours de l'année, en raison du caractère elliptique de l'orbite de la Terre autour du Soleil). C'est aussi sa position dans le ciel, par rapport aux étoiles des constellations zodiacales qu'il traverse. Lalande a publié des *Tables* du Soleil, calculées par d'autres astronomes, et régulièrement mises à jour ensuite par le Bureau des Longitudes.

35. C'est aussi sa *distance à la Terre*, jadis déterminée par Aristarque, puis par Hipparque (avec une précision assez médiocre pour l'astronomie moderne, puisque résultant de déterminations faites à l'œil nu). Cette distance est donnée par la *parallaxe diurne* du Soleil, c'est-à-dire l'écart (angulaire) entre le lieu (sur la « carte » des étoiles fixes) où un astre paraît et celui où il nous paraîtrait si nous étions au centre de la Terre. C'est aussi l'angle sous lequel, depuis l'astre (le centre du Soleil, par exemple) on pourrait voir le rayon de la Terre. La parallaxe diurne est évidemment déterminée par des mesures d'angle, faites depuis différents lieux de la Terre. Au temps de Lalande, cette détermination se faisait grâce à l'étude des *passages de Vénus* devant le Soleil (deux fois du temps de Lalande, 6 juin 1761 et 3 juin 1769). Le *passage de Mercure* devant le Soleil serait également un moyen plus fréquent de déterminer cette parallaxe (passages observés au temps de Lalande : en 1736, 1740, 1743, 1753, 1756, 1769, 1782, 1786); mais la précision en est bien moindre, en raison de la proximité de Mercure et du Soleil.

La notion de *parallaxe diurne* (au temps de Lalande, simplement *parallaxe* : nul n'avait mesuré avant 1830 une parallaxe stellaire) s'étend bien entendu à la Lune, aux planètes, voire aux comètes (malgré leur important mouvement propre).

36. Les *éclipses de Soleil* se produisent lors de *conjonctions*, la Terre, la Lune et le Soleil étant, dans cet ordre, alignés. Ce sont des phénomènes assez rares en un lieu donné, même s'ils sont plus fréquents (deux à quatre fois par an) à l'échelle de la Terre. En effet, l'ombre du Soleil sur Terre ne dépasse jamais 250 km de diamètre, et balaie donc en quelques heures une très longue bande de territoire assez étroite. Les orbites de la Terre autour du Soleil et de la Lune autour de la Terre étant elliptiques, les distances relatives de la Lune et du Soleil varient d'une éclipse à l'autre. Il existe des *éclipses totales* (la Lune cache alors entièrement le Soleil, pendant une durée maximale de 7 minutes, en un lieu donné) et des *éclipses annulaires*, lorsque le disque apparent de la Lune est plus petit que celui du Soleil. Et bien sûr, lorsqu'en un site d'observation déterminé le centre de la Lune ne passe pas devant le centre du Soleil, on observe des « *éclipses partielles* » laissant visible une plus ou moins grande portion du disque solaire.

37. L'observation des éclipses de Soleil permet de construire les chronologies des siècles passés, mais surtout, elles sont, pour Lalande, la méthode la plus exacte pour connaître les longitudes géographiques. On sait qu'aujourd'hui, les techniques spatiales, l'utilisation des étalons de temps atomique, des radars et des lasers, offrent une gamme beaucoup plus précise et puissante.

Aujourd'hui les éclipses de Soleil sont utilisées surtout pour étudier la nature physique des couches extérieures à sa « *surface* » apparente, chromosphère, couronne, éjections de masse, vent solaire.

38. L'observation régulière des *taches solaire*s, sans qu'on ait alors la moindre idée de leur nature physique, est poursuivie par Lalande comme par Flaugergues, dont Rudolf Wolff, un demi-siècle plus tard, utilisera les observations pour établir le cycle de l'activité solaire. On localise les taches en définissant, comme aujourd'hui, la « *déclinaison solaire* » (A § 3262) de ces taches, c'est-à-dire sa distance angulaire, sur la sphère solaire, à l'équateur du Soleil. L'« *ascension droite solaire* » d'une tache se définit de même par référence au méridien central du Soleil au moment de l'observation. On notera que le mouvement apparent des taches (différences d'ascension droite solaire) est utilisé pour étudier la rotation du Soleil.

Les satellites de Jupiter

39. Galilée avait découvert en 1610 les quatre principaux «*astres médicéens*» (c'est le nom qu'il leur avait donné en l'honneur de la famille des Médicis qui régnait à Florence; Ozanam les nomme «gardes» ou «*satellites*»); leurs noms sont aujourd'hui, dans l'ordre de leur distance à la planète: Io, Europe, Ganymède, Callisto. Au temps de Lalande, ces quatre satellites avaient un aspect stellaire, ponctuel, si bien qu'il écrit – A, § 2915 –: «*(Galilée) vit avec surprise comme trois petites étoiles fort brillantes*». Notons ici que le quatrième n'a été découvert par Galilée qu'après cette première observation.

40. L'observation des satellites permet de déterminer des périodicités moyennes, et des «inégalités», décalages par rapport au mouvement moyen extrapolé de ces satellites.

41. Dans l'*Astronomie* de Lalande (au livre XVIII, volume III), au sujet des satellites de Jupiter, Wargentin, Laplace et Delambre sont les astronomes les plus cités; Lalande rend ainsi un juste hommage à l'observateur passionné que fut le premier, comme au grand maître de la mécanique céleste qu'était le second. Leurs tables (et celles publiées par Lalande) ont été longtemps les bases de l'astronomie des satellites de Jupiter.

Saturne et Uranus

42. Saturne est la seule planète alors connue pour avoir un «*anneau*» équatorial. Lalande ne s'y intéresse guère pour en discuter la nature physique. Pour lui, «*c'est la chose la plus singulière que la découverte des lunettes nous ait fait apercevoir*» ... «*c'est plutôt... la force centrifuge de ses différentes parties qui les met en équilibre avec la pesanteur*» (A, § 3349, 3350). Lalande remarque le caractère très plat de l'anneau, qui se trouve dans le plan de l'équateur saturnien; cela permet de préciser les mouvements de Saturne. Le caractère très plat de l'anneau explique sa *disparition*, lorsque la Terre passe dans le plan équatorial de Saturne («disparition» – si l'on veut: grâce à son grand télescope, Herschel observait l'anneau, même au moment de sa disparition pour d'autres astronomes). Le point de l'anneau situé sur la ligne Terre-Saturne est alors l'un des «*nœuds*» de l'anneau. Le nœud de l'anneau se déplace dans la direction opposée à celle du mouvement diurne apparent du Soleil; c'est une «*rétrogradation*» de ce nœud, phénomène comparable, selon Lalande, à celui de la précession des équinoxes

43. Lalande connaît l'existence des bandes parallèles à l'équateur saturnien. Il note sans commentaire (on peut supposer qu'il fut sceptique !) : « *Cassini le fils les regarde comme des espèces de nuages éloignés du globe de Saturne... M. Herschel... les attribue aussi à l'atmosphère;... cette atmosphère lui paraît prouvée par la réfraction que les satellites semblent éprouver en s'approchant du disque de Saturne* » (A, § 3375). En ce qui concerne l'anneau, Lalande suit Laplace, et concède que l'anneau se divise en plusieurs anneaux « *qui sont des solides irréguliers* » faits « *d'une matière assez dense* » (A, § 3374).

44. Saturne possède des *satellites*. Cinq d'entre eux étaient observables au milieu du XVIIIe siècle; le sixième et le septième furent découverts par Herschel au moment d'une « disparition » de l'anneau. Ils étaient bien connus de Lalande, qui se pose le problème de savoir si ces satellites peuvent ou non affecter la structure de l'anneau; mais, s'il observe (à Béziers, en 1773) ces satellites, il ne répond pas à la question.

45. Uranus n'était pas connu lors de la publication de la première édition de l'ouvrage de Lalande. C'est Herschel qui le découvre en 1781. Dans son traité, Lalande d'ailleurs l'appelle la « *planète Herschel* » (Herschel lui-même lui donna le nom de *Georgium sidus*, en l'honneur du roi d'Angleterre; à Berlin, on l'appelait déjà *Uranus*). Lalande communique à Flaugergues les découvertes les plus récentes, et ses remarques à leur sujet.

LES COMÈTES

46. On sait quel rôle l'observation des comètes a joué dans la carrière de Lalande (voir Dumont, 2007). Un de ses premiers hauts-faits fut la prévision très précise de la réapparition en 1759 de la comète observée en 1682 par Halley (travail de Lalande en collaboration avec Mme Nicole-Reine Lepaute, et surtout Clairaut, qui avait mis au point les méthodes de calcul des perturbations gravitationnelles des trajectoires newtoniennes elliptiques). Lalande trouve en Flaugergues un autre observateur, qu'il voudrait acharné à la découverte de comètes.

Les problèmes qui se posent avec les comètes sont multiples : orbite, nature physique, évolution…

47. Il s'agit surtout de déterminer leur trajectoire apparente, en même temps que les évolutions de leur éclat et de leur apparence. C'est leur important mouvement propre qui les distingue des étoiles. Leur nature est en revanche à peine évoquée.

Les petites planètes (ou *astéroïdes*, ou aujourd'hui *planètes naines*)

48. L'*Astronomie* de Lalande ne les mentionne pas. En effet, les premières découvertes sont dues à Piazzi, en 1801 (Cérès) et à Olbers, en 1802 (Pallas). C'est par leur mouvement propre, et seulement ainsi, que l'on détecte ces petits objets (en 2007 leur nombre est de centaines de milliers). De façon générale, le mouvement propre des astéroïdes ne change pratiquement pas dans le temps (au contraire de celui des comètes, lorsqu'elles passent au voisinage de la Terre, au cours de leur trajectoire elliptique très allongée). Leur orbite est très peu allongée, et reste pour la grosse majorité d'entre eux comprise entre celles de Mars et de Jupiter ; la période de leur révolution est de 3 à 12 ans. La correspondance de Lalande avec Flaugergues témoigne de l'importance accordée par Lalande à ces découvertes, alors très récentes.

Index des notions

Les chiffres se réfèrent aux paragraphes.

Les notions concernant l'instrumentation sont traitées seulement dans les notes concernant chaque lettre, mais pas dans cet abrégé d'astronomie.

INDEX DES NOMS CITÉS

Références abrégées

A	Lalande, *Astronomie*
AB	*Manuscrit* : Anecdotes de la Bresse
B&H	Lalande, *Bibliographie astronomique et histoire...*
DBF	*Dictionnaire de biographie Française*
DSB	*Dictionary of Scientific Biography*
Index Acad.	*Index biographique de l'Académie des Sciences*
JCP	Pecker J.-C., *Understanding...*
LXIX	Larousse P.
LXX	*Larousse du XXe siècle*
NBG	Hoefer F.
Pogg	Poggendorf
SD	Dumont
SDSG	Dumont et Grillot

Les entrées de cet Index concernent les personnes citées dans les première et deuxième partie, ainsi que dans l'Abrégé d'Astronomie.

Albitte, Antoine-Louis (1769-1812), UR20

Albitte est né à Dieppe, le 30 décembre 1761. Au début de la Révolution, il est avocat et membre du conseil municipal, ce qui le fait élire à l'Assemblée législative par le Département de Seine-Inférieure. Entré au Comité militaire, il intervient à l'Assemblée pour défendre les soldats et attaquer les chefs. Après le 10 août 1792, la Montagne prend le pouvoir et Albitte est élu secrétaire de l'Assemblée, puis, avec Lecointre, il est chargé d'une mission en Normandie où il propose l'arrestation des prêtres réfractaires. Élu à la Convention par le même département, il est au nouveau Comité militaire et dénonce des généraux, vote la mort du roi, refuse la mise en accusation de Marat et attaque les Girondins. Il est envoyé à l'armée des Alpes, fait la campagne du Rhône. Il sévit brutalement du 7 pluviôse (26 janvier 1794) au 25 ventôse an II (4 mars 1794) dans les deux départements de l'Ain et du Mont-Blanc. Puis il est, après le 9 thermidor an II (27 juillet 1794), à Toulon. Les

exactions d'Albitte dans l'Ain et le Mont-Blanc sont dénoncées. Décrété d'accusation, il réussit à s'enfuir et se cache jusqu'à la fin de la Convention ; il est amnistié le 3 brumaire an IV (25 octobre 1795). Sous Napoléon, il devient sous-commissaire aux armées. Il meurt au début de la retraite de Russie, à Rosémié, le 25 décembre 1812.
Source : DBF

Alexandre 1er (1777-1825), PR63
Né à Saint-Pétersbourg, il devient tsar de toutes les Russies en mars 1801. Alexandre 1er effectue des réformes, fait la paix avec l'Angleterre et signe un traité d'amitié avec Bonaparte en 1801. Mais quand Napoléon envahit l'Allemagne du Sud, le tsar entre dans la troisième coalition en 1805. Ayant perdu plusieurs batailles, il rencontre en 1807 Napoléon sur le Niemen et signe le traité de Tilsitt. Après la campagne de Russie, il entre à Paris en 1814 avec les alliés qui ramènent les Bourbons. Il y revient en 1815 après Waterloo et signe alors le traité de la Sainte Alliance avec l'Autriche et la Prusse. Il meurt à Taganrog d'une fièvre contractée en Crimée.
Source : LXIX

Albategnius, ou Al-Battani (avant 858-929), page 196
Né près de la ville de Harràn en Mésopotamie, Al-Battani est aussi connu sous d'autres noms. Excellent observateur, il a calculé les distances des planètes dans le système de Ptolémée à partir de ses observations. Il a pratiqué la géométrie théorique et pratique et utilisé les sinus et cosinus. Il a aussi pratiqué l'astrologie. Lalande le désignait comme un prince arabe.
Source : DSB

Ambassadeur de France, (en 1788), voir *Barthélémy*, UR2, UR3

Ambassadeur de Naples, UR2

Ambassadeur de Suède (en 1795), voir *Staël*, UR20

Amélie, voir *Lefrançois-Lalande*

Anson, PR97
Administrateur des postes

Anthelme, Voituret (1618-1683), page 196
Né à Chatenay-Vaudin, Anthelme est moine chartreux à Dijon. Il consacre beaucoup de temps à l'observation des changements dans le ciel; il s'intéresse principalement aux deux constellations du Cygne et de Cassiopée, ce qui lui fait découvrir la nova Variable R Vulpecula. Il observe et étudie la comète de la fin de 1680, étude publiée en 1681 à Dijon. Il a aussi publié un catalogue d'étoiles et des cartes du ciel.
Source : DSB

Antoine ou frère Antoine, UR3, UR20
Ami de Mme Du Pierry et de Lalande. Il s'agit peut-être de frère Anthoine, qui, en 1776, a « installé » la loge des Neuf-Sœurs, dont il était associé libre en 1778. Au

G.O., il fut rapporteur (1776) à la Chambre de Paris, qu'il présida en 1778. Il était avocat au Parlement.
Source L. Amiable, 1897

Arago, Dominique François Jean (1786-1853), page 88, PR105

Né à Estagel, François Arago entre à l'école Polytechnique puis il est nommé secrétaire-bibliothécaire à l'Observatoire de Paris en 1805. Avec J.-B. Biot, il prolonge en Espagne la méridienne de Paris jusqu'aux Baléares (1806-1809). Nommé adjoint-astronome au Bureau des Longitudes en 1807, il est élu à l'Institut en 1809, à la place de Lalande décédé en 1807. Logé à l'Observatoire qui est administré par le Bureau des longitudes, il est nommé directeur des observations et il fait installer de bons instruments. Il lance des expériences de physique avec ses élèves et amis. Il donne des cours d'astronomie qui attirent de nombreux auditeurs. Élu député des Pyrénées orientales, il sera membre du gouvernement provisoire en 1848. Après le coup d'état de Napoléon III, il refuse le serment à l'empereur et meurt peu après.

Aristarque de Samos (ca 310-230 avant notre ère), page 206

Né dans l'île de Samos, mathématicien et peut-être inventeur du scaphé, Aristarque a développé une théorie héliocentrique. D'après lui, les étoiles et le Soleil sont stationnaires. La terre décrit un cercle dont le Soleil est le centre. La Lune reçoit sa lumière du Soleil et la Terre est au centre de la sphère de la Lune. Il a donné une évaluation des distances Terre-Soleil et Terre-Lune et une estimation des diamètres de ces astres.
Source : DSB

Arnould, Madeleine-Sophie (1740-1802), UR11, UR16

Née à Paris, le 13 février 1740, fille de bons bourgeois, elle reçoit une bonne éducation (à 12 ans, elle sait le latin et l'italien). Remarquée pour la beauté de son chant, elle entre à la musique du roi et à l'Opéra, malgré l'opposition de sa mère. Elle y obtient de grands succès et quitte la scène en 1778 avec une pension de 4000 livres. Elle a de nombreux amants, le duc de Lauraguais qui l'enlève et dont elle eut trois enfants ; elle le quitte pour le prince d'Hénin. Femme d'esprit, ses épigrammes sont célèbres. Ruinée par la Révolution, elle vend sa maison en 1791 et se retire à Luzarches. Elle a alors une vie difficile. François de Neufchâteau lui obtient une pension de 2400 livres et un logement à l'hôtel d'Angivilliers. Elle meurt le 22 octobre 1802.
Source : DBF

- Duc de Lauraguais, Louis de Brancas (1733-1824). D'abord officier, il a écrit quelques pièces de théâtre. En 1814, il est à la Chambre des Pairs.
- François de Neufchâteau, Nicolas-Louis (1750-1828) écrivain et homme politique, élu Directeur après le 18 Fructidor, sénateur sous le Consulat.

Assy (d'), Madame, page 15

Mme d'Assy est l'épouse de M. Geoffroy d'Assy, receveur général des finances qui a engagé Delambre comme précepteur de son fils.

M. Geoffroy d'Assy a fait bâtir dans sa maison (rue Paradis, devenue rue des Francs-Bourgeois), un observatoire pour Delambre à qui il a assuré une rente confortable lorsque l'éducation de son fils a été achevée.
Source : BetH, et *l'Astronomie*

Aubert, Alexander (1730-1805), UR5

Esquire of Highbury-House, riche, membre de la *Royal Society of London* et vice-président de la Société des Antiquaires, Aubert est né le 11 mai 1730 et mort le 19 octobre 1805 à Londres. Il a fait installer un bel observatoire à Loampitt-hill. Il a observé le passage de Vénus sur le Soleil le 3 juin 1769 (*Phil. Trans.* 1769) et montré une nouvelle méthode pour trouver le temps par des hauteurs égales (ib. 1776).
Source : Pogg, et Lalande BetH

Aupetit, voir *Petit*, UR11, UR12

Procureur au Parlement, Membre de la loge des Neuf-Sœurs en 1778.
Source : Louis Amiable, 1897

Bailleux, UR14

M. et Mme, voisins de Mme du Pierry, à Hérivaux

Barry, Roger (1752-1813), UR2

Né le 30 septembre 1752 à Spincourt près de Verdun, Barry, lazariste, se consacre à l'astronomie. En 1788, il vient travailler auprès de Lalande puis il se rend à l'Observatoire de Mannheim en 1790. Il a publié ses observations en France et en Allemagne. Il meurt à Mannheim le 25 octobre 1813.
Sources : Pogg. et BetH

Barthélemy, François, marquis de (1747-1830), UR6, UR7

Né à Aubagne (Bouches-du-Rhône) le 20 août 1747, Barthélemy a été élevé par son oncle, l'abbé Barthélemy (auteur du *Jeune Anacharsis*), qui l'a fait admettre, très jeune encore, dans les bureaux des affaires étrangères, sous M. de Choiseul. Après avoir accompagné le baron de Breteuil dans ses missions en Suisse et en Suède, il est envoyé en Angleterre, où il réside jusqu'en 1791 comme secrétaire de légation puis comme chargé d'affaire. Ministre plénipotentiaire en Suisse, il sert les intérêts de la France en 1792-1793 et se montre généreux envers les réfugiés français. En 1797, il est élu au Directoire. Au 18 Fructidor, il est arrêté, puis déporté avec Pichegru à la Guyane et à Sinnamari d'où il s'évade et gagne les États-Unis. Après un court séjour, il passe en Angleterre. Après le 18 Brumaire, le Premier Consul le rappelle et le fait entrer au Sénat (13 février 1800), puis lui confère le titre de comte d'Empire. En 1814, il est à la Commission qui prononce la déchéance de Napoléon. À la Restauration, Louis XVIII le nomme à la Commission chargée de rédiger la Charte. Exclu pendant les Cent-jours, il revient ensuite à la Chambre des pairs, devient Ministre d'état et est créé marquis. Il meurt le 3 avril 1830.
Source : DBF

– abbé Barthélemy, Jean Jacques (1716-1795), numismate, archéologue et écrivain. À l'Académie française en 1789

– de Choiseul, Étienne François, duc de (1719-1785), diplomate, secrétaire d'état de 1758 à 1770, disgracié à cette date, il est exilé à Chanteloup.
– Pichegru, Charles (1761-1804), militaire en 1783, il est général en 1793, déclaré « Sauveur de la Patrie » en 1794, destitué en 1796, élu au Conseil des Cinq-cents, arrêté au 18 Fructidor, déporté en Guyane, il s'évade. Revenu en France, il prend part au complot de Cadoudal en 1803 et meurt (suicide ?) en prison en 1804.
– Louis XVIII (1755-1824), frère de Louis XVI, s'est proclamé roi en 1795, à la mort de Louis XVII fils de Louis XVI. Il règne à partir de 1814-1815.

Baudouin, François-Jean (1759-1838), UR22, UR27, UR28

Né à Paris le 18 août 1759, Baudouin est imprimeur. Élu suppléant du Tiers-État en 1789, il ne siège pas. Il était imprimeur de l'Assemblée, comme de l'Institut, et a ainsi été le fondateur de la première collection de lois modernes. Il imprimait aussi le *Logographe* qui donnait les comptes-rendus des séances de l'Assemblée et qui fut supprimé le 15 août 1792. Il est membre de la Société des Jacobins. Le 10 août 1792, il cache des Suisses dans son imprimerie. Arrêté le 20 Vendémiaire an III (11 octobre 1794), il est libéré peu après. En 1809, on lui enlève le privilège d'imprimeur du Corps législatif et il se trouve ruiné. Il fait une tentative en Russie, qui avorte ; il occupe différents postes et se retire à Antony.
Source : DBF

Bayer, Johann (1572-1625), PR19

Né à Rain en Allemagne, J. Bayer fait ses études à l'université d'Ingolstadt puis à Augsburg où il est nommé conseiller juridique du conseil de la ville. Homme de loi mais aussi astronome, il propose une nomenclature qui sera adoptée par tous pour les étoiles visibles à l'œil nu dans les 48 constellations de *Syntaxis* de Ptolémée, dans son *Uramatria*. Il meurt à Augsburg le 7 mars 1625.
Source : DSB

Bayoux, UR22

Les cousins (de Mme Du Pierry ?).

Beaublé, UR2

Élève de Lalande ; il est au Collège Royal de1786 à 1788.
Source : Bigourdan,1930

Beauchamp, Pierre Joseph de, (1752-1801), UR19, UR20, PR7

Né à Vesoul le 29 juin 1752, Beauchamp entre en 1767 dans l'ordre des Bernardins où son oncle Miroudeau a une abbaye. Celui-ci, ayant été nommé évêque de Babylone, fait venir son neveu à Paris où, intéressé par l'astronomie, il suit les cours de Lalande au Collège Royal en 1780 et travaille à l'Observatoire avec Cassini IV. Arrivé le 18 septembre 1781 à Alep, son oncle ne peut continuer le voyage et rentre en France, après avoir nommé Beauchamp vicaire général. L'année suivante, il est à Bagdad où il installe un observatoire et envoie ses observations à Lalande (dont il est le correspondant à l'Académie des sciences depuis 1785) et à von Zach. En 1784, il se rend à Bassora et, en 1787, sur la mer Caspienne où il observe l'éclipse de Lune du 30 juin 1787. De retour à Bagdad, il poursuit ses

observations, particulièrement celles de la planète Mercure que Lalande lui a recommandées. En 1789, le département de la marine lui supprime la gratification annuelle qui lui permettait de subsister à Bagdad. Il quitte donc cette ville le 1er décembre et arrive à Paris le 3 septembre 1790. Lalande souhaite le renvoyer en Arabie où il a déjà fait des observations importantes. En 1795, il obtient la nomination de Beauchamp au consulat de Mascate. Celui-ci arrive à Constantinople le 23 septembre 1796 et obtient de cartographier les côtes de la mer Noire. La guerre avec les Anglais rendant le voyage à Mascate inutile, on l'envoie alors en Égypte où il rejoint l'expédition de Bonaparte. Il est aussitôt élu à l'Institut d'Égypte. Chargé d'une mission secrète à Constantinople par Bonaparte, il est fait prisonnier et ne sortira, malade, du fort Fanaraki qu'à la paix. À peine arrivé à Nice, il meurt le 19 novembre 1801. Il a été élu en février 1796 à l'Institut (sciences morales et politiques) comme géographe.
Source : Lalande BetH1801

Bélier Mme, UR13
Concierge du domicile de Mme Du Pierry à Paris ?

Bernard, Jean (1724-1792), UR16
Conseiller au Baillage et en l'Élection, J. Bernard, de Bourg-en-Bresse, épouse en 1774 Melle Camus de Lyon. Il a fait en 1788 un ouvrage sur les droits féodaux. Botaniste, il savait Horace par cœur. Membre de l'Académie de Bourg, il était ami intime de Jérôme Lalande qui a été le parrain de sa fille. Il est mort le 30 juillet 1792.
Source : AB

Bernier, Pierre François (1779-1803), UR25, UR34
Né le 19 novembre 1779 à la Rochelle, Bernier est d'abord clerc dans une étude de notaire. Il rencontre en 1796 Duc-la-Chapelle qui lui offre *l'Astronomie* de Lalande, puis l'accueille dans son observatoire à Montauban. Ses observations sont publiées dans la *Connaissance des Temps*. Lalande l'invite chez lui, à Paris, où il arrive le 31 janvier 1800. En mars 1800, un voyage vers la Nouvelle Hollande se prépare, Bernier se porte candidat malgré l'opposition de Lalande qui, estimant ses qualités d'observateur, le jugeait plus utile à terre. Le 5 août, il est engagé comme astronome, avec Bissy. Le départ des deux navires de l'expédition Baudin, le *Géographe* et le *Naturaliste* commandé par Hamelin, a lieu le 19 octobre 1800. Ils sont à l'île de France (Maurice maintenant) du 18 mars au 25 avril 1801. La conduite de Baudin était telle que quinze membres de l'équipage l'ont quitté à l'île de France. Bernier continue. Ils sont le 29 mai sur les côtes de la Nouvelle Hollande (Australie) où, le 14 novembre, ils rencontrent l'*Investigator* du capitaine Flinders. En 1802, Bernier y observe l'éclipse de Soleil du 4 mars, l'éclipse de Lune du 19 mars et le passage de Mercure du 9 novembre. Après avoir exploré les côtes de la Nouvelle Hollande, ils passent à Timor. Bien que malade, Bernier embarque début juin 1803 et meurt le 6 juin en mer. Le Bureau des Longitudes a appris sa mort le 2 mars 1804. Au retour à l'île de France, Baudin meurt également. Son navire, le *Géographe*, revient à Lorient le 24 mars 1804.
Source : Lalande, *Connaissance des Temps* pour l'An XV

– Bissy, Frédéric (1768-?). Astronome, il a travaillé trois ans à l'Observatoire de l'École militaire avec Michel Lefrançois
– Baudin, Nicolas (1750-1803) navigateur et naturaliste français
– Hamelin, Jacques Félix Emmanuel (1768-1839), officier de marine, devient contre-amiral, baron d'Empire puis directeur général du dépôt des cartes et plans de la marine en 1832
– Flinders, Mathews (1760-1814), navigateur anglais, officier de marine en Australie dont il explore la côte sud-est en 1795-1797 et la côte Sud en 1801-1803. Il est retenu prisonnier à l'île de France jusqu'en 1810

Bertholet, UR5
De Bordeaux.

Berthollet, Claude Louis (1748-1822), UR5

Berthollet est né le 9 décembre 1748 en Savoie, à Talloires près d'Annecy. Après le collège, à Annecy puis à Chambéry, il poursuit ses études à l'Université de Turin où il est diplômé médecin (1768). Quatre ans plus tard, il vient en France, à Paris, où il étudie la chimie avec Macquer (ami de Lalande) et Bucquet. Ayant publié plusieurs Mémoires, il est élu membre de l'Académie des sciences de Paris le 15 avril 1780 et nommé directeur de la Manufacture des Gobelins (1784). Il propose le blanchiment des toiles par le chlore, ce qui fut un grand progrès et, en 1790, il publie ses recherches sur la teinture. Pendant la période révolutionnaire, il est membre de plusieurs Commissions. En 1794, il est nommé professeur à l'École Normale et participe à l'organisation de l'École Polytechnique. Il est membre de l'Institut à sa fondation en 1795. Monge et Berthollet sont chargés de choisir les œuvres d'art qui seront amenées d'Italie en France. En 1798, ils accompagnent Bonaparte en Égypte et reviendront avec lui. Là, Berthollet explique la formation du carbonate de soude dans les lacs de natron. À son retour, il publie *Statistique chimique*, ouvrage exposant les principes de cette science. En 1804, Napoléon le fait comte d'Empire, sénateur de Montpellier et grand officier de la Légion d'Honneur. Il se retire alors à Arcueil où il a laboratoire, bibliothèque et serre. Il fonde avec son voisin Laplace la « Société d'Arcueil ». À la Restauration, il est nommé à la chambre des Pairs. Il meurt le 6 décembre 1822.
Source : NBG
– Macquer, Pierre Joseph (1718-1784), docteur en médecine puis professeur de chimie au Jardin du Roi. À l'Académie des sciences en 1745
– Bucquet, Jean Baptiste Marie (1745-1780), professeur de chimie. À l'Académie des sciences en 1778
– Monge, Gaspard, comte de Péluse (1746-1818), géomètre, il est l'un des fondateurs de l'École Polytechnique, membre de l'Institut d'Égypte. À l'Académie des sciences 1780-1816, rayé par ordonnance royale le 21 mars 1816.

Berthoud, Louis (1753-1835), PR99

Neveu du célèbre horloger Ferdinand Berthoud, Louis Berthoud est né à Neufchatel. Venu à Paris, il devient horloger de la Marine. Il a inventé les chassis

de compensation et fabriqué d'excellentes horloges marines. Il meurt à Argenteuil le 17 septembre 1813.
Source : Pogg.

Bidal (la), UR9, UR14

Son mari est secrétaire de Lalande, à Bourg-en-Bresse, en 1804. Il meurt en 1806.
Source : AB

Biela, Wilhelm von (1782-1856), page 84

Né le 19 mars 1782 dans le Hartz, Biela entre à l'école des pages de l'Electeur de Saxe, puis en 1802, il s'engage dans l'armée autrichienne. Blessé à la bataille de Leipzig en 1813, il suit les cours d'astronomie de A. David à Prague pendant sa convalescence et devient un excellent astronome amateur. Il est envoyé en Italie. Lorsqu'il se retire de l'armée en 1846, il s'installe à Venise. Il est célèbre par la comète qui porte son nom, qu'il a vue le 27 février 1826, en Bohème. Il reconnaît qu'on l'a déjà vue en 1772 et en 1805 et détermine sa période : 6 ans 9 mois. À son retour de 1846, la comète est double, elle sera vue pour la dernière fois en 1852. Depuis, elle produit la pluie de météores des Andromédides qu'on appelle les Biélides en son honneur. Un cratère de la Lune porte son nom.
Source : DSB

Bigourdan, Camille Guillaume (1851-1932), pages 89, 90

G. Bigourdan est étudiant en astronomie à Toulouse où Tisserand est professeur. Il vient à l'Observatoire de Paris en 1879 et y sera astronome titulaire de 1897 à 1925. Il est membre du Bureau des longitudes en 1903, de l'Académie des sciences en 1904 et de l'Académie d'agriculture en 1924 (pour ses travaux en météorologie). Il est directeur du Bureau International de l'Heure créé en 1919. Observateur remarquable, son Catalogue de 6380 nébuleuses reçoit en 1919 la médaille d'or de la *Royal astronomical Society*. Ses études en histoire de l'astronomie sont intéressantes. Il a retrouvé et publié des manuscrits de Pingré.
Source : DSB

Biot, Jean-Baptiste (1774-1862), PR105

Né à Paris le 21 avril 1774, Biot entre en 1794 à l'École des Ponts et Chaussées, puis à l'École Polytechnique fondée peu après. Il en sort en 1797. Entré à l'Institut en 1800 comme mathématicien, il est plutôt physicien. Il fréquente la Société d'Arcueil et collabore aux travaux de divers savants. Ses principales recherches portent sur la polarisation de la lumière. En 1806, il entre au Bureau des longitudes et est envoyé en Espagne avec François Arago pour prolonger la méridienne de France jusqu'aux Baléares. En 1808, il est nommé professeur d'astronomie à la Faculté des sciences de l'Université de Paris où en fait, de 1816 à 1849, il enseigne la physique. Il entre en 1841 à l'Académie des inscriptions et belles lettres grâce à ses écrits sur l'astronomie en Égypte, à Babylone et en Chine. En 1856, il est élu à l'Académie française. Il meurt à Paris le 3 février 1862.
Source : DSB

Bitaubé, Paul-Jérémie (1732-1808), UR2, UR13, UR20, UR22

Né à Kœnigsberg le 24 novembre 1732, Bitaubé descend d'une famille de protestants français émigrés après la révocation de l'édit de Nantes. Il a d'abord fait des études de droit à Francfort am Oder qu'il a abandonnées pour la théologie. Après ses lectures de la Bible, il décide d'apprendre le Grec et publie plusieurs traductions : *l'Iliade* et *l'Odyssée* en 1760, à Paris où il se rend souvent. Déjà membre de l'Académie de Berlin, il est associé étranger à l'Académie des Inscriptions de Paris en 1786. Il a aussi traduit en français *Hermann et Dorothée* de Goethe. Pendant la Révolution, quoique sympathisant, il est arrêté en 1794 mais libéré après le 9 thermidor. Il est nommé, dès sa création, à l'Institut, classe d'histoire et de littérature ancienne. Ses œuvres complètes (9 vol.) sont publiées en 1804. Il meurt à Paris le 22 novembre 1808.
Source DBF

Black, Joseph (1728-1799), UR5

J. Black est né à Bordeaux le 16 avril 1728. Il est d'origine écossaise, son père, de Belfast, étant installé à Bordeaux dans le commerce des vins. À douze ans, il quitte la France pour étudier en Écosse. En 1754, il est docteur en médecine, mais s'intéresse à la chimie avec Cullen. Nommé professeur de chimie à Glasgow, il se fait connaître par son travail sur la chaleur latente en 1757. Il correspond avec différents chimistes, dont Lavoisier. En 1766, il remplace Cullen dans la chaire de chimie à Edimbourg. Excellent professeur, il a beaucoup d'élèves. Il meurt le 26 novembre 1799.
Source : NBG

– Cullen, William (1710-1790). D'abord médecin, il a été professeur de chimie à Glasgow puis à Edimbourg

Bode, Johann Elert (1747-1826), PR48

Né le 19 janvier 1747 à Hambourg, Bode est professeur d'astronomie lorsque J. Lambert l'appelle à l'Observatoire de l'Académie de Berlin pour préparer des éphémérides, *Astronomisches Jahrbuch*. La loi Titius-Bode qui remarque que les distances des planètes au Soleil forment une progression régulière est de 1772. Il publie des Atlas célestes (plus de 5000 étoiles) et son *Uranographia* présente, outre 17 000 étoiles, les nébuleuses, étoiles doubles et amas d'étoiles découverts par W. Herschel. Il est directeur de l'Observatoire en 1787 et meurt à Berlin le 23 novembre 1826.
Source : DSB

Bohan, François Philippe Loubat baron de (1751-1804), UR8, UR14

Né à Bourg-en-Bresse le 23 juillet 1751, le baron de Bohan a d'abord suivi une carrière militaire. Revenu à Bourg, il se marie en 1781. Il devient un membre actif de l'Académie de Bourg et s'occupe d'agriculture. En 1789, il n'accepte pas d'être syndic du baillage. En mars 1792, son père, maltraité par les paysans, vient demeurer à Bourg où il meurt le 15 août. Arrêté comme suspect en 1793, Bohan allait être jugé le 14 février 1794, lorsqu'il a été ôté de la liste parce qu'Albitte logeait dans sa maison, mais Amar a essayé de l'y faire remettre sous le nom de Loubat. Il est libéré après le 9 thermidor. Il perd sa femme et sa fille en 1799. Il

refuse d'être maire de Bourg en 1800. Sa deuxième fille, mariée en 1802, meurt en 1803 au grand désespoir de son père qui s'éteint le 12 mars 1804. De l'Hôtel de Bohan, bâti vers 1730 situé à côté de l'Hôtel de Ville de Bourg-en-Bresse, on n'a conservé que la façade.
Sources : NBG et AB

Bonafou, PR52
Commissionnaire à Lyon.

Bonaparte (voir *Napoléon*).

Borda, Jean Charles (1733-1799), PR41, PR42
Né à Dax le 4 mai 1733, Ch. Borda va étudier au collège des Jésuites de La Flèche, puis entre à l'école du génie de Mézières en 1758. Capitaine de vaisseau, il fait plusieurs voyages pendant la guerre d'indépendance des États-Unis. Mathématicien, il est à l'Académie des sciences de Paris en 1757, à l'Académie de Marine en 1769 puis à l'Institut et au Bureau des longitudes en 1795. Ses recherches portent sur la mécanique des fluides; il invente le cercle de réflexion qui améliore les mesures des angles en géodésie et astronomie et participe à l'établissement du nouveau système des poids et mesures. Il meurt à Paris le 19 février 1799.
Source : DSB

Boufflers, UR13
Président, ami de Lalande. Était-il de la famille de Stanislas, marquis de Boufflers (1737-1815)? Il y a aussi en 1804 un M.de Boufflers dans la classe : Langue et Littérature de l'Institut.

Bourgeois, UR3, UR7
Jésuite.

Boury, PR52
Commissionnaire à Lyon.

Bouvard, Alexis (1767-1843), PR10, PR24, PR25, PR26, PR27, PR93
Né en Savoie le 27 juin 1767, A. Bouvard vient à Paris où il est remarqué par Laplace. Il effectue des calculs pour la *Mécanique céleste*. Astronome à l'Observatoire en 1793, il se révèle excellent observateur et découvre plusieurs comètes. Il observe la Lune à la demande de Laplace, et aussi les planètes dont il établit des tables fort exactes. Celle de la planète Uranus, qui doit être révisée après quelques années, lui fait supposer l'existence d'un corps perturbateur. Cette idée conduira aux recherches de Le Verrier et Adams. Entré à l'Institut en 1803, il est aussi membre du Bureau des longitudes. Il est mort à Paris le 7 juin 1843, après avoir observé la célèbre éclipse de Soleil de 1842.
Source : DSB

Bradley, James (1693-1762), PR47, PR61, page 197
Né à Sherbourn en Angleterre, J. Bradley est destiné à une carrière écclésiastique. Aidé par son oncle le Révérend J. Pound, astronome amateur, il achève ses études à Oxford en 1717. Ordonné la même année, il est vicaire à Bridstow mais continue des observations astronomiques, en particulier de la planète Mars pour

Halley. Élu à la *Royal Society of London* en 1718, il est nommé en 1721 professeur d'astronomie à Oxford. Il découvre l'aberration de la lumière par des observations commencées en 1725 avec Molyneux. En 1742, il succède à Halley comme Astronome Royal et directeur de l'Observatoire de Greenwich. En 1748, après une vingtaine d'années d'observations, il annonce la nutation due à la Lune. Il a renouvelé les instruments de l'observatoire de Greenwich et ainsi amélioré les observations. Il meurt à Chalford le 13 juillet 1762.
Source : DSB

Brahé, Tycho (1546-1601), page 196

Né le 14 décembre 1546 à Skane au Danemark (maintenant en Suède), Tycho Brahé est aidé par un oncle. Après trois années d'études à l'Université protestante de Copenhague, celui-ci l'envoie étudier le droit à l'Université de Leipzig. Il étudie secrètement l'astronomie qui l'intéresse depuis l'éclipse de Soleil de 1560. Il voyage : Rostock, Bâle, Augsburg où il fait des observations astronomiques jusqu'en 1570 lorsqu'il retourne dans sa famille. Après la mort de son père, il se rend dans la maison de son oncle. C'est là qu'il voit le 11 novembre 1572 une « étoile nouvelle » qui sera visible jusqu'en mars 1574. Son travail sur cette nova est publié en 1602 dans *Progymnasmata.* Il voyage à nouveau : Cassel où il observe avec le Landgraf Wilhelm IV, Francfort, Bâle, Venise, Augsburg; à Wittenberg il voit un instrument parallactique en bois (Triquetum). De retour au Danemark, le roi Frédéric II lui offre l'île Hven pour installer son observatoire (Uraniborg). Tycho Brahé fait construire de grands instruments et un globe céleste de 5 pieds de diamètre. Il a un quart-de-cercle vertical gradué en degrés et minutes pour mesurer les hauteurs et les azimuts des astres, un quart-de-cercle mural, dans un plan méridien dont les minutes sont divisées en six dixièmes de seconde. Il a des assistants pour manier ses grands instruments. Il observe une belle comète du 13 novembre 1577 au 26 janvier et démontre que c'est un objet plus lointain que la Lune dans *De mundi ætherei recentioribus phænomenis* (1588). Il établit un catalogue d'étoiles, observe le Soleil, la Lune dont il détermine l'inclinaison de l'orbite, les planètes... Après la mort de Frédéric II le 4 avril 1588, Tycho Brahé a de mauvaises relations avec son successeur. Il quitte Hven le 15 mars 1597 pour Copenhague puis Hambourg. Il dédicace son livre *Mechanica* à l'empereur Rudolf II qui l'installe à Prague en juin 1799 où Kepler viendra le rejoindre. Il y meurt en 1601.
Source: DSB

Bréon (la reine des Volsques), UR19

Mme Bréon (poétesse ?) s'appelle sans doute Camille, car Camille est reine des Volsques dans l'*Enéide* de Virgile, et fameuse pour la rapidité de sa course.

Breteuil, Louis-Auguste Le Tonnelier, baron de (1733-1807), UR4

Né à Preuilly, en Touraine, en 1733, le baron de Breteuil, protégé par son oncle l'abbé de Breteuil, entre dans l'armée. Remarqué par le roi, il est envoyé en 1758 comme ministre plénipotentiaire auprès de l'électeur de Cologne, puis, Louis XV l'initie à la correspondance secrète qu'il entretient avec les cours étrangères et dont le comte de Broglie était l'âme. En 1760, il passe en Russie. Absent de son poste lorsque la tsarine fait déposer le tsar Pierre III, il s'empresse de revenir; il est très

bien reçu par Catherine II. En 1770, il était à Vienne lorsqu'il fut remplacé par le cardinal de Rohan; ce fut le début de leur inimitié. En 1772, il est en Suède où il travaille au coup d'état qui y établit le despotisme. Il passe dans diverses ambassades avant de rentrer en France en 1783 où il est nommé ministre d'état chargé de la maison du roi. En désaccord avec Calonne, il démissionne. Opposé à la convocation des États généraux, il succède à Necker à la tête du gouvernement et voit tomber la Bastille. Il émigre et ne rentre en France qu'en 1802. Il meurt à Paris le 2 novembre 1807.
Source : NBG
- Louis XV (1710-1774), arrière-petit-fils de Louis XIV, il lui succède en 1715
- comte de Broglie, Charles François (1719-1781). Ambassadeur en Pologne, entre dans la diplomatie secrète de Louis XV de 1763 à 1770
- Pierre III Fedorovitch (1728-1762), tsar de Russie en 1762
- Catherine II (1729-1796), épouse de Pierre III, tsarine de Russie en 1762
- Rohan, Louis René Edouard prince de (1734-1803). Cardinal, grand aumônier de France, compromis dans l'affaire du Collier de la Reine, émigré

Briffaut (les...), UR32
Amis du couple Lefrançois ?

Bruix, Étienne-Eustache (1759-1805), UR29, UR30, UR31
Né à Saint-Domingue le 17 juillet 1759, fils d'un capitaine, Bruix est issu d'une ancienne famille noble du Béarn. Il vient à Brest terminer ses études et obtient en 1778 son brevet de garde de la marine. Enseigne de vaisseau en 1781, il passe quatre ans à Saint-Domingue où il fait un relevé des côtes et établit des cartes. Il est alors admis à l'Académie de marine de Brest. Après plusieurs missions, il est nommé capitaine de vaisseau à son retour en France en janvier 1793, mais est destitué peu après parce que noble. Retiré à Brest, il est rappelé en 1795 et participe à l'expédition d'Irlande en décembre 1796. Contre-amiral en 1797, il emmène la flotte de Brest en Méditerranée et ravitaille Masséna à Gênes. Promu Vice-amiral en 1799, il rejoint Bonaparte. À la veille du 18 Brumaire, il y a une espèce de conseil privé autour de Bonaparte et de ses deux frères, auquel Bruix a participé. Le 18 Brumaire, Bonaparte envoie Talleyrand et Bruix à Barras pour obtenir sa démission. Bruix est amiral en 1801 et conseiller d'État en 1802. Chargé de la flottille de débarquement en Angleterre, au camp de Boulogne (juillet 1803), il se révèle un remarquable organisateur. Là, en diverses occasions, il s'oppose aux décisions de Bonaparte. En 1805, Napoléon le nomme cependant « grand aigle » de la Légion d'Honneur, mais, malade, Bruix meurt peu après, le 17 mars.
Source : DBF
- Talleyrand, Charles Maurice de (1754-1838). Évêque d'Autun, défroqué, ministre. Prince de Bénévent par Napoléon
- Barras, Paul vicomte de (1755-1829). Député à la Convention et membre du Directoire

Brunet (? – 1805 probablement), PR8
Membre de la Société royale des sciences de Montpellier, astronome. Après son décès, Flaugergues a acheté son équatorial.

Bucayart, UR32
Entrepreneur ?

Buffon, Jean-Louis, Leclerc comte de (1707-1788), UR17

Né à Montbard (Côte-d'Or) le 7 septembre 1707, Buffon est fils d'un conseiller au parlement de Dijon. Après des études brillantes, il rencontre un jeune Anglais qui voyage avec son précepteur. Avec eux, il visite la Suisse et l'Italie pendant dix-huit mois, puis il les accompagne à Londres. Il apprend l'anglais et fait quelques traductions (1733) qui sont agréées par l'Académie des sciences de Paris. Il étudie les mathématiques, la physique puis s'intéresse à la vie des animaux. Il fait paraître le premier volume de son *Histoire naturelle*. Ses travaux lui ouvrent les portes de l'Académie des sciences en 1733. Nommé intendant des jardins du roi la même année, il poursuit ses études et la publication de son *Histoire naturelle* jusqu'en 1767. Le goût de la science s'étant emparé de la société, ses livres ont beaucoup de succès. Son *Histoire des animaux domestiques* (1753-1756) intéresse l'agriculteur, l'homme du monde et le savant. Suivent *Histoire des oiseaux* (1770-1781), *Histoire des minéraux* (1783-1785) aux idées bizarres et, son chef d'œuvre, *les Époques de la nature* (1788). Il était aussi membre de l'Académie française et de la Société d'agriculture. Une maladie grave l'oblige à abandonner ses travaux. Il se consacre alors à l'agrandissement du Jardin des plantes. Il meurt le 16 avril 1788.
Source : NBG

Burckhardt, Jean-Charles (1773-1825), n°UR25, PR57, PR66, PR84, PR95

Burckhardt est né le 30 avril 1773 à Leipzig. Il étudie les mathématiques, ce qui le mène à l'astronomie dont il apprend la pratique et la théorie auprès de von Zach, directeur (depuis 1792) de l'observatoire de Seeberg à Gotha. Recommandé à J. Lalande par la duchesse de Gotha et par von Zach, il vient à Paris en 1797. Il se distingue par des calculs d'orbites de comètes et observe assidûment avec Michel Lefrançois-Lalande (le neveu) à l'observatoire de l'École militaire où il est logé. Il traduit en allemand la *Mécanique céleste* de Laplace. En 1799, il est nommé astronome-adjoint au Bureau des Longitudes. Citoyen français en 1803, il est élu à l'Institut en 1804. Ses Tables de la Lune sont publiées en 1812 par le Bureau. Il meurt à Paris le 21 juin 1825.
Source : NBG et BetH

Bürg, Johann Tobias (1766-1834), PR49, PR69, PR101

Né à Vienne (Autriche) le 24 décembre 1756, dans une famille pauvre, Bürg étudie à l'université les mathématiques et l'astronomie avec Triesnecker et Hell, grâce à une bourse. D'abord professeur de physique à Klagenfurt, il revient en 1792 à Vienne comme assistant à l'observatoire de l'université. En 1802, il voyage et passe comme calculateur deux ans à l'observatoire du Seeberg dirigé par von Zach. En 1806, de retour à l'université de Vienne, il travaille aux Ephémérides. Ses Ephémérides de la Lune, qui ont remporté un prix à Paris, seront utilisées de 1813 à 1820 dans le *Nautical Almanach*. Malade, il se retire en 1819.
Source : DSB

Burney, Francisca, épouse d'Arblay (1753-1840), UR6

Francisca, née en 1753 est la fille de Charles Burney, historien de la musique et compositeur. Elle écrit des romans et publie en 1777 *Evelyna* sous un pseudonyme. Grâce au succès de ce livre, la Reine d'Angleterre l'attache à sa personne et son père accepte sa vocation. En 1782, son roman *Cecilia* a encore plus de succès. Retirée à la campagne, elle épouse en 1793 M. d'Arblay, officier français, et vient avec lui à Paris où elle séjourne de 1802 à 1812 puis retourne en Angleterre où elle meurt en 1840. Ses œuvres ont été traduites en français par H. Rieu (10 volumes en 1784) et en d'autres langues.
Source : NBG

Cadet de Gassicourt, Charles-Louis (1769-1821), UR31

Voisin de Lalande à la Croix du Trahoir, rue Saint Honoré. Né à Paris le 23 janvier 1769, Cadet de Gassicourt est d'abord avocat puis, à la mort de son père (1799), il se fait recevoir pharmacien pour gérer l'entreprise familiale. Il participe peu aux événements révolutionnaires. Sous Napoléon, il est nommé pharmacien de l'Empereur et, à ce titre, il se trouve à Wagram et Schönbrunn. Il est fait alors chevalier d'Empire. Il est l'auteur d'un *Dictionnaire de Chimie* (1803) qui est l'ouvrage de Macquer révisé ; il a collaboré à plusieurs revues. Docteur ès Sciences en 1812, il est à l'Académie de médecine et contribue à la création du Conseil de salubrité. Il meurt le 21 novembre 1821.
Source : DBF

Cadié (Mme), UR11

Amie de Mme du Pierry et de Lalande.

Caigné, PR55

Notaire de J. Lalande, demeurant rue de la Harpe.

Calvarazo, Prince, UR4

Diplomate (?) ayant des intérêts en Hollande.

Calonne, Charles-Alexandre de (1734-1802), UR2

Calonne est né à Douai en 1734. D'abord avocat en Artois puis procureur général au parlement de Douai, il devient ensuite maître des requêtes. En 1783, protégé par le comte d'Artois et le ministre des affaires étrangères Vergennes, il est nommé au Contrôle général des finances. Complaisant, il dépense et emprunte pour remplir les caisses de l'État. À bout de crédit, il demande au roi la convocation d'une assemblée de notables (1786). À cette assemblée réunie le 2 février 1787, il demande une égale répartition de l'impôt, la fin des privilèges, l'abolition des corvées et de la gabelle. Il doit reconnaître un déficit de 112 millions qu'il attribue principalement à ses prédécesseurs. Necker réagit et proteste. La Cour se déclarant contre lui, Calonne démissionne (avril 1787). Il passe alors en Angleterre, polémique avec Necker et épouse la veuve de M. d'Harveley qui lui apporte une grande fortune. Pendant la Révolution, il se fait l'agent du parti de Coblence et ruiné, il revient à Londres. En 1802, il demande à revenir en France, ce qui est accordé par le Premier Consul. Il meurt peu après son retour, le 30 octobre 1802.
Source : NBG

– Vergennes, Charles Gravier comte de (1719-1787). Diplomate, ministre de Louis XVI
– Necker, Jacques (1732-1804), Né à Genève, protestant et banquier, il est directeur des Finances, puis ministre de Louis XVI

Caroché, Noël Simon (1744-1812), UR17, PR 18, PR 28, PR 29, PR 38

Né le 23 juin 1744 à Paris, Caroché, mécanicien, a fabriqué des instruments d'astronomie, en particulier un télescope de 22 pieds de long qui devait rivaliser avec ceux de Herschel et un autre de 7 pieds avec un miroir en platine. Il a dit avoir observé un volcan sur la Lune. Membre du Bureau des longitudes comme artiste, il est mort à Paris en 1812.
Source : Pogg.

Carrier, Jean-Baptiste (1756-1794), UR18

Né à Yolet dans le Cantal le 16 mars 1756, Carrier est fils d'un cultivateur aisé. Il entre au collège d'Aurillac grâce à la protection du marquis de Miramon. D'abord clerc chez le procureur Delsal, son parent; il va étudier le droit à Paris, revient à Aurillac en 1785, achète une charge de procureur postulant et se marie le 4 octobre. Il manifeste sa haine des nobles en 1789. Il est élu à la Convention en septembre 1792, représentant du Cantal. Il est envoyé en mission dans les départements : en Normandie, à Caen en juillet 1793, puis en Bretagne en août où il fait arrêter l'évêque Le Coz. Début octobre, à Nantes, il organise les massacres (qui feront disparaître environ dix mille personnes), et aussi la fête de la Raison. Carrier est rappelé à Paris le 8 février 1794 et fait son rapport à la Convention le 3 ventôse an II (21 février). Après le 9 Thermidor, sa conduite est examinée, le rapport établi par Romme conclut la mise en accusation. Le 27 novembre 1794, le tribunal révolutionnaire le condamne à mort avec deux complices. Ils sont exécutés le 16 décembre 1794.
Source : DBF
– Romme, Gilbert (1750-1795), mathématicien, il s'est occupé activement du calendrier républicain. Arrêté en 1795, il s'est poignardé

Cassini, Jean-Dominique ou Cassini Ier (1625-1712), UR12

Né à Perinaldo le 8 juin 1625, J.-D. Cassini fait ses études au collège des Jésuites à Gênes. Secrétaire du Doge de cette ville, il l'accompagne à la Cour de Louis XIV. En 1650, il est nommé à l'Université de Bologne dans la chaire d'astronomie. Il se fait bientôt connaître par ses observations de la comète de 1652 qu'il a effectuées à l'observatoire du marquis de Malvasia près de Modène. En 1653, l'église San Petrone subit des réparations et des agrandissements; Cassini est chargé de rétablir la méridienne que l'on peut encore voir à Bologne et avec laquelle il a mesuré l'inclinaison de l'écliptique (la précédente méridienne datait de 1575 et n'était plus utilisable). En 1668, il publie ses *Éphémérides des satellites de Jupiter* dont la qualité est remarquée à Paris où il est invité par Colbert à venir à l'Observatoire alors en construction. Bien reçu par Louis XIV, il obtient pension, lettres de naturalité en 1773, se marie et s'installe à l'Observatoire. Excellent observateur, il découvre quatre satellites de Saturne, la lumière zodiacale. Avec Picard à Paris et Richer à Cayenne, il établit la parallaxe de la planète Mars et celle

du Soleil, d'où la première bonne mesure de la distance du Soleil à la Terre. En 1693, il donne de nouvelles Tables des satellites de Jupiter. En 1695-96, Cassini voyage en Italie avec son fils Jacques et, en passant à Bologne, il vérifie la méridienne qu'il avait tracée quarante ans plus tôt. Devenu aveugle, il meurt à l'Observatoire le 14 septembre 1812, événement que Saint-Simon signale dans ses *Mémoires*. Il est le fondateur de la « dynastie » des Cassini qui seront à la tête de l'Observatoire de Paris jusqu'à la Révolution.
Source : NBG

Cassini, Jacques ou Cassini II (1677-1756), PR5

Né le 18 février 1677 à l'Observatoire, J. Cassini fait ses études au Collège des quatre Nations, études qu'il achève en 1691 par une thèse d'optique sous la direction de Varignon. Admis comme élève à l'Académie des sciences en 1694, il sera associé en 1699 puis pensionnaire à la mort de son père. Il a fait plusieurs voyages en Italie avec Cassini 1er, en Flandres, aux Pays-Bas et en Angleterre où il a pratiqué astronomie et géodésie. Avec son père, il a prolongé la méridienne de Paris en 1700-1701 ; avec son fils, il a mesuré la perpendiculaire de Strasbourg à Saint Malo. D'après ces mesures, il a affirmé que la Terre était allongée aux pôles. Ses observations astronomiques ont porté sur les planètes et leurs satellites et il a démontré le mouvement propre des étoiles. En 1740, il se retire peu à peu et publie ses *Éléments d'astronomie* et ses *Tables astronomiques*. Il a eu des fonctions telles que Conseiller d'État où l'on a apprécié sa probité. Il meurt au château de Thury le 15 avril 1756.
Source: NBG

Cassini, Jean-Dominique, comte de, ou Cassini IV (1748-1845), UR2, PR 16

Né à Paris le 30 juin 1747, Jean-Dominique (comme son arrière grand-père) est le dernier de la dynastie. Astronome, il entre à l'Académie des sciences en 1770. Il observe des comètes, la disparition de l'anneau de Saturne en 1773, un passage de Mercure sur le Soleil le 12 novembre 1773 et, régulièrement, les variations de l'orientation de l'aiguille aimantée. Géodésien comme son père, il participe à la jonction Paris – Greenwich en 1787 et il achèvera la grande carte de France commencée par Cassini III, à qui il succède comme directeur de l'Observatoire en 1784. Cette carte sera « nationalisée » par la Convention. Arrêté en 1793, Cassini IV est libéré peu après et quitte l'Observatoire. Nommé à l'Institut et au Bureau des longitudes en 1795, il en démissionne et se retire au château de Thury. Il est à nouveau nommé membre de l'Institut en 1799. Il meurt le18 octobre 1845.
Source : NBG

Chabrol, Michel (1777-?), PR60, PR64, PR72, PR74

Né à Riom le 18 novembre 1777, M. Chabrol, de Murol, a fait beaucoup de calculs pour Lalande.

Chaptal, Jean Antoine, comte de Chanteloup (1756-1832), PR48, PR90, PR95

Né le 4 juin 1756 à Nojaret (Lozère), Jean Chaptal est docteur en médecine en 1777 et professeur de chimie en 1781 à Montpellier. En 1793, il est nommé à la direction de l'atelier de Grenelle pour la fabrication des poudres. Professeur à l'École Polytechnique, il entre à l'Institut le 28 février 1796 comme chimiste. On lui doit la

chaptalisation des vins. Après le 18 Brumaire, il est au Conseil d'État, ministre de l'Intérieur de 1800 à 1804, puis sénateur, comte d'Empire. Sous la Restauration, il est nommé à la Chambre des Pairs. Il meurt à Paris le 29 juillet 1832.
Sources : LXX et Index Acad.

Chaume, UR35
Relation d'affaires.

Ciccolini, Lodovico (1767-?), PR54
Né le 22 novembre 1767 à Macerata, chevalier de Malte, Ciccolini est directeur de l'Observatoire et professeur d'astronomie à l'Université de Bologne de 1801 à 1815.
Source : Pogg.

Clairaut, Alexis Claude (1713-1765), PR1, PR12
Né à Paris le 7 mai 1713, Clairaut, qui, dès l'âge de dix ans, avait étudié les mathématiques, fonde, avec quelques physiciens, la Société des Arts en 1726 et publie en 1729 un traité sur les courbes gauches. Il est nommé à l'Académie des sciences de Paris en 1731, bien qu'il n'ait pas encore l'âge requis. En 1735, il participe à l'expédition en Laponie commandée par Maupertuis, pour mesurer un arc de méridien près du pôle. Il s'intéresse à la mécanique céleste et plus particulièrement au problème des trois corps : théorie de la Lune (1752), calcul du retour de la comète de Halley. On lui doit aussi de nombreux travaux de mathématiques. Il meurt à Paris le 17 mai 1765.
Source : DSB.

Cocha (de la), PR7
En 1791, est, peut être, officier de marine espagnol de passage à Montevideo, expédition Malaspina.

Copernic, Nicolas (1473-1543), page 205
Né à Torun (Pologne), N. Copernic est pris en charge par son oncle, évêque de Varmia, à la mort de son père. Il étudie à l'Université de Cracovie (1491) puis il est nommé chanoine de la cathédrale de Frauenburg (Frombork). Il se rend en Italie pour étudier le droit canonique à l'Université de Bologne, mais il s'initie aussi à l'astronomie. Le 6 novembre 1500, il observe une éclipse de Lune à Rome où il enseigne puis il rentre en Pologne. Il est de retour en Italie pour étudier la médecine à Padoue, mais c'est à Ferrare qu'il devient docteur en droit canon en 1503. Il revient alors définitivement en Pologne, à Varmia. Il installe ses instruments : un instrument parallactique pour observer la Lune, un quart-de-cercle pour le Soleil et un astrolabe pour les étoiles. Le 1er mai 1514, il écrit sur son nouveau système ; il détermine les distances des planètes dans ce système où le Soleil n'est pas au centre mais en un point voisin. Son *De revolutionibus orbium cœlestium* est publié en 1543, année de sa mort.
Source : DSB

Cormiliolle, Pierre-Louis (1739-1822), UR13
Né à Paris le 16 avril 1739 dans une famille d'origine italienne établie d'abord à Lyon, Cormiliolle est entré dans les ordres. En 1790, il est curé constitutionnel dans

le Département de l'Oise. Il quitte alors la prêtrise et se marie. Érudit, il a traduit, de Stace, *La Thébaïde* en 1783 et d'autres œuvres parues jusqu'en 1819. Il est mort à Paris le 13 mars 1822.
Source : DBF

– Stace (c. 40-après 95), Publius Papinus Statius, né à Naples, poète souvent couronné aux jeux poétiques, a vécu à Rome

Coulomb, Charles-Auguste de, (1736-1806), UR10, UR12, UR14, UR17.

Né à Angoulème en 1736 dans une famille de magistrats, Coulomb embrasse d'abord la carrière militaire. Sa première mission l'envoie à la Martinique pour diriger les travaux du fort Bourbon. Il en revient malade au bout de trois ans. Il se fait à Paris des relations parmi les savants. Des missions à l'île d'Aix, à Rochefort et à Cherbourg n'interrompent pas ses travaux scientifiques, sur les aiguilles aimantées (1777), sur la statique des voûtes (1779). Envoyé aux États de Bretagne pour juger d'un projet de canaux, il s'oppose à ce projet trop coûteux pour une faible utilité. Un ministre mécontent le fait emprisonner à l'Abbaye. En 1784, Coulomb est nommé intendant général des eaux et fontaines de France et, en 1786, il est élu à l'Académie des sciences, puis nommé chevalier de Saint-Louis et appelé à la survivance de la place de conservateur des plans en relief. Envoyé en Angleterre par l'Académie pour étudier l'administration des hôpitaux, il revient au début de la Révolution. Il donne alors sa démission de toutes ses places et vit dans sa famille tout en étudiant les sciences. En 1795, il est élu à l'Institut et, en 1802, nommé inspecteur général de l'instruction publique. Sa réputation scientifique est principalement due à l'invention et l'exploitation de la balance de torsion (1784). Il meurt le 23 août 1806.
Source : NBG

Cousin, Jacques Antoine Joseph (1739-1800), PR47

Né à Paris le 27 janvier 1739, Cousin est, en 1766, professeur adjoint de physique au Collège royal et, en 1769, titulaire de la chaire de mathématiques à l'École militaire; il le restera pendant quinze ans. En 1772, il entre à l'Académie des sciences de Paris comme adjoint géomètre; il sera associé en 1784. Il publie en 1777 *Leçons de calcul différentiel*, et en 1787 *Introduction à l'étude de l'astronomie physique*. Pendant la Révolution, il prend part à la rédaction des « *Cahiers* » de son district; il est membre de la Commune jusqu'en octobre 1790. En 1795, il est président de l'administration du département de la Seine, et en 1796 membre du bureau central de police où il est chargé des subsistances. En 1795, il est élu à l'Institut dans la section de physique expérimentale. Élu au Corps législatif (an VI), et au Conseil des Anciens (an VII), il sera nommé sénateur le 3 nivôse an VIII (24 décembre 1799). Il meurt à Paris le 29 décembre 1800.

Source: DSB

Daffrique, (ou d'Affrique), UR3, UR35

Ami de Mme Du Pierry et de Lalande.

Dangos (ou d'Angos), Jean Auguste (1744-1833), PR10

Né à Tarbes le 13 mai 1744, Dangos est chevalier de l'ordre de Malte et officier au régiment de Navarre. Pendant les vingt années de son séjour à Malte, il fait des

observations astronomiques qu'il continue ensuite à Tarbes. En 1780, il est nommé correspondant de Messier à l'Académie royale des sciences de Paris. En 1796, il est associé non résidant de l'Institut. Il annonce en 1798 qu'il a vu une comète dans le Soleil, ce dont Lalande doute fort. Il a publié quelques travaux sur le baromètre dans le *Journal de physique*. Il meurt à Tarbes le 23 septembre 1833.
Source : SD

Danyzy, Augustin Hyacinthe (1698-1777), PR1, PR8

Né le 30 mai 1698 à Avignon, A. Danyzy est, à Montpellier, membre de la Société royale des sciences et aussi professeur de mathématiques et d'hydrographie. Ingénieur, il a été chargé de surveiller des travaux à l'observatoire de la Babote où il a donné un cours d'astronomie et où il a fait de nombreuses observations de 1746 à 1771.
Sources : Pogg. et Faidit

Darquier (ou d'Arquier de Pellepoix), Augustin (1718-1802), PR10, PR23

Né à Toulouse le 23 novembre 1718, riche, Darquier achète des instruments et installe un observatoire dans sa maison. Il peut aussi payer des calculateurs pour réduire ses observations. Il est un astronome connu dès 1748 et devient en 1757 correspondant de Clairaut, puis dix ans plus tard, de Le Monnier à l'Académie des sciences de Paris ; il sera nommé associé non résidant à l'Institut en 1796. Il a publié à ses frais deux volumes d'observations astronomiques et d'autres dans Histoire et Mémoires de l'Académie de Toulouse. Les suivantes ont été imprimées dans *Histoire céleste* de Lalande. Il a traduit les *Lettres cosmologiques* de Lambert, livre paru en 1801 et réédité en 1977. Il est mort à Toulouse le 28 nivôse an X (18 janvier 1802).
Source : SD

David, Aloys, en réalité Martin, (1757-1836), PR14

Né le 8 décembre 1757 en Bohème, David est professeur d'astronomie à l'Université et Directeur de l'Observatoire de Prague. Ses observations ont principalement été publiées en Allemagne.
Source : Pogg.

Delambre, Jean-Baptiste Joseph, (1749-1822), UR2, UR5, UR11, PR2, PR7, PR8, PR 16, PR20, PR22, PR35, PR45, PR56, PR57, PR61, PR84, PR97, PR98, PR99, PR106

Né à Amiens le 19 septembre 1749, Delambre y fait ses études au collège. L'abbé Delille, alors professeur dans ce collège, le pousse vers des études classiques. Venu au collège du Plessis à Paris grâce à une bourse, Delambre poursuit seul des études en histoire, littérature, mathématiques. En 1770, il est chargé de l'éducation d'un jeune homme à Compiègne. L'année suivante, de retour à Paris, il est précepteur du fils de M. d'Assy, receveur général des finances. Il s'intéresse surtout aux sciences et va assister aux cours de J. Lalande au Collège de France. Celui-ci, enthousiasmé par les connaissances du jeune homme, l'embauche pour travailler avec lui et obtient de M. d'Assy un observatoire dans son hôtel pour Delambre qui achète des instruments. Il fait beaucoup de calculs, établit des Tables d'Uranus, des satellites de Jupiter, qui obtiennent un prix de l'Académie des sciences. Il en est membre en 1792, à la veille de sa suppression. Avec Méchain, il mesure, de 1792 à 1798, le méridien de Dunkerque à Barcelone, pour l'établissement du Système métrique. En 1795, il est élu astronome du Bureau des longitudes et membre de l'Institut. En 1803, il est secrétaire perpétuel pour les sciences physiques et mathématiques. Le premier Consul le nomme Inspecteur général des études; ainsi, il organise les lycées de Moulins et de Lyon. En 1807, il succède à Lalande dans la chaire d'astronomie au Collège de France. En 1814, il publie un *Traité d'Astronomie*. Puis, malade, ses cours sont confiés à Mathieu jusqu'à sa mort. Il achève sa vie en rédigeant une *Histoire de l'astronomie*. Il meurt le 19 août 1822.

Source : *l'Astronomie*, juillet-août 1949

Delille, Abbé Jacques, (1738-1813), UR17, UR30

Né à Aigueperse, en Auvergne, Delille est un enfant naturel et il n'eut qu'une pension de cent écus de son parrain. Placé au collège de Lisieux, il fait de bonnes études puis est admis au professorat. Après avoir occupé différents postes, il obtient la chaire de troisième au collège de la Marche à Paris. Il traduit alors en poète les *Géorgiques* de Virgile et obtient un grand succès. Voltaire demande pour lui le premier fauteuil vacant à l'Académie française, ce qui est refusé par Louis XV. Réélu deux ans plus tard au fauteuil de La Condamine, on l'appelle alors au Collège royal pour le cours de poésie latine. Le comte de Choiseul-Gouffier l'emmène dans son ambassade à Constantinople. Après un an sur les rives du Bosphore, il retrouve son cours et ses nombreux auditeurs. Après la Terreur, il se retire à Saint-Dié puis à Bâle et passe en Angleterre où, Chateaubriand lui rendant visite un jour : « *il me fit attendre puis il parut les joues fort rouges : on prétend que Madame Delille le souffletait; je n'en sais rien; je dis seulement ce que j'ai vu* ». Madame Delille (que Lalande considérait comme « folle ») respectait l'homme qui l'avait élevée jusqu'à lui mais elle exigeait du poète le plus de vers possible car ils se vendaient 5 f et elle l'enfermait dans son logement. Revenu en France sous le Consulat, Delille entre à l'Institut et meurt dans tout l'éclat de sa réputation le 1er mai 1813.

Source : NBG et Chateaubriand : Mémoires d'Outre Tombe

– Voltaire, François Marie Arouet, dit (1694-1778), écrivain français

– comte de Choiseul-Gouffier, diplomate

– Chateaubriand, François René, vicomte de (1768-1848). Écrivain et diplomate

Deluc, voir *Luc*

Denizet, UR16, UR19, UR35

Famille amie de Mme Du Pierry et de Lalande.

Denon, UR10, UR11, UR22, UR25, UR30

Amie mais aussi créancière de Mme Du Pierry ?

Denoux, UR3, UR16, UR18

M. et Mme, amis de Mme Du Pierry et de Lalande. Madame est parente ou amie de Melle Déon.

Déon (Melle), UR3, UR7
Amie ou parente de Mme Denoux, elle vit à Londres.

Desherbiers, Claude-Antoine Guyot-des Herbiers (1749-1814), UR19, UR35
Né à Paris en juin 1749, il a eu une place importante au barreau, avant le Révolution, dont il épousa la cause avec ardeur. En 1784, il est membre de la loge des Neuf-Sœurs. En 1790, il est juge suppléant près les tribunaux civils de la capitale, puis juge titulaire. Il entre dans les bureaux du Ministère de la Justice. Député du département de la Seine aux Cinq-Cents (1798), il devient Membre du corps législatif après le 18 brumaire. En 1806, redevenu avocat, il revient à la loge des Neuf-Sœurs. À propos de la constellation du Chat, proposée par Lalande à Gotha, et dessinée par Bode dans son Atlas, Desherbiers a écrit un « poème charmant » qu'il ne veut pas publier, le sujet étant trop frivole. Il est grand-père maternel d'Afred de Musset
Source : L. Amiable, 1897, et Lalande, *Connaissance des Temps* an X

Dollond, Peter (1730-1820), UR2
Fils de John Dollond, l'inventeur des objectifs achromatiques, Peter Dollond est né à Londres en 1730. D'abord ouvrier en soie comme son père, il devient opticien en 1750, il s'associe à son père en 1752 et avec son frère en 1766. À la mort de celui-ci en 1804, George Huggins, neveu de John Dollond par sa mère donc cousin de Peter, le rejoint et prend le nom de Dollond. Peter a amélioré plusieurs instruments d'optique et d'astronomie : le télescope en 1765, le quadrant de Hadley en 1772, l'instrument équatorial en 1779. Il est mort à Kensington en 1820.
Sources : NBG et Pogg

Du Bocage, Anne-Marie née Le Page (1710-1802), UR10
Née le 22 octobre 1710 à Rouen où elle a épousé M. Fiquet Du Bocage (mort en 1767), Mme Du Bocage a écrit des vers qui ont obtenu un prix de l'Académie de Rouen en 1746, une tragédie et, en général, des œuvres d'inspiration catholique éditées en 1788. Après son mariage, elle habite Paris où elle tient salon. Elle fut moquée par Voltaire. Elle meurt à Paris le 8 août 1802.

Source : DBF

Du Bois du Bais, Louis Thibault, ou Dubois Dubai (1743-1834), PR96
Né le 13 avril 1743 à Cambremer (Calvados), il est en 1760 lieutenant à Pont-Audemer. Après une campagne en mer en 1761, il entre aux gardes du corps. Marié en 1781, il quitte le service en septembre 1788 et se retire à Cambremer. En 1790, il est élu juge de paix et commandant de la garde nationale. En 1791, il est à l'Assemblée législative et, l'année suivante à la Convention. Membre du comité de la guerre, il est envoyé en mission aux armées où il déplait par le mépris qu'il manifeste à ses collègues. Après le 9 thermidor, il ne cache plus ses sentiments monarchiques. Élu au Conseil des Cinq-Cents, il siège à droite puis entre au Conseil des Anciens. Il soutient Bonaparte et devient sénateur le 25 décembre 1800, région de Nîmes. Comte d'Empire en 1808, commandeur de la Légion d'Honneur, il adhère à la destitution de l'empereur. Mais, au retour de Napoléon,

il revient au Sénat. Ce qui lui vaut d'être exilé en 1816. Il revient en juin 1818 et meurt à Cambremer le 1er novembre 1834.
Source : DBF

Duchesse de Gotha (??-1827), PR71, PR99, PR100, PR101

Épouse de Ernest II, duc de Saxe-Gotha-Altenbourg (1745-1804) qui a fait construire l'observatoire du Seeberg près de Gotha (il était lui-même bon mathématicien et excellent joueur d'échecs); la duchesse, qui s'intéresse particulièrement à l'astronomie, participe aux calculs. Après la mort d'Ernest II, elle voyage jusqu'en Italie accompagnée par von Zach et la nièce de celui-ci, visitant, entre autres, des observatoires.
Source : Lalande BetH

Duc-la-Chapelle, Anne Jean Pascal Chrysostome (1765-1814), PR10, PR23

Né à Montauban le 27 janvier 1765, après des études à l'Université de Toulouse, Duc-la-Chapelle est conseiller à la Cour des Aides de Montauban, en 1786. Mais, passionné d'astronomie, il passe un an auprès de Lalande, puis revient à Montauban où il installe un observatoire, très actif en 1792, avec de bons instruments. Il observe particulièrement la planète Mercure. En 1796, il est nommé à l'Institut et fonde la Société des Sciences et des Arts de Montauban. Son élève (1797-1798) Bernier va à Paris chez Lalande en 1799 et partira avec l'expédition Baudin. Les observations astronomiques de Duc sont plus rares à partir de 1805 et s'arrêtent en 1811. Ses activités publiques l'occupent alors beaucoup : il est maire de la ville de 1811 à 1813. Lalande l'a surnommé son Hermophile. Il meurt le 8 octobre 1814.
Source : SD et SG

Duclaux, Joseph Louis (1752-??), PR83

Né à Aubenas (Ardèche) le 23 avril 1752, Duclaux fait des études de droit et s'installe avocat à Aubenas. Pendant la Révolution, il est commissaire près le tribunal du district, juge de paix puis membre de l'administration centrale. Conseiller général de l'Ardèche, il est nommé député du Corps législatif par le Sénat. C'est la fin de sa carrière, la date de sa mort est inconnue.
Source : DBF

Dupiéry (ou du Pierry), Louise Elisabeth Félicité, née Pourra de la Madeleine(1746-??), toutes les lettres UR

Née à La Ferté-Bernard (Maine) le 1er août 1746, Mme Dupiéry, qui a été mariée à vingt ans, s'intéresse aux sciences. Après sa rencontre amoureuse avec Jérôme Lalande en 1779, elle étudie l'astronomie et fait quelques calculs en particulier sur les éclipses de soleil pour préciser le mouvement de la Lune. Sa santé lui fera abandonner ce travail. En 1789 elle ouvre un cours d'astronomie pour les dames. En 1793, elle quitte Paris pour la région de Chantilly. Elle s'intéresse aussi à la chimie, aux « petites bêtes » et prépare des Tables pour Fourcroy. Il semble qu'elle ait été, dans cette région, dame de compagnie ou préceptrice chez divers personnages, tels Gohier, Bruix… On ne sait à quelle date elle est morte.
Sources : BetH, Quérard

– Fourcroy, Antoine François comte de (1755-1809) Chimiste, à l'Académie des sciences en 1755, à l'Institut en 1795. Il fut directeur de l'Instruction publique

Duplantier, Valentin (??),UR8

Lieutenant général à Bourg-en-Bresse vers 1770, Duplantier « n'a pas pu être reçu cons. du pt. parce que le grand père de sa mère avait été condamné à être pendu en effigie pour fausse monoye à Lyon ». En 1788, il a été victime des nouvelles opérations de MM de Brienne et de Lamoignon. Pendant la Révolution, il est très actif à Bourg. Le 23 mars 1789, il préside l'assemblée des trois ordres. Comme on empêche à Bourg l'exportation du blé, Duplantier se rend à Lyon avec le maire pour engager les Lyonnais à faire de même. Le 14 juillet 1790, fête de la Fédération, Duplantier est là; le 9 février 1791 : grand-messe et *Te Deum* avec accompagnement du *ça ira*; Duplantier fait un discours. Il achète le couvent des Jacobins, en vend tout de suite une partie, et se trouve supérieurement logé. En 1792, il vient à Paris solliciter pour les détenus de Bourg et parle à la Convention le 29 mai. En 1793, il se cache et va en Suisse lorsqu'il y a danger. Ayant obtenu un certificat de non-émigration, il est élu député en 1795. En 1803, il est préfet des Landes. Il avait été porter à Bonaparte les vœux du département.

Source : AB

- Brienne, Étienne Charles de Loménie de (1727-1794), évêque de Toulouse, ministre de Louis XVI, impose une réforme judiciaire et politique, démissionne en 1788, prête serment à la Constitution civile du clergé en 1791
- Lamoignon, Chrétien François de (1735-1789). Membre du Parlement, Garde des sceaux pendant que Brienne est ministre, se retire avec lui

Dupont de Nemours, Pierre-Samuel (1739-1817), UR32

Né à Paris le 14 décembre 1739, Dupont étudie d'abord la médecine puis se livre aux spéculations philosophiques et s'attache à l'école de Quesnay qui voulait faire des réformes. Ayant refusé les offres de Choiseul, il accepte celles du roi de Pologne. Il revient en 1774, appelé par Turgot qu'il suivra dans sa disgrâce. Retiré alors près de Nemours, il s'occupe d'agriculture. Rappelé aux affaires par Vergennes, il négocie la reconnaissance des États-Unis. En 1789, il est envoyé aux États généraux par le baillage de Nemours (d'où son nom). Il publie en 1792 un journal aux opinions modérées. Poursuivi après le 10 août 1792, il se cache à l'observatoire du Collège Mazarin (utilisé par Lalande qui promet de le ravitailler) puis à la campagne. Arrêté, il est libéré après le 9 Thermidor. En 1795, il est au Conseil des Anciens. Inquiété en 1797, il quitte la France pour les États-Unis. À son retour, en 1802, il refuse les fonctions offertes par Bonaparte. À la Restauration, en 1814, il est secrétaire du gouvernement provisoire et Louis XVIII le fait chevalier de la Légion d'Honneur et conseiller d'état. Au retour de Napoléon, il quitte définitivement la France et va rejoindre ses fils aux États-Unis où il meurt le 6 avril 1817 dans le Delaware.

Source : NBG

- Quesnay François (1694-1774), économiste, chef de l'école des physiocrates
- Turgot, Anne Robert Jacques baron de l'Aulne (1727-1781). Économiste, intendant de la Généralité de Limoges de 1761 à 1774, ministre de Louis XVI en 1774 pour deux ans

Empereur, voir *Napoléon*, UR35

Englefield, Sir Henry Charles, baronet (environ 1752-1822), PR20

H. Ch. Englefield, qui habite près de Reading, s'intéresse à l'astronomie, observe les variations de l'étoile Algol, calcule l'orbite de plusieurs comètes. Il meurt à Londres le 21 mars 1822.

Fabre (ou Favre), capitaine, UR12, UR14, UR18, UR25, UR32, UR35, UR36

Ami et amoureux de Mme du Pierry ?

Faro, UR2, UR5

Assistant de Lalande.

Favre, Mme, page 18

Elle est bénéficiaire d'un legs de Lalande, consistant en un diamant de 600 f. Liée au précédent ?

Fenille, de (?-1794), UR14

Notable de Bourg-en-Bresse, en 1771, M. de Fenille achève son beau jardin avec serres près de Bourgneuf. En 1774, il plante une pépinière dans le fossé des halles à Bourg-en-Bresse. Il s'occupe des étangs de la Dombes et écrit sur ce sujet un mémoire. Sans doute propriétaire aisé, ses recettes s'élèvent en 1783 à 900 mille livres, par contre, en 1789, il n'a pas reçu un sou. Arrêté le 30 septembre 1793, il est sur la liste des 14 citoyens de Bourg qui sont exécutés à Lyon le 16 février 1794.
Source : AB

Flamsteed, John (1646-1719), PR19, PR47

Né près de Derby en Angleterre, J. Flamsteed ne fréquente pas l'Université à cause de sa mauvaise santé. Il étudie cependant l'astronomie et il présente à la *Royal Society of London* des éphémérides des occultations lunaires pour 1670. Le Roi, qui installe le 4 mars 1675 l'observatoire de Greenwich, le nomme Astronome Royal. En 1684, après quelques études à Cambridge, il devient pasteur à Burstow près de Greenwich. Directeur de l'Observatoire, il entreprend un catalogue de 3000 étoiles. Sa méthode nouvelle lui permet d'atteindre une meilleure précision pour la position des étoiles. Newton et Halley réclament la publication de ce catalogue et en font paraître en 1712 une édition sans son autorisation. En 1714, Flamsteed obtient gain de cause et les trois quarts de cette édition sont brûlés. À sa mort, le 31 décembre 1719, son travail est assez avancé pour être publié : le Catalogue en 1725 et l'Atlas en 1729.
Source : DSB

Flaugergues Mme, Marianne Rieu (1755-1830), PR102

Citoyenne de Viviers, Marianne Rieu a épousé Honoré Flaugergues le 25 septembre 1792. Elle est morte peu de temps avant lui.
Source : A. Mazon

Florette, UR12

Chat ?

Fontanelles, UR7

Collaborateur de Lalande.

Galiano, Dionisio Alcala (1760-1805), PR7

Né en octobre 1760 à Cabra, province de Cordoue, Galiano est capitaine dans la marine de guerre espagnole. Il accompagne Malaspina dans son voyage autour du monde et détermine des positions géographiques en Amérique. Il est à Montevideo en 1791. Il meurt le 21 octobre 1805 pendant la bataille de Trafalgar. Source : Pogg.

Galilée, Galileo (1564-1642), page 208

Né à Pise le 15 février 1564, Galilée y fait des études de médecine (1581). De 1585 à 1589, il donne des leçons à Florence et à Sienne. Il expérimente sur la chute des corps. Professeur à Padoue, il écrit un traité pour les étudiants, *Le Meccaniche*. Il reçoit le livre de Kepler *Mysterium cosmographicum* et exprime sa préférence pour le système de Copernic. En 1597, il construit des instruments pour les vendre. En 1602 il étudie le mouvement du pendule, en 1604 il observe la supernova, en 1609 il construit une lunette grossissant 30 fois avec laquelle il découvre quatre satellites de Jupiter et publie *Siderus nuncius* en 1610. De retour à Florence, il est mathématicien et philosophe du Grand duc de Toscane et professeur de mathématiques à Pise. En 1611, il est élu membre de l'Academia dei Lincei. Il est bien accueilli par les Jésuites. Avec ses lunettes, il découvre les « anses » de Saturne (c'est-à-dire l'anneau), les phases de Vénus et les taches du Soleil pour lesquelles il a une querelle de priorité avec Scheiner (1613). Il revient à la mécanique et publie *De motu accelerato*. Encouragé par le cardinal Barberini (qui sera le pape Urbain VIII), il présente le système de Copernic comme une hypothèse dans *Il Saggiatore* (1623), puis dans ses *Dialogues*. Emmené à Rome, il est victime d'un long procès intenté par l'Eglise, à l'issue duquel il doit se rétracter (1633). Il est assigné à résidence, et, aveugle, il termine sa vie à Arcetri, près de Florence (1642). Source : DSB

Gambart, Jean Félix Adolphe (1800-1836), page 85

Né le 12 mai 1800 à Sète, Gambart a étudié l'astronomie avec Bouvard. Il entre très tôt à l'observatoire de Marseille où il est adjoint en 1819. De 1822 à 1833, il découvre treize comètes dont, le 9 mars 1726, celle que Biela a trouvée dix jours plus tôt. Il est directeur de l'observatoire de Marseille en 1822, succédant à Blanpain, et correspondant de l'Académie des sciences en 1833. Source : Pogg

Garnier, UR34, UR35

Habite près de Soissons à Chevreux où il a reçu Mme Du Pierry.

Gassicourt, voir *Cadet de Gassicourt*

Gauss, Karl Friedrich (1777-1855), PR99

Né le 30 avril 1777 à Brunswick (Braunschweig), Gauss, issu d'une famille pauvre, est un excellent élève qui, pour cette raison, reçoit une pension du Duc Karl W. Ferdinand. Après quatre années au collège de Brunsvick, il achève ses études à Göttingen et revient en 1798 dans sa ville natale. Mathématicien, il s'intéresse à l'astronomie et, en 1801, il calcule l'orbite de la petite planète Cérès découverte par Piazzi. Le Duc meurt en 1806 à Altona. Gauss est, en 1807, professeur d'astro-

nomie et directeur de l'observatoire de Göttingen. Il est membre de plusieurs Académies : Göttingen, Berlin et Paris. Avec Humboldt, il étudie le magnétisme terrestre en 1828. Malade, il réduit ses activités à partir de 1850 et meurt à Göttingen le 23 février 1855.
Source : DSB

Gauthier, Mme, UR8

Mme Gauthier, de Bourg, est probablement la femme de Gauthier, député qui vend sa maison de Bourg pour s'installer à Paris en 1796. Ils ne sont plus fréquentés par Lalande après 1793.
Source : AB

George III (1738-1820), UR6

Roi d'Angleterre, George III succède à son père George II en 1760 et règne jusqu'en 1811. À cette date, atteint d'une maladie mentale qui s'est déjà manifestée fin 1788, son fils, futur roi George IV, exerce la Régence jusqu'en 1820.
Source : LXX

Gleizal, Claude (1761-1833), PR31, PR38, PR53

Né à Genestelle dans le Vivarais le 29 mai 1761, Claude Gleizal, fils de notaire, a fait des études de droit. En 1788, il est notaire et avocat dans sa ville natale. En 1791, il est nommé juge de paix à Antraigues et membre du directoire du département de l'Ardèche. Le 6 septembre 1792 il est élu à la Convention où il se montre adversaire de Marat (il réclamera des poursuites contre les auteurs des massacres de septembre) et défenseur des Girondins. Il réussit cependant à échapper aux proscriptions des terroristes. La Convention l'envoie, en juin 1793, en mission en Lozère puis en Ardèche où il fait exécuter des complices de Saillant. Après le 9 Thermidor, il est élu au Conseil des Cinq-Cents en avril 1798, élection annulée en mai. Il devient secrétaire-rédacteur du Conseil des Cinq-Cents ; il reste secrétaire des assemblées jusqu'en 1814. Le 12 janvier 1816, il est banni comme régicide, puis revient en France. Il meurt à Paris le 10 septembre 1833.
Source : DBF et A. Mazon

Gohier, Louis Jérôme (1746-1830), UR24, UR25, UR26, UR27, UR28, UR33.

Né à Semblançay en 1746, Gohier est fils de notaire. Il étudie à Tours chez les Jésuites, puis, après des études de droit, il devient avocat à Rennes. Il consacre ses loisirs à la littérature. En 1791, il est élu à l'Assemblée législative par le département d'Ille-et-Vilaine. Madame Roland le juge homme médiocre. En 1792, il est au ministère de la justice jusqu'au 20 avril 1794. Il est ensuite président du tribunal criminel du département de la Seine, puis, en septembre 1797, juge au tribunal de cassation. En 1799, il est élu au Directoire à la place de Treilhard. Républicain et alors Président du Directoire, il tente de s'opposer au coup d'état de Bonaparte-Sieyès du 18-Brumaire. Surveillé, il se retire à Antony puis à Eaubonne, dans la vallée de Montmorency. Bonaparte, qui appréciait la probité de Gohier, cherche à se l'attacher (tout en l'éloignant) et le nomme consul général de France à Amsterdam, jusqu'à la réunion de la Hollande à la France. Il lui offre alors le même poste aux États-Unis, mais Gohier, trop vieux, refuse et va vivre tranquillement à Eaubonne où il écrit ses *Mémoires* publiés en 1824. Il meurt à Paris le 29 mai 1830.

Source : NBG et Mémoires de Fouché
– Mme Roland, Manon Phlipon (1754-1793). Elle tenait un salon recevant les Girondins et a été guillotinée
– Treilhard, Jean-Baptiste (comte par Napoléon), né à Brive en 1742, mort à Paris en 1810. Son élection au Directoire en 1798 a été annulée en 1799 par le Conseil des Cinq-Cents

Gordon, PR62
Il y a un Andreas Gordon (1712-1751), bénédictin, qui a publié sur l'électricité.

Grangeret, UR8
Peintre.

Guglielmini, Giovani Battista (?-1817), PR70, PR73
Né à Bologne, l'abbé Guglielmini est professeur de mathématiques et d'astronomie à l'Université de Bologne et membre de l'Institut de cette ville, où il meurt le 15 décembre 1817.
Source : Pogg.

Guichard, Jean-François (1731-1811), UR30
Né à Chartrettes (Seine-et-Marne) le 5 mai 1731, Guichard est employé dans la marine, aux finances et aux vivres. Il a été initié dans la loge des Neuf-Sœurs, la même année que Voltaire, en 1778. Avant la Révolution, il se retire dans la propriété de sa mère. Ayant été auteur dramatique, il obtient en 1790 une petite pension du ministère de l'Intérieur (secours aux hommes de lettres). Il publie en 1802 des *Fables et autres poésies*, et, en 1806 *L'amour maçon, bluettes maçonniques.* Il avait une belle collection d'ouvrages rares et d'estampes. Il meurt le 23 février 1811 à Chartrettes.
Source : DBF

Guillaume IV de Hesse, voir *Hesse*

Guyton de Morveau, Louis Bernard (1737-1816), UR5
Né à Dijon le 4 janvier 1737, Morveau est élève au collège de Godron, puis il étudie le droit en 1753 et est reçu avocat au parlement de Bourgogne en 1756. Il achète la charge d'avocat général du parlement de Dijon. En 1762, mis en possession d'une terre appartenant à sa famille, il adopte le nom de M. de Morveau. Il s'occupe aussi de science, plus particulièrement de chimie et devient membre en 1764 de l'Académie de Dijon dont il sera le chancelier. Ayant montré l'utilité d'un cours de chimie, il l'enseigne de 1776 à 1782. Avec ses collègues de Dijon, il collabore à l'Encyclopédie de Diderot puis à l'Encyclopédie méthodique de Panckouke. En 1778, il est venu à Bourg pour analyser les eaux minérales de Saint-Jean près de Pont-de-Veyle. Il s'intéresse aux sciences appliquées à l'industrie et crée quelques entreprises. Il s'occupe d'aérostation et vole de Dijon à Auxerre en 1784, ce qui coûte fort cher à son Académie. En 1787, à Paris, il présente à l'Académie des sciences un « Projet de méthode de nomenclature chimique » avec Lavoisier et Berthollet. Philosophe et franc-maçon, il joue un rôle politique à partir de 1789, comme élu à l'Assemblée législative, à la Convention puis au Conseil des Cinq-Cents et comme membre de différents comités. Il crée un comité de savants pour la défense de la patrie. Il entre à l'Institut en 1795, participe à la création de l'école

Polytechnique dont il sera directeur en 1797. Bonaparte le nomme administrateur de la Monnaie en 1799, officier de la Légion d'Honneur en 1809 et le fait baron en 1811. La Restauration le met à la retraite, mais il revient pendant les Cent-Jours. Il a épousé en 1798 Claudine Poulet, veuve, sa collaboratrice, qui a traduit des ouvrages de chimie. Il est mort à Paris le 2 janvier 1816.
Source : DBF

Hadancourt, Jérôme (1748-1800), PR23

Né à Toulouse, J. Hadancourt y a observé avec Darquier puis dans l'observatoire de Garipuy, devenu Observatoire National de Toulouse. Il est mort le 22 avril 1800.
Source : Pogg.

Halley, Edmond (1656-1742), pages 196, 197

Né à Haggerston près de Londres le 29 octobre/8 novembre 1656, Halley fait ses études au Queens' College à Oxford. En 1676, il est à l'île de Sainte-Hélène où il établit un catalogue de 300 étoiles australes. Deux ans plus tard, il est membre de la *Royal Society of London* dont il sera secrétaire de 1713 à 1721. En 1679, il rend visite à Hevelius à Dantzig. Pendant deux voyages en mer (1698-1700), il étudie le magnétisme terrestre. De 1703 à 1720, il est professeur de géométrie à Oxford et devient Astronome Royal à Greenwich à la mort de Flamsteed. Il a aidé financièrement la publication des *Principia* de Newton. En étudiant le mouvement des comètes, il a montré que celle de 1682 avait été vue deux fois et a prédit qu'elle reviendrait dans 76 ans. Il a proposé une méthode pour déterminer la distance du Soleil en observant le passage de Vénus sur le Soleil depuis deux endroits. À l'Observatoire de Greenwich, il a fait installer un instrument des passages en 1724.
Source : DSB

Harding, Karl Ludwig (1765-1834), PR95

Né le 29 septembre 1765 à Lauenburg, Harding est, en 1800, observateur à l'observatoire de Schröter à Lilienthal, près de Bremen, où il découvre la petite planète Junon le 1er septembre 1804. De 1805 à 1812, il est professeur d'astronomie à l'Université de Göttingen et membre de la Société royale des sciences de cette ville. On lui doit beaucoup d'observations astronomiques. Il meurt le 31 août 1834 à Göttingen.
Source : Pogg.

Hastings, Warren (1732-1818), UR5

Né à Churchill, Oxfordshire, en 1832 Hastings se rend en Inde anglaise en 1750. Il en est gouverneur général en 1773 et mène la lutte contre les Français. Il signe le traité de Salbai en 1783 et démissionne en 1784. À son retour en Angleterre, une plainte est déposée par les Whigs contre les excès commis en Inde et E. Burke réussit à le faire mettre en accusation devant la Chambre des Lords. Son procès en 1795 se termine par un acquittement. La Compagnie des Indes lui verse une pension en 1804. Pleinement réhabilité, il reçoit l'hommage des deux Chambres en 1813 et est nommé membre du Conseil privé en 1814. Il meurt à Dayolford en 1818.
Source : LXX

– Burke, Edmund (1729-1797), avocat, journaliste, homme politique anglais, violemment opposé à la Révolution française

Herschel, William (1738-1822), n°UR2, UR3, UR4, UR6, PR 6, PR16, PR 84, page 208

Né le 15 novembre 1737 à Hanovre, fief du roi d'Angleterre, W. Herschel, dont le père est musicien, vient à Londres en 1757. Il vit de leçons de musique ; le comte de Darlington l'engage dans un régiment en Écosse comme instructeur du corps des musiciens. À la fin de cet engagement, il enseigne la musique et donne des concerts. En 1766, il est organiste à Halifax puis à Bath. Là, il étudie les mathématiques et s'intéresse à l'observation astronomique. Les instruments qu'il veut acheter sont trop chers pour lui et il entreprend de les construire. En 1774, il a un télescope de cinq pieds de longueur focale et découvre la planète Uranus. Herschel est devenu célèbre, et le roi George III (dont il veut donner le nom à cette nouvelle planète), lui accorde une pension et une maison près de Windsor, elle sera à Slough. Il est admis dans de nombreuses sociétés savantes. Il construit plusieurs télescopes, le plus grand a 12 mètres de long et un diamètre de 1,47 mètre ; les miroirs en bronze sont aussi fabriqués par lui. Ses observations et études portent sur les étoiles, le Système solaire, les nébuleuses... À 83 ans, il publie son travail sur les étoiles doubles. Le « plus grand astronome du XVIIIe siècle » meurt à Slough le 25 août 1822.
Source : NBG

Herschel, Caroline (dite « Miss Caroline ») (1750-1848), UR3, UR4, UR6

Née le 16 mars 1750 à Hanovre, Caroline à 22 ans vient rejoindre son frère à Bath. Comme lui, elle se passionne pour l'astronomie et observe dans l'observatoire de Slough où elle découvre plusieurs comètes. Elle reçoit aussi une pension du roi George III. À la mort de son frère, elle retourne à Hanovre où elle meurt le 9 janvier 1848.
Source NBG

Herschel, John Frederick William (1792-1871), page 85

Né le 7 mars 1792 à Slough, John Herschel achève ses études en 1816 et travaille avec son vieux père. De 1821 à 1827, il fait plusieurs voyages en Europe. En 1825, il participe à la détermination de l'écart de longitude entre Paris et Greenwich. Il observe à Slough, ancien observatoire de son père, et publie en 1833 un catalogue de nébuleuses, d'amas et d'étoiles doubles et, en 1836, six catalogues d'étoiles doubles. En 1833, il se rend en Afrique du Sud et reste quatre ans à l'Observatoire du Cap. Après son retour, sa famille quitte Slough en 1840 pour s'installer à Hawkhurst (Kent) où il meurt en 1871. Il a aussi fait des recherches en optique, chimie, géologie et collaboré à plusieurs encyclopédies.
Source : DSB.

Hesse, Wilhelm IV Landgraf (comte) von (1532-1592), page 196

Wilhelm IV, né le 24 juin 1532, s'est intéressé à l'astronomie après la lecture du livre d'Apian. Il a fait construire un observatoire en 1561 et il y a lui-même fait des observations astronomiques jusqu'en 1567. Les observations ont été continuées par Ch. Rothmann et J. Byng. Ils ont établi un catalogue de 179 étoiles et déterminé la latitude de Cassel.
Source : DSB

Hevelius, Johannes (1611-1687), page 196

Né à Dantzig le 28 janvier 1611, Hevelius a fait ses études au gymnasium (1618-1624) puis à celui de Bromberg et de nouveau à Dantzig en 1627. Son professeur Krüger l'instruit en astronomie et lui apprend à construire des instruments. En 1630, il étudie le droit à l'Université de Leyde. Il se rend à Londres en 1631, à Paris de 1632 à 1634 où il rencontre Gassendi et Boulliau, puis à Avignon. De retour à Dantzig, il établit son observatoire et construit ses instruments. Il est aussi magistrat et conseiller municipal. Sa deuxième femme, épousée en 1663, qui a 37 ans de moins que lui, l'assiste dans ses observations. En 1679, un incendie détruit observatoire, bibliothèque... Louis XIV et Colbert financeront les réparations et, en 1681, l'observatoire est rebâti. Hevelius qui n'a pas utilisé d'instrument d'optique, a publié en 1647 *Selenographia*, en 1668 *Cometographia*, en 1673 et 1679 *Machina cœlestis*. Après sa mort, sa femme fait éditer son catalogue de 1564 étoiles classées dans l'ordre alphabétique des constellations et pour chacune d'elles dans l'ordre croissant des magnitudes, avec latitude, longitude, ascension droite et déclinaison de chaque étoile (1690).

Source: DSB

Hipparque (né dans le premier quart du deuxième siècle, mort après l'an 127 avant notre ère), pages 196, 202, 206

Hipparque, le plus grand astronome de l'Antiquité, est né à Nicée, en Bithynie, où il a fait ses premières observations astronomiques. Ensuite, il a observé de 141 à 127 à Rhodes où il serait mort. On connaît son Traité des dimensions et distances (Soleil et Lune), ses Commentaires sur les *Phénomènes* d'Aratus, son catalogue d'étoiles. Il a découvert la précession des équinoxes et déterminé la durée de l'année. Il a écrit sur la Géographie d'Eratosthène.

Source: DSB

Hood, Lord Samuel (1735-1816), UR2

Né le 24 décembre 1735 à Butleigh, Somersetshire, S. Hood est fils d'un pasteur. À seize ans, il s'embarque comme garde-marine. En 1768, il est à Boston puis, commissaire de l'arsenal de Portsmouth. En 1778, contre-amiral, il mène plusieurs combats contre le comte de Grace, pendant la guerre d'indépendance des États-Unis. À la paix de 1783, il est fait pair d'Irlande et baron de Catherington. En 1784, les électeurs de Westminster le choisissent pour leur représentant au Parlement, ils feront de même en 1790. En août 1792, à la tête d'une flotte immense en Méditerranée, il se présente devant Marseille, c'est un échec. Mais le 28 août, les habitants de Toulon lui livrent la rade. Le siège conduit par Bonaparte l'oblige à prendre la fuite le 19 décembre. Les Français retrouvent le port qui a subi des dégâts importants. La flotte anglaise restée en Méditerranée sous ses ordres, débarque en Corse le 20 septembre 1793 pour soutenir Paoli. En 1796, Hood qui a 61 ans est nommé, à son retour en Angleterre, gouverneur de l'hôpital de Greenwich. Il meurt à Bath le 27 janvier 1816.

Source : NBG

Horace (la belle), UR19, UR20

Sans doute le surnom d'une dame poétesse bucolique.

Horace est né en l'an 689 de Rome, soit en 65 avant notre ère. Son enfance s'est déroulée pendant les guerres civiles. Il se bat lorsqu'Octave se bat contre les émeutiers du dictateur. Il appartient au siècle d'Auguste, est ami de Mécène. « *Il a aimé la liberté quand elle était possible, il a préféré l'unité du pouvoir à l'anarchie et célébré le pouvoir quand il est devenu modéré* ». Il est mort à Rome en l'an 746 ou an 8 avant notre ère.
Source : NBG

Premier fils de Michel et Amélie Lefrançois de Lalande, né le 1er janvier 1789. Sa sœur cadette Caroline (née le 20 janvier 1790, morte en 1792) a eu Delambre pour parrain. Il devient polytechnicien, peu après la mort de Lalande et il embrasse la carrière militaire.

Avec Mme Le Cat, elle fait près de Bourg des empreintes de plantes et de papillons. Le 10 avril 1793, Melle Divolée (écriture républicaine de son nom) et son frère sont arrêtés par les commissaires de la Convention Merlinot et Amar, parmi 400 citoyens de Bourg.
Source : AB

Amis de Mme Du Pierry et de Lalande.

Né le 1er juillet 1751 à Saint-Claude (Jura), A. Janvier vient à Paris où il se fait connaître dès 1771 par un planétaire indiquant les inégalités des astres. Il devient horloger mécanicien du Roi Louis XVI en 1784. Il remporte des médailles à chaque exposition industrielle pour ses créations. Pendant la Révolution, il crée une école d'horlogerie. Cependant il se ruine, étant plus intéressé par son art que par ses bénéfices, et il meurt à l'Hôtel-Dieu le 23 septembre 1835.
Source : LXIX

Servante ?

Née à Bar-sur-Aube le 20 novembre 1759, Melle Gehier est fille d'un avocat du Roi en Champagne. Elle épouse M. Joliveau, administrateur des messageries royales à Paris. Elle écrit des poèmes, est membre honoraire de l'Athénée de Paris et de plusieurs académies de France. Elle collabore à l'*Almanach des Muses* au *Petit Magasin des Dames,* aux *Etrennes d'Apollon.* En 1801, elle publie des *Fables*, puis en 1810 des *Stances* sur le mariage de Napoléon et Marie-Louise. Elle meurt à Paris le 21 octobre 1830.
Sources : DBF et Quérard

Kepler, Johann (1571-1630), PR92, page 196

Né le 27 décembre 1571 à Magstatt, Würtemberg, Kepler fait ses premières études dans l'école du cloître Maulbronn, puis à l'université de Tübingen. Il est professeur de mathématiques et de morale à Gratz de 1593 à 1598. Il arrive à Prague en janvier 1600 pour travailler auprès de Tycho Brahé qui meurt en 1601. Kepler le remplace comme mathématicien et astronome de l'empereur Rodolphe II, mort en 1612, puis de l'empereur Mathias, mort en 1615, puis de Ferdinand III. De 1614 à 1627, il est professeur à Linz. Il voyage pour surveiller la publication de ses derniers ouvrages. Les principaux sont : *Prodomus dissertationum cosmographicrum* (1596), *De Stella nova* (1606), *Astronomia nova...*(1609) (il y expose deux lois sur le mouvement de Mars, en utilisant les observations de Tycho Brahé) ; en 1619, il découvre sa troisième loi, publiée dans son ouvrage *Épitome astronomiæ copernicanæ* (1618-1622), puis publie sa *Dioptrique* (1624). L'œuvre de Kepler est considérable. On lui doit notamment la découverte des trajectoires elliptiques des planètes et celle des lois de leurs mouvements, qui servirent de base à Newton dans la découverte de la loi de l'attraction universelle.
Source : DSB

La Caille, Nicolas Louis de, (1713-1762), PR4, PR37, PR47, page 197

Né à Rumigny, La Caille fait ses études à Nantes puis au collège de Lisieux à Paris. À la mort de son père, il est aidé par le duc de Bourbon pour achever ses études au collège de Navarre où il s'intéresse aux mathématiques et à l'astronomie. En 1736, Fouchy le présente à Jacques Cassini (Cassini II) qui l'accueille à l'Observatoire. Il participe aux travaux géodésiques pour la carte de France avec G.D. Maraldi, puis avec César-François Cassini de Thury(Cassini III) pour la vérification de la méridienne de Paris. Nommé professeur de mathématiques au collège des Quatre Nations (situé dans le bâtiment dit collège Mazarin) où il a un observatoire, il est en 1741 adjoint astronome à l'Académie des sciences. Sa mission (1750-1753) au Cap de Bonne-Espérance est un succès ; ses observations sont complétées par des observations correspondantes, dont celles de Lalande à Berlin. À son retour, il reprend ses observations des étoiles du Zodiaque.
Source : Delambre

Lacroix, Sylvestre François (1765-1843), PR47

Né à Paris le 28 avril 1765, le mathématicien S.F. Lacroix a d'abord enseigné dans des écoles militaires : à Rochefort en 1782, à Paris en 1787 et à l'école d'artillerie de Besançon en 1788. L'année suivante, il est nommé correspondant de Condorcet à l'Académie des sciences de Paris. Pendant la Révolution, il est professeur à l'École Normale, à l'École Centrale, à l'École Polytechnique, puis à la Faculté des sciences de Paris. Le 24 mai 1799, il est nommé « membre résidant » de l'Institut. Son grand traité de mathématiques en trois volumes paraît de 1797 à 1800. Il meurt à Paris le 25 mai 1843.
Source : Pogg, Index Acad.

Lagrange, UR9

Assesseur criminel du Baillage à Mâcon, Lagrange est-il le frère de Louis Lagrange (Mâcon, 9 novembre 1711-1783), jésuite et astronome à Marseille puis Milan ?

Lagrange, Joseph-Louis, comte de (1736-1813), PR16, PR26

Né à Turin le 25 janvier 1736, Lagrange enseigne d'abord les mathématiques à l'école d'Artillerie de Turin. Membre de l'Académie des sciences de Berlin, il y remplace Euler comme directeur de la classe de mathématiques (1766-1787). En 1772, il est nommé associé étranger de l'Académie des sciences de Paris, puis, venu à Paris, il est pensionnaire vétéran en 1787. Il épouse la fille de Pierre Charles Le Monnier et reste en France. Ses principaux résultats sont dans sa *Mécanique analytique* (1788). Pendant la Révolution, il enseigne à l'École Normale et à l'École Polytechnique. Il est élu au Bureau des Longitudes comme géomètre. Napoléon le fera sénateur et comte. Il meurt à Paris le 10 avril 1813.
Sources : Pogg. et Index Acad

Laplace, Pierre-Simon, marquis de (1749-1827), UR2, PR11, PR14, PR18, PR20, PR21, PR22, PR23, PR37, PR40, PR53, PR57, PR62, PR70, PR100, PR103, page 208

Né à Beaumont-en-Auge (Basse-Normandie) d'un père cultivateur, Laplace est élève puis professeur à l'école militaire de Beaumont. Venu à Paris, il se présente chez d'Alembert qui l'accueille au vu de son travail et le fait nommer professeur à l'École militaire de Paris. Il se consacre aux mathématiques : étude des équations différentielles, théorie analytique des probabilités. Il en fait l'application aux mouvements des astres d'où ses deux importantes publications : la *Mécanique céleste* et, plus tard, son *Exposition du Système du Monde*. Il entre à l'Académie des sciences le 4 avril 1773 et sera élu à l'Institut à sa fondation en 1795. Républicain, il accepte cependant, après le 18 Brumaire, d'être ministre de l'intérieur (6 semaines). Napoléon le fera sénateur, chancelier du Sénat, Grand officier de la Légion d'Honneur. À la Restauration, Louis XVIII le fait marquis et le nomme à la Chambre des pairs. Il est élu en 1816 à l'Académie française, au fauteuil n°49 (de Mabillon, Éd. Herriot...). Retiré à Arcueil, il fonde la Société d'Arcueil avec son ami et voisin Berthollet. Il meurt le 5 mars 1827.
Source : NBG

La Place, Pierre-Antoine de (1707-1793), UR11

Né à Calais en 1707, La Place, homme de lettres, a dirigé le *Mercure de France* de 1762 à 1764 et a été secrétaire de l'Académie d'Arras. Il a écrit quelques pièces de théâtre et traduit les principales pièces de Shakespeare (1745-48). Le « vieux La Place », comme l'écrit Lalande et aussi La Harpe, meurt à Paris à 86 ans.
Source : LXX et Quérard

Laugier, Paul Auguste Ernest (1812-1872), page 88

Fils d'André Laugier, professeur de chimie au Museum, Ernest Laugier est élève puis adjoint astronome à l'Observatoire de Paris, membre du Bureau des longitudes puis de l'Académie des sciences en 1843. Il a épousé la fille de Louis

Mathieu, astronome beau-frère de F. Arago. Il a travaillé sur la rotation et les taches du Soleil.
Sources : Pogg et Index Acad

Lavoisier, Antoine Laurent (1743-1794), UR5, UR11

Fils d'un père riche commerçant, Lavoisier est un des meilleurs élèves du collège des Quatre nations (au palais Mazarin) où il suit les cours d'astronomie de La Caille. Il se fait remarquer très tôt par un mémoire sur l'éclairage des rues qui reçoit une médaille d'or de l'Académie des sciences. Il est admis dans cette Académie le 18 mai 1768. Dans son laboratoire, il fait des expériences de chimie et reçoit des savants une fois par semaine. Ses travaux coûtent cher, c'est pourquoi il sollicite et obtient une charge de Fermier général. Il découvre l'oxygène, montre que l'air n'est pas un corps simple et appelle hydrogène « l'air inflammable »... Enfin, il fonde la chimie moderne. Le ministre Turgot l'appelle en 1776 à la direction générale des poudres et salpêtres. Il perfectionne la poudre, mais ses essais feront quelques victimes parmi ses assistants. Ayant acheté une terre en Vendômois, il montre aux cultivateurs comment augmenter le rendement des récoltes (1778-1785). À la Révolution, il est député suppléant à l'Assemblée nationale où il fait le compte-rendu de la Caisse d'escompte. En 1791, il est commissaire de la trésorerie et participe activement à la création du nouveau Système des Poids et Mesures. Pendant la Terreur, il subit le sort des Fermiers généraux et est guillotiné le 8 mai 1794. Après son arrestation (28 novembre 1793) et après sa mort, un inventaire de son laboratoire a été établi puis ses instruments ont été dispersés. Cependant après le 9 Thermidor, Mme Lavoisier, qu'il avait épousée en 1771, a pu en récupérer une grande partie (août 1795). À partir de 1800, elle accueille de jeunes scientifiques qui peuvent ainsi utiliser ses instruments.
Sources : NBG et *La Revue*, n°41, p. 14-23 (musée des Arts et Métiers)

Le Cat (Mme), UR8

Mme Le Cat est veuve du célèbre chirurgien de Rouen (Le Cat, Claude Nicolas 1700-1768) qui a fondé l'Académie de cette ville où il a invité A.G. Pingré qui a commencé là sa carrière d'astronome. À Tossiat près de Bourg, elle collectionne des empreintes de plantes et de papillons.
Source : AB

Lefrançois de Lalande, Michel Jean Jérôme, dit « le neveu » (1766-1839), UR2, UR4, UR5, UR7, UR11, UR12, UR30, UR34, PR5, PR35, PR47, PR57, PR 65, PR79, PR88, PR94

Michel Lefrançois est né le 21 avril 1766 à Courcy près de Coutances (Manche). Il est petit-fils de Michel qui était frère de Pierre Lefrançois, lui-même père de l'astronome Jérôme Lalande. En 1781, Jérôme Lalande qui l'appelle son « neveu », le fait venir à Paris, chez lui, au Collège Royal, et l'instruit en astronomie dans l'observation et la théorie. En 1788, ayant obtenu la reconstruction de l'observatoire de l'École militaire, Jérôme confie à son neveu le grand travail qu'il projette depuis quelques années : le catalogue de 50 000 étoiles qui sera publié en 1801. Le neveu est aidé successivement par quelques élèves de Lalande et par sa femme. En 1793, il accompagne Delambre pour mesurer des triangles autour de

Paris (il s'agit de la mesure du méridien de Paris, de Dunkerque à Barcelone) et revient bientôt à son observatoire. En 1795, Michel est astronome-adjoint au Bureau des longitudes; en 1801, il est élu à l'Institut, sa candidature étant bien soutenue par Jérôme Lalande et, en 1807, il aura, au Bureau, la place d'astronome de son « oncle » décédé. Il utilisera le prénom de Jérôme et le patronyme de Lalande. Il meurt à Paris le 8 avril 1839.
Source : BetH

Lefrançois de Lalande, Marie-Jeanne, dite Amélie, née Harlay (1769 ou 1770 - 1832), UR17 (fille), PR99 (nièce), PR108(fille)

Amélie Harlay est née à Paris en 1769 ou 1770. Fille naturelle de Jérôme Lalande, celui-ci la marie en 1788 avec son « neveu » Michel Lefrançois. Les deux époux, qui auront quatre enfants, deux filles et deux garçons, vivent avec « l'oncle » Jérôme au Collège Royal, puis de France. Amélie, formée à l'Astronomie par son oncle-père, fait beaucoup de calculs. C'est elle qui a établi les Tables horaires de l'*Abrégé de Navigation*, publié par J. Lalande en 1793. Il l'en a remerciée en lui faisant attribuer le prix du Lycée des Arts en 1794. Pour le catalogue, elle a réduit plus de 10 000 étoiles. Le fils de Cassini IV, Alexandre, né en 1784, vient à Paris en 1797 étudier l'astronomie auprès de Lalande; c'est Amélie qui est chargée de lui faire faire sa première observation dans l'observatoire du Collège de France; il abandonnera bientôt la science de ses ancêtres. En août 1798, Amélie a accompagné Jérôme Lalande dans sa visite à l'Observatoire du Seeberg, près de Gotha, dirigé par von Zach, où elle fut le centre des réceptions organisées à l'occasion de cette rencontre d'une dizaine d'astronomes. Elle servit souvent à Lalande de secrétaire (UR31, 32). Elle meurt le 8 novembre 1832.
Source : BetH

Legendre, Adrien Marie (1752-1833), PR16, PR17, PR72

Né à Paris le 18 septembre 1752, A. Legendre fait ses études au Collège des Quatre Nations avec, comme professeur de mathématiques, l'abbé Marie, successeur de La Caille. Il enseigne les mathématiques à l'École militaire de 1775 à 1780. En 1782, il remporte le prix de l'Académie de Berlin sur un sujet de balistique. En janvier 1783 son Mémoire sur les attractions mutuelles des planètes est lu à l'Académie des sciences de Paris à laquelle il est élu adjoint mécanicien en mars. Ses principaux travaux portent sur la mécanique céleste, la théorie des nombres et la théorie des fonctions elliptiques. En 1787, il est désigné avec Cassini IV et Méchain pour l'opération de liaison géodésique des observatoires de Paris et de Greenwich. Pendant la Révolution, d'abord désigné pour la mesure du méridien, il y renonce; il est nommé professeur de mathématiques en 1794 par le Comité d'Instruction publique et participe aux travaux pour les poids et mesures. En 1799, il est examinateur en mathématiques pour les étudiants en artillerie; il se retire en 1815 et publie de nombreux ouvrages. Il est élu à l'Institut dans la section « mathématiques » le 13 décembre 1795, puis au Bureau des longitudes en 1813 à la place de Lagrange décédé.
Source : DSB

Legendre, UR 16

Ce n'est pas le mathématicien.

Lemierre, Antoine-Marin (1723-1793), UR11

Lemierre est né à Paris le 12 janvier 1723. Son père artisan se prive pour lui permettre de faire de bonnes études. Il devient secrétaire de Dupin, Fermier général, et s'adonne à la poésie mais on le dit « *poète rocailleux* ». En 1753 et 1757, il obtient le prix de poésie de l'Académie française. Il donne plusieurs pièces de théâtre à partir de 1758 avec plus ou moins de succès. On le dit rival de Crébillon. *La veuve de Malabar*, de 1770, sera reprise avec succès en 1780 et, l'année suivante, il entre à l'Académie française. Il meurt le 4 juillet 1793, « *les catastrophes de la révolution le mirent dans un état de stupeur et d'atonie auquel il succomba* ».
Source : NBG

Le Monnier, Pierre-Charles (1715-1799), page 197

Né à Paris le 20 novembre 1715, Le Monnier est fils d'un professeur de philosophie du collège d'Harcourt, membre de l'Académie des sciences. Très tôt il obtient de bons instruments, un télescope de Short et deux quarts-de-cercle, l'un de Bird, l'autre de Sisson. À 20 ans, il participe à la mesure d'un arc de méridien en Laponie, expédition commandée par Maupertuis. À son retour, il est nommé adoint géomètre à l'Académie des sciences, il sera pensionnaire en 1746 et professeur de physique au Collège royal en 1748. Il a fait beaucoup d'observations astronomiques et étudié la Lune pendant 50 ans. Il a publié *Institutions astronomiques* d'après J. Keil et *Théorie des comètes* d'après Halley et quatre volumes de ses observations de 1751 à 1773. Dans son catalogue d'étoiles, on a trouvé douze observations de la planète Uranus.
Source : DSB

Lemonnier, Mme, UR10

Amie de Mme Du Pierry et de Lalande.

Lesne, Philippe, (1774-1793), UR9, UR11, UR12

Lesne, né à Mâcon le 26 octobre 1774, est un parent (neveu ?) de Lalande qui le fait venir à Paris à l'âge de dix ans. À quinze ans, il commence à calculer et observer. En 1790 il entreprend un programme d'observation de 3000 étoiles du côté du midi dont une grande partie était déjà réduite, pour les déclinaisons, au 1er janvier 1793. En mai 1793, il part pour la Vendée où les troubles exigent l'envoi de troupes. Atteint par la fièvre, il revient à Paris où il meurt le 23 décembre 1793 dans les bras de Lalande.
Source : BetH1793

Louel, UR35

Ami de Mme Du Pierry et de Lalande.

Louis XVI, Louis-Auguste (1754-1793), roi de France, UR8

Né le 23 août 1754 à Versailles, il est le troisième fils du Dauphin (fils unique de Louis XV) et de Marie-Josèphe de Saxe. Ses deux frères aînés étant morts, il succède à son grand-père Louis XV le 10 mai 1774. Il a épousé le 16 mai 1770 Marie-Antoinette d'Autriche. Il est guillotiné le 21 janvier 1793.

Luc (ou Deluc), Jean-André de (1727-1817), UR2, UR4, UR6 ; *Mme de Luc*, UR3, UR4

M. de Luc est né à Genève le 8 février 1727. Son père, qui tient un commerce d'horlogerie et occupe de hauts emplois dans la république de Genève, l'encourage à étudier les sciences et l'initie aux affaires publiques. C'est ainsi qu'en 1768, il est envoyé à Berne et à Paris où il est bien reçu par le duc de Choiseul et que, en 1770, il est appelé au Grand Conseil de Genève. Pourtant, il quitte Genève pour Londres où il est nommé lecteur de la reine d'Angleterre et fréquente la Cour. En 1781, il fait un voyage à Paris, où il présente à l'Académie un hygromètre de sa fabrication. En 1798, il est professeur honoraire de philosophie et de géologie à Göttingen et s'installe à Berlin jusqu'en 1802, puis à Brunswick. Après la bataille d'Iéna (1806), il retourne en Angleterre. Ses travaux scientifiques l'ont fait admettre à la *Royal Society of London* et à l'Académie des sciences de Paris (correspondant de La Condamine en 1768 puis de Lalande en 1774, et correspondant de l'Institut en 1803). Dans sa jeunesse, il s'intéresse surtout à l'histoire naturelle et fait avec son frère des excursions scientifiques dans les Alpes de Savoie (première ascension du Buet). Il invente un baromètre portatif et perfectionne le thermomètre. Il publie sur l'atmosphère, sur la météorologie. Géologue, il veut démontrer que les phénomènes géognosiques ne sont pas en contradiction avec la Genèse. Il a publié plusieurs comptes-rendus de voyages, dans les Alpes (1776), et plus tard sur la géologie dans l'Europe du Nord (1810), en Angleterre, en France, en Allemagne (1811-1813). Il meurt à Windsor le 8 novembre 1817.
Source : NBG

Lyonnet, UR36
Voisin de Mme Du Pierry à Mareil ?

Maillard, de, UR14
À Bourg-en-Bresse.

Malouet, UR31
Peut-être médecin de Lalande.

Marat, Jean-Paul, (1743-1793), UR12, PR62, PR63, PR64

Marat est né le 24 avril 1743 à Boudry (Suisse). En 1760 il est précepteur à Bordeaux et deux ans plus tard il se rend à Paris. Il quitte la France vers 1765 pour l'Angleterre où il reste douze ans. Il y publie quelques ouvrages en anglais, *Chains of Slavery* par exemple. Il obtient un diplôme de docteur en médecine de l'université de Saint-Andrews et, en 1774, est affilié à la franc-maçonnerie à Soho. De retour à Paris, Marat, médecin, est réputé ; en 1777, il obtient le brevet de médecin des gardes du corps de Monseigneur le comte d'Artois qui lui sera enlevé en 1784. Il fait aussi des expériences de physique qui attirent les curieux. En 1789, il commence la publication de l'*Ami du Peuple* où ses attaques et dénonciations lui valent plusieurs poursuites. Il se cache alors, passe en Angleterre quelques mois. Le 3 septembre 1792, il publie un appel au massacre des « conspirateurs » dans les

départements – comme le 2 septembre à Paris. Élu député de Paris à la Convention, il est attaqué par les Girondins. Mis en accusation le 12 avril, il y a procès, acquittement et, le 24 avril, Marat est porté en triomphe. Il joue un rôle important dans les poursuites et la proscription des Girondins. Marat est assassiné le 13 juillet 1793 par Charlotte Corday.
Source : Olivier Coquart, *Marat*, Fayard, 1993
– comte d'Artois 1757-1836, frère de Louis XVI, il succède à Louis XVIII en 1826 sous le nom de Charles X, et il sera chassé par la révolution de 1830
– Corday, Marie Anne Charlotte (1768-1793), guillotinée le 17 juillet

Marchand, Mme, UR32
Nom de Jeannette.

Maréchal, Pierre Sylvain (1750-1803), page 86
D'abord avocat au Parlement, Maréchal doit abandonner à cause de difficultés pour parler. Il se lance dans la littérature et vit d'un poste de sous-bibliothécaire au collège Mazarin. Ses premières poésies sont dans le style de Lucrèce, son athéisme s'y manifeste petit à petit. En 1777, il donne des odes érotiques et en 1784 une parodie du style des prophètes qui lui fait perdre sa place. Son *Almanach des honnêtes gens* où les saints sont remplacés par des hommes ou des femmes célèbres jouit d'une grande vogue grâce à sa condamnation par le Parlement : le livre est brûlé et l'auteur emprisonné à Saint-Lazare. Il accueille la Révolution avec enthousiasme et écrit dans les journaux des poésies, des chants, des pièces de théâtre. Cet auteur de bergeries devient radical en politique et philosophie. En 1800, il produit son *Dictionnaire des athées* à la demande de son ami Lalande qui y donnera deux suppléments. Dans ses *Voyages de Pythagore en Égypte, en Chaldée...* il expose des idées politiques et sociales d'une grande hardiesse.
Source : LXIX

Maskelyne, Nevil (1732-1811), UR2, PR85, PR88, page 197
Né à Londres le 6 octobre 1732, Maskelyne étudie les sciences : mathématiques, physique et aussi la théologie car sa famille le souhaite. Il obtient une cure en 1755 et est admis docteur en théologie en 1777. Il s'intéresse aussi à l'astronomie et, en 1761, il est de l'expédition à l'île de Sainte-Hélène pour observer le passage de Vénus sur le Soleil du 3 juin, sans résultat car le ciel reste couvert. En 1765, il est nommé Astronome Royal, à la tête de l'Observatoire de Greenwich. Il ne quittera son observatoire qu'une seule fois, pour répéter en Écosse les opérations que Bouguer avait faites au Pérou, sur l'attraction des montagnes. Chaque année, il publie ses observations et, pendant quarante-cinq ans, il assure la publication du *Nautical Almanach.* Il meurt à Greenwich le 9 février 1811.
Source NBG

Mayer, Johann Tobias (1723-1762), PR1, PR47
Né à Marbach près de Stuttgart le 17 février 1723, Mayer fait ses études à Esslingen et Augsburg puis il travaille pendant cinq ans aux cartes de Homann à Nurenberg. En 1750, il est professeur à Göttingen. Pour la détermination des longitudes par des distances d'étoiles ou du Soleil à la Lune, il établit en 1752 de

nouvelles tables de la Lune et du Soleil. Il obtient ainsi le prix offert par le *Board of Longitudes* de Londres, prix qui sera versé à sa veuve en 1765.
Source : DSB

Méchain, Pierre François André (1744-1804), UR2, PR5, PR7, PR8, PR20, PR35, PR45, PR57, PR80, PR81, PR85, PR 106

Né à Laon le 16 août 1744, Méchain est fils d'un architecte qui n'a pas réussi. Sur recommandations, il est admis à l'école des Ponts et Chaussées, mais, sans aide pécuniaire, il doit renoncer. Précepteur dans une famille près de Sens, il est remarqué par Lalande qui lui donne à relire les épreuves de la deuxième édition de son *Astronomie*. Satisfait de ce travail, Lalande lui obtient un poste d'hydrographe du Dépôt des Cartes alors à Versailles. Il collabore avec Chabert pour ses cartes marines et, la nuit, fait des observations astronomiques que Lalande présente à l'Académie où il est nommé adjoint astronome le 25 avril 1782. Chercheur de comètes, il en découvre onze en dix-huit ans. Il calcule aussi les orbites des comètes et celle de la nouvelle planète Uranus. En 1784, il succède à Jeaurat dans la rédaction de la *Connaissance des Temps* et en donnera sept volumes (années 1788-1794). En 1787, il participe à la liaison Paris-Greenwich avec Cassini IV et Legendre. En 1792, il est chargé, avec Delambre, de la mesure du méridien de Paris : Méchain de Rodez à Barcelone et Delambre de Dunkerque à Rodez. Par suite des événements de la période révolutionnaire, cette mission, commencée en 1792, s'achèvera en 1798. La longueur du mètre, base du Système métrique est alors fixée. À son retour à Paris, Méchain est nommé administrateur de l'Observatoire par le Bureau des longitudes et remplace Lalande. Le Bureau souhaite prolonger la mesure du méridien de Paris jusqu'aux Baléares, pour avoir un arc dont le milieu serait sur le 45e parallèle. Méchain réclame cette mission et part en 1803 avec son fils cadet. Atteint par les fièvres, il meurt à Castellon de la Plana le 20 septembre 1804.
Source : Delambre
- Chabert, Joseph Bernard, marquis de (1724-1805), marin, chef d'escadre, géographe, qui succéda à Méchain au Bureau des Longitudes
- Jeaurat, Edme Sébastien (1724-1803), astronome, professeur à l'École Militaire, Membre de l'Académie des Sciences (1763) et de l'Institut (1796), rédacteur de la Connaissance des Temps après Lalande

Méchain, Mme, née Thérèse Marjou, page 15

En 1777, Méchain a épousé Thérèse Marjou qu'il a rencontrée à Versailles. Ils ont eu trois enfants, une fille et deux garçons. L'aîné a laissé son nom gravé dans le temple de Philæ pendant l'expédition d'Égypte.
Source : DSB

Les Médicis, de 1519 à 1737, page 207

Cosme 1er (1519-1574) : Après l'assassinat d'Alexandre duc de Florence en 1535, il est le premier Grand-Duc de Toscane. Sa statue équestre à Florence est un chef-d'œuvre de Jean de Bologne.

Ferdinand 1er (1551-1609) : Cardinal et frère du précédent Grand -Duc, à qui il succède.

Cosme II (1590-1621) : Fils du précédent, il est Grand-Duc de Toscane en 1609.

Ferdinand II (1610-1670) : Fils de Cosme II, il lui succède en 1621 sous la tutelle de sa mère et de sa grand-mère. C'est lui qui a abandonné Galilée et l'a laissé emmener à Rome. Il fut pourtant un protecteur des sciences et des arts. Il était affable et doux et pour cela, aimé de ses sujets.

Cosme III (1642-1723) : Bigot, fastueux, mauvais époux et mauvais prince, il a épousé Louise, fille de Gaston d'Orléans, frère de Louis XIII. Elle haïssait son mari et a obtenu de revenir en France où elle fit la fête. Ce Médicis est mort exécré de son peuple qu'il a accablé d'impôts.

Jean-Gaston (1671-1737) : Fils de Cosme III, il est le dernier Médicis Grand-Duc de Toscane. N'ayant pas de descendant mâle, le roi de France et l'empereur ont donné son duché à l'infant d'Espagne don Carlos, pour régler l'épineuse question de la succession de Charles III.
Source : LXIX

Melin (ou Malin), Mme, UR10, UR11, UR23, UR25
Amie de Mme Du Pierry et de Lalande.

Messier, Charles Joseph (1730-1817), PR2, PR10, PR23, PR24, PR25, PR54,PR57, PR62
Né le 26 juin 1730 à Badonviller en Lorraine, Messier vient à Paris en sabots en 1751. Élève de J.N. Delisle, il l'aide dans ses observations après le départ de Lalande pour Berlin. Delisle, nommé Astronome de la Marine, obtient un traitement pour son aide, Messier; son observatoire devient observatoire de la Marine. Lorsque Delisle se retire en 1763, Messier est nommé Astronome de la Marine. Grand chasseur de comètes, il en a observé 41 dont 21 ont été découvertes par lui. En 1771, il établit son catalogue de nébuleuses et d'amas d'étoiles qu'il complètera en 1784. Entré à l'Académie des Sciences en 1770, il sera élu à l'Institut le 22 frimaire an IV (13 décembre 1795). La même année, il est nommé astronome du Bureau des Longitudes à la place de Cassini IV démissionnaire.
Sources : DSB et Index Acad

Minette, UR1
Petite fille ?

Molet, UR34
Ami (chanteur ?) de Lalande.

Molyneux, Samuel (1689-1728), page 205
Né à Dublin, Molyneux étudie l'astronomie et la physique. Il est élu à la *Royal Society of London* en 1712. Riche, il commande à G. Graham un grand secteur zénithal qui est installé en 1725 dans sa résidence. Avec Bradley, il observe l'étoile γ Dra et, au bout de douze mois, ils lui trouvent un mouvement circulaire. Molyneux a eu aussi une carrière politique. Nommé *Lord of Admiralty*, il abandonne les observations astronomiques.
Source : DSB

Monnier, Mme (ou Lemonnier ?), UR11, UR32
Amie de Mme Du Pierry et de Lalande.

Montgolfier, Joseph Michel (1740-1810), PR10
Né le 26 août 1740 à Vidalon-lès-Annonay, il dirige à Voiron (Isère), avec son frère Augustin, une manufacture de papier qui ne marche pas très bien. Son mariage en 1770 rétablit ses affaires. En 1800, il vient à Paris où il sera Administrateur du Conservatoire des Arts et Métiers, membre du Bureau consultatif des arts auprès du ministre de l'Intérieur. Correspondant de Desmarest le 10 décembre 1783 à l'Académie des sciences, il est élu membre de l'Institut en 1807. Avec son frère J. Étienne, il est l'inventeur du ballon appelé « Montgolfière », en 1783. Il fait plusieurs inventions par exemple, en 1796, le « bélier hydraulique ». Il est mort à Balaruc-les-bains, Hérault. On ne peut déduire de la lettre PR10 de Lalande s'il s'agit de lui ou de son jeune frère, moins connu.
Source : LXIX, et Index Acad.

Montgolfier, Jacques-Étienne (1745-1799), PR10
Le plus jeune des deux frères inventeurs de la « Montgolfière », était venu à Paris présenter cette invention. Il a été membre de la loge des Neuf Sœurs en 1784.
Source : L. Amiable

Montmorency, UR16
Il s'agit de P. Laval-Montmorency, « ex-noble », 25 ans, condamné le 29 prairial an II (17 juin 1794).
Source : *Journal de Paris* du 30 prairial an II

Montucla, Jean Étienne (1725-1799), PR62, PR63
Fils d'un marchand lyonnais, Montucla, né le 5 septembre 1725, fait ses études au collège des Jésuites de Lyon. Puis il se rend à Toulouse pour étudier le droit et vient à Paris où il étudie l'histoire des mathématiques; la première édition de ce travail est de 1758. Il occupe différentes fonctions : secrétaire de l'intendance à Grenoble où il se marie en 1763; il effectue une mission astronomique à Cayenne (1764-1765); de 1766 à 1789, il est inspecteur des bâtiments royaux. La Révolution le prive de ses postes. Ses amis le poussent à publier son *Histoire des mathématiques* qui comprend un tiers de mathématiques pures, plus mécanique, astronomie, optique et musique. Cette deuxième édition en 4 volumes a été laissée inachevée par la mort de Montucla le 19 décembre 1799. Lalande achève les volumes 3 et 4 en 1802.
Source : DSB

Morande, Charles Thévenot de (1748-1803), UR7
Né à Arnay-le-Duc en 1748, Morande fait des études à Dijon. Là, il s'amuse et plonge dans la débauche si bien que son père, procureur, lui coupe les vivres. Il s'enrôle alors dans un régiment de dragons et, pour s'en sortir, il fait appel à son père qui le rachète. Au lieu de rentrer au bercail, il se rend à Paris; ses désordres le font enfermer au Fort-l'Evêque puis à Armentières. Libéré au bout de quinze mois, il passe en Angleterre. Pour vivre, il publie des pamphlets, des anecdotes scandaleuses sur la Cour de Louis XV. Pour gagner davantage, il pratique le chantage :

voici ce que je vais publier, écrit-il, si vous ne me payez pas. Voltaire publie la lettre de Morande avec des commentaires, le duc de Brancas le fait bâtonner. Mais la du Barry menacée de *Mémoires d'une femme publique* ne peut en faire autant et le Roi va payer après une tentative d'enlèvement de Morande. Il recevra 500 louis et une pension de 4000 livres; Beaumarchais a été le négociateur. À l'abri du besoin, Morande se range. Il devient rédacteur du *Courrier de l'Europe*. Rentré en France grâce à la Révolution, il défend la monarchie, ce qui le rend suspect. Après le 10 août 1792, il se retire à Arnay-le-Duc. Il y sera juge de paix sous le Directoire. Il meurt vers 1803.
Source : NBG
– Beaumarchais, Pierre Augustin Caron de (1732-1799), écrivain français

Morveau, voir *Guyton de Morveau*

Napoléon 1er, Empereur, Bonaparte (1769-1821), UR35, PR45, PR 96
Né à Ajaccio en 1769, Napoléon Bonaparte est nommé en 1777 élève du Roi à l'école militaire de Brienne où il entre en 1779. Il en sort en 1783 avec le premier prix de mathématiques et entre en 1784 à l'école royale militaire de Paris. En 1785, il est lieutenant en garnison à Valence. En 1791, son grand-oncle étant décédé, il se rend en Corse et revient avec sa sœur Elisa sortie de l'école de Saint-Cyr, fermée à la Révolution. La Corse est occupée par les Anglais appelés par Pascal Paoli. Bonaparte qui s'est fait le chef du parti Corse-français quitte l'île avec sa famille qui s'installe à Marseille. En 1793, il se distingue au siège de Toulon qui est repris aux Anglais. Il commande l'armée d'Italie, et signe le traité de Campo-Formio (1796-1797). Il est alors élu à l'Académie des Sciences (section des Arts mécaniques). Il organise l'expédition d'Égypte d'où il revient le 16 octobre 1799. Le coup d'état du 18 Brumaire an VIII (9 novembre 1799) met fin au Directoire. Il est Premier Consul puis Empereur en 1804. Après des campagnes victorieuses, vient la défaite dans la campagne de Russie. L'Empereur est déclaré déchu le 2 avril 1814. Napoléon revient de l'île d'Elbe en 1815; les Cent-Jours conduiront ses armées à Waterloo. Il abdique le 22 juin 1815 et les Anglais l'enferment à Sainte-Hélène où il meurt le 5 mai 1821.
Source : NBG

Nerville, de, Mme, UR25
Amie de Mme Du Pierry et de Lalande.

Newton, Isaac (1643-1727 calendrier grégorien), n°UR6, UR7, PR62
Né le 25 décembre 1642 ou 4 janvier 1643, selon le calendrier, I. Newton est orphelin de père à quatre ans. Sa mère se remarie avec un recteur et l'enfant est élevé par sa grand-mère. À douze ans, il est à l'école de Grantham et, en 1661, au collège de Cambridge. Il étudie les mathématiques (Euclide, Descartes, Viète...), est bachelier en 1665 et, en 1669, il est nommé à la chaire de mathématiques de Cambridge. Avec un prisme, il étudie les « *Phénomènes des couleurs* ». Son télescope lui ouvre les portes de la *Royal Society of London*. En 1687, poussé par Halley, il publie les *Principia* (loi de la gravitation). Nommé maître contrôleur de la Monnaie en 1694, il quitte l'Université. En 1703 il est élu président de la *Royal Society* et publie l'année suivante *Opticks* qui aura d'autres éditions. Il s'est aussi

intéressé à l'alchimie. En 1705, la reine Anne le fait baronnet. Il meurt à Kensington le 20 mars 1726 ou 31 mars 1727, selon le calendrier. À cette époque, le changement d'année se faisait, en Angleterre, le 25 mars (le Lady day).
Source : NBG

Olbers, Heinrich Wilhem Mathias (1758-1840), PR71

Fils d'un pasteur, né à Arbergen près de Bremen le 11 octobre 1758, Olbers s'intéresse à l'astronomie dès l'âge de 14 ans. Il fait des études de médecine à Göttingen, commencées en 1777, et il suit des cours de physique et de mathématiques. En 1779 il calcule l'orbite d'une comète observée par Bode. Ses études de médecine achevées en 1781, il visite hôpitaux et observatoires à Vienne, puis s'installe comme médecin à Bremen. Il a un observatoire dans sa maison et une importante bibliothèque d'ouvrages d'astronomie (qui sera achetée par Struve pour l'observatoire de Pulkovo). En 1786, il visite le bel observatoire de Schröter à Lilienthal, près de Bremen. Le 28 mars 1802, il découvre le deuxième astéroïde, Pallas, et le 29 mars 1807 le quatrième, Vesta. En 1810, il est correspondant de l'Institut et en 1829, associé étranger de l'Académie des sciences à Paris. Il abandonne la pratique de la médecine en 1820 et meurt le 2 mars 1840.
Sources : DSB, Index Acad.

Ozanam, Jacques (1640-1717 ?), page 208

Né à Bouligneux, en Bresse, dans une famille juive convertie au catholicisme, J. Ozanam, étant le deuxième fils, est destiné au clergé. Mais il s'intéresse à la chimie et à la mécanique et étudie les mathématiques plutôt que la théologie. Son père étant mort, il devient professeur de mathématiques à Lyon. Il se rend bientôt à Paris où, libertin et joueur, il a des difficultés financières, ses cours ne suffisant pas à couvrir ses dépenses. Marié, sa conduite devient exemplaire, mais sa femme meurt en 1701 (12 enfants) et ses élèves se font rares à cause de la guerre. Il a publié beaucoup de livres : *Traité populaire et de référence pour les mathématiques, Dictionnaire mathématique ou idée générale des mathématiques* (1691), *Cours de mathématiques,* 5 vol. 1693, *Récréations mathématiques et physiques,* 4 vol. 1694 (réédité plusieurs fois).
Source : DSB

Paoli, Pascal (1726-1807), UR2

Pascal Paoli est né à Morosaglia (Corse) en 1726. Son père Hyacinthe, chef corse, a pris part au soulèvement des Corses contre les Génois. Battu en 1739, il se réfugie à Naples où il commande un régiment de Corses réfugiés. Pascal y est admis à l'école militaire. Après ses études, il débarque en Corse où il réforme l'administration, fonde une marine contre Gênes. Mais il s'est fait un ennemi qui appelle à l'aide les Génois. Les Français (à qui ceux-ci cèdent leurs droits sur la Corse en 1768) repoussent Paoli qui s'embarque sur un navire anglais. Il est bien reçu à Londres par l'aristocratie. En 1789, Paoli salue la Révolution française, est accueilli avec applaudissements par l'Assemblée qui décrète que la Corse est partie intégrante de la France. Les Corses le reçoivent avec joie comme président de l'administration du département. Mais en 1793, après une expédition malheureuse en Sardaigne, il est mis en accusation (avril 1793). Paoli et les siens se séparent de

la France et appellent les Anglais qui occupent la Corse. Le Roi George III nomme un vice-roi anglais et invite Paoli à venir à Londres où il vit avec une pension confortable. Il meurt le 5 février 1807 aux environs de Londres.
Source : NBG

Pape, voir *Pie VII*

Passerat, UR12, UR17
Collaborateur ou élève de Lalande probablement, car il a été chez Lalande en 1791 et à l'École militaire en 1793.

Petit, voir *Aupetit*, UR11, UR12
Ami de Mme Du Pierry et de Lalande.

Piazzi, Giuseppe (Joseph) (1746-1826), UR2, UR4, UR5, UR6, PR5, PR67, PR68
Né à Ponte (Valteline), destiné à l'état monastique, G. Piazzi fait ses études à Milan, prend l'habit des Théatins et rejoint à Rome puis à Turin des maisons de cet ordre. Ses aptitudes pour les sciences ayant été remarquées, il est nommé professeur de philosophie à Gênes, mais accusé d'incrédulité par les Dominicains, le Grand Maître de son ordre l'arrache aux persécutions en lui donnant la chaire de mathématiques à Malte. Puis il est envoyé à Ravenne, Crémone et Rome où il se lie avec le futur pape Pie VII. Il accepte en 1780 la chaire de mathématiques à Palerme où il obtient du vice-roi un voyage en France; il rencontre à Paris Lalande (qui le reçoit au Collège royal), Delambre, Bailly, Pingré, puis il rejoint Cassini, Méchain et Legendre en mission géodésique. Puis, il se rend à Londres, où Lalande le rejoint en août 1788. Il commande à Ramsden un bel instrument qu'il installera en 1789 dans l'observatoire aménagé dans le château de Palerme. Il entreprend un catalogue d'étoiles couronné par l'Institut de France; il découvre le 1er janvier 1801 une petite planète, Cérès, entre Mars et Jupiter. Le roi de Naples veut le récompenser par le don d'une médaille d'or qu'il refuse, préférant un nouvel instrument. Il étudie la comète de 1811 et publie en 1814 un nouveau catalogue. En 1815, au retour des Bourbons à Naples, Piazzi y est appelé pour examiner l'observatoire de Capo-di-Monte établi pendant le gouvernement de Murat. Il quitte alors son observatoire de Palerme pour celui de Naples où il meurt le 22 juillet 1826.
Source : NBG
– Murat, Joachim (1767-1815). Maréchal de France, il épouse en 1800 Caroline, sœur de Napoléon. Roi de Naples en 1808

Piccolomini, Alessandro (1508-1578), PR12
Né le 13 juin 1508 à Sienne, Piccolomini a été archevêque à Patrasso, puis, revenu dans sa ville natale, coadjuteur de l'archevêque de Sienne. Il a publié au sujet de la sphère du monde (1540) et de questions de mécanique d'Aristote (1565). Est-ce lui que Lalande évoque ?
Source : Pogg

Pictet, Marc Auguste (1752-1825), PR10
Né à Genève le 23 juillet 1752, Pictet est, en 1786, professeur de physique puis président de l'Académie de Genève. Il a notamment contribué à l'étude des gaz.

Après l'annexion de Genève par la France, il est en 1802 membre, puis en 1803, secrétaire du Tribunat. Il est aussi nommé associé non résidant de l'Institut le 5 prairial an X (25 mai 1802). En 1807, il est l'un des inspecteurs généraux de l'enseignement public et, à Paris, membre du Consistoire. À Genève il est membre de la Société de physique et d'histoire naturelle et directeur de l'Observatoire.
Sources : Pogg, Index Acad.

Pie VII, B.L.G. Chiaramonti (1742-1823), UR35

Né à Cesene le 14 août 1742, fils du comte Chiaramonti, le futur pape fait ses études à Parme puis à Ravenne. À 16 ans, il prend l'habit de Saint-Benoît. Envoyé à Padoue pour étudier la théologie, il achève cette étude à Rome. Il est professeur de philosophie successivement dans différents couvents lorsque son parent, le cardinal Braschi, devient le pape Pie VI le 15 février 1775. Chiaramonti est évêque de Tivoli en 1782, cardinal en 1785 au siège d'Imola, qui est enlevé aux États du pape en 1796; Pie VI meurt en 1799. Les Austro-Hongrois désignent Venise pour tenir le conclave où Chiaramonti est élu le 14 mars 1800 et prend le nom de Pie VII puis se rend à Rome. Le Concordat signé le 15 juillet 1801 rétablit l'église gallicane en France. En contrepartie, Bonaparte demande la nomination de quatre cardinaux et, pour son oncle, le cardinal Fesch archevêque de Lyon, une place à Rome. Le 18 mai 1804, Bonaparte proclamé Empereur demande au pape de venir à Paris le couronner. Celui-ci quitte Rome le 2 novembre 1804, arrive à la fin du mois et couronne Napoléon le 2 décembre à Notre-Dame. Il est de retour à Rome le 16 mai 1805. En mai 1809, Napoléon s'empare de Rome et des États du pape; Pie VII l'excommunie le 10 juin. Il est enlevé, conduit à Grenoble puis installé à Savone près de Rome. Plus tard, il est amené à Fontainebleau (20 juin 1812) puis, en 1814, ramené à Rome, où il fait son entrée le 20 mai. Pendant les Cent-Jours, il se réfugie à Gênes. Après la chute de Napoléon, Pie VII rétablit l'ordre des Jésuites, condamne la franc-maçonnerie, anathémise les *carbonari* et encourage les missions. À son retour définitif à Rome, sans rancune, il accueille la famille Bonaparte. Un nouveau Concordat est signé le 11 juin 1817. Le pape meurt le 20 août 1823.
Source : NBG

Pierry (du), ou Piéry (du), voir *Dupiéry*

Pingré, Alexandre Guy (1711-1796), PR20

Né à Paris, Pingré est envoyé par ses parents au collège de Senlis où il entre à 16 ans dans la Congrégation des Génovéfains puis il y devient professeur de théologie. Pingré, soupçonné de jansénisme, est destitué en 1745. Le chirurgien Le Cat qui a fondé l'Académie de Rouen l'invite en 1749 comme astronome. Remarqué pour ses observations du passage de Mercure sur le Soleil de 1753, il est nommé correspondant de Le Monnier à l'Académie des sciences et en sera membre en 1756. Il est alors invité par sa Congrégation à l'abbaye de Sainte-Geneviève où l'abbé lui fait installer un petit observatoire. Il est désigné par l'Académie pour observer le passage de Vénus sur le Soleil en 1761 à l'île Rodrigue et en 1769 il observera le deuxième passage à Saint-Domingue, escale du navire *La Flore* sur lequel il est embarqué pour vérifier des horloges marines. En 1764, il crée un cadran solaire très original sur la tour proche de l'actuelle Bourse du Commerce et

de l'Industrie de Paris. Il a effectué de longs calculs sur *État du ciel à l'usage de la marine*, les éclipses de soleil jusqu'en 1900… Il a entrepris des ouvrages de longue haleine : recherche et calcul des comètes depuis l'Antiquité (2 vol. publiés en 1783-1784), *Histoire de l'astronomie du XVIIe siècle* (publiée en 1901). Chanoine régulier de Sainte-Geneviève, il a aussi été un dignitaire de la franc-maçonnerie. À la création de l'Institut en 1795, il est élu membre de la section d'astronomie.
Source : Delambre

Pitt, William (1759-1806), UR7

Deuxième fils de W. Pitt (1708-1778) comte de Chatham, Pitt junior est élevé pour une carrière politique. À Cambridge en 1773, il est un étudiant sérieux. Après la mort de son père, il se fait avocat et entre en 1781 à la Chambre des communes. En 1782, il est chancelier de l'Echiquier dans un ministère qui tombe le 24 février 1783. Il voyage alors en France, Reims, Paris, Fontainebleau où il est reçu à la Cour; il y aurait eu un projet de mariage avec Melle Necker. En 1784, il est élu au Parlement, représentant de l'Université de Cambridge. Il a alors l'appui de la nation et du Roi qui le nomme Premier ministre. Ce ministère Pitt durera 17 ans, 1784-1792. C'est une heureuse époque pour l'Angleterre malgré une courte démence du Roi (fin 1788). Pitt ne souhaite pas entrer dans la coalition contre la France révolutionnaire. Mais, déclarée par la France, la guerre durera 22 ans. Cependant, en 1795, Pitt fait des ouvertures auprès de Barthélemy alors ministre de France en Suisse; d'autres pourparlers s'engagent en avril 1797, arrêtés par le 18 Fructidor qui fait entrer au Directoire le parti de la guerre, si bien que, lorsque Bonaparte de retour d'Égypte fait des offres de paix, il reçoit un refus hautain. En 1800 l'acte d'union de l'Irlande est voté, mais l'émancipation des Catholiques, soutenue par Pitt, est refusée par le roi George III. Pitt démissionne alors (5 février 1801). Il revient aux affaires le 2 mai 1804. Atteint de la fièvre typhoïde, il meurt le 23 janvier 1806.
Source : NBG

Poitevin, Jacques (1742-1807), PR2, PR8, PR84

Né à Montpellier le 6 octobre 1742, Poitevin, seigneur de Mézouls, riche, est membre de l'Académie de Montpellier qui anime l'observatoire de la Babote. Il possède une lunette de Dollond que Lalande lui a fait venir de Londres en 1774. Certaines de ses observations astronomiques sont publiées dans la *Connaissance des temps*. En 1788, il propose, pour l'observatoire de la Babote, la création d'un poste d'élève-astronome qui sera payé par six membres de l'Académie. À la Révolution, l'Académie est dissoute et l'observatoire menacé de démolition. En 1795, les anciens membres se réunissent et créent l'année suivante la Société libre des Sciences et Belles Lettres de Montpellier (voir lettre PR8).
Source : Faidit

Pons, Jean-Louis (1761-1831), PR57, PR58, PR59, PR93, PR107

Né le 24 décembre 1761 à Peyre dans le Dauphiné, dans une famille pauvre, Pons entre à l'Observatoire de Marseille en 1789 comme concierge. Le directeur lui enseigne des rudiments d'astronomie pour observer les astres. Connaissant très bien le ciel étoilé, ayant une vue excellente et une grande patience, Pons devient un

habile découvreur de comètes. En 1813, il est nommé astronome adjoint et en 1818, assistant du directeur. Il reçoit des récompenses : le prix de 600 f. offert par Lalande pour la découverte de la première comète de l'année, une médaille d'argent de la *Royal Society of London*, en 1821 et en 1827, deux fois le prix fondé par Lalande à l'Académie des sciences, partagé l'un avec Nicollet, l'autre avec Gambart. Sur la recommandation de von Zach, il est en 1819 directeur de l'observatoire près de Lucques, puis en 1825 de celui de Florence. Perdant peu à peu la vue, il abandonne ses recherches quelques mois avant sa mort (14 octobre 1831).
Source : DSB

Pontgibaud, UR8
Noble, émigré ?

Prony, Gaspard Clair François Marie, Riche de (1755-1839), PR18, PR20
Né à Chamelet dans le Lyonnais le 22 juillet 1755, Prony fait des études de mathématiques. Ingénieur en 1787, il est directeur du Cadastre en 1791, professeur à l'École polytechnique en 1794 et examinateur des élèves à la sortie. En 1798, il est nommé directeur de l'École des Ponts et Chaussées et le restera jusqu'à sa mort. Inspecteur général des Ponts et Chaussées en 1805, il entre au Conseil des Ponts et Chaussées où il a soutenu la construction de nombreux ponts. Il est membre du Bureau des Longitudes en 1817, fait baron en 1828 et Pair en 1835.
Source : DSB

Ptolémée, Claude (ca 100-170), PR2, PR92, page 196
La vie de Ptolémée est mal connue. Il vivait à Alexandrie et aurait eu Théon de Smyrne comme professeur. Ses observations astronomiques faites d'environ 127 à 141 sont réunies dans l'*Almageste*, somme considérable, dans laquelle il explique les mouvements des planètes autour de la Terre à l'aide de combinaisons de mouvements circulaires. Dans sa *Géographie*, il a placé le méridien zéro à l'extrémité ouest du monde connu à son époque, dans une île de l'archipel des Canaries. Dans son *Optique,* il discute le problème de la réfraction astronomique.
Source : DSB

Putois, PR3, PR28, PR38
Opticien, fabricant d'instruments, quai de l'Horloge à Paris.

Raimondis, Zacharie, Paradis de (c. 1746-1800), UR8, UR25
La manufacture d'horlogerie créée en 1763 à Bourg par M. Vincent est fermée en 1776. M. de Raimondis achète le bâtiment sur lequel une méridienne faite en 1769 par Lalande sera restaurée en 1781. Il y fait installer quatre appartements. Le tout sera vendu en 1794 au profit de la nation. Lieutenant général à Bourg, il vend sa charge en 1781. En 1779, il écrit à M. de La Tour-du-Pin pour qu'on ne ferme pas les portes de la ville ; en 1783, on les abat et en 1789, on s'en repend. En 1793, il se rend à Nice où on perd sa trace ; on le croit en Angleterre. Il est l'auteur de quelques brochures sur l'amélioration des terres en 1789, sur la morale et le bonheur en 1795, et sur les prêtres en 1797. Il est mort à Lyon en décembre 1800.
Source : AB

Ramsden, Jesse (1735-1800), UR2, UR6, UR7

Fils d'un aubergiste, J. Ramsden, né près d'Halifax, passe trois ans au collège de cette ville et apprend un peu de géométrie et d'algèbre. Il doit interrompre ses études pour entrer en apprentissage chez un fabricant de draps à Halifax. À 20 ans, il est à Londres chez un drapier. Il abandonne le commerce en 1758 et travaille pendant quatre ans dans l'atelier d'un fabricant d'instruments d'optique et de mathématiques. Il se met à son compte, rencontre Dollond dont il épouse la fille. Ramsden a apporté de nombreuses améliorations aux instruments tels que sextants et octants. Il invente une machine à diviser pour la graduation des instruments, fruit de dix années de travail. Sa description est publiée en 1777 et sera traduite par J. Lalande en 1790. Son atelier, dont les employés ont atteint une grande adresse grâce à la division du travail, a fourni un grand nombre d'excellents instruments et la renommée de Ramsden comme constructeur d'instruments astronomiques est très grande. Il est admis en 1786 à la *Royal Society of London*, en 1794 à l'Académie de Pétersbourg et reçoit en 1795 la médaille d'or de Copley, suprême récompense. Il vient s'installer à Brighton où il meurt à 65 ans.
Source : NBG

Rateau, citoyenne, UR20

Amie de Mme Du Pierry et de Lalande (du groupe poétique ?).

Ratte, Étienne Hyacinthe de (1722-1805), PR1, PR2, PR84, PR103

Né le 1er septembre 1722, de Ratte étudie les mathématiques. À 21 ans, il est membre et secrétaire de la Société royale des sciences de Montpellier. Il publie des Mémoires de physique, mais s'adonne surtout à l'astronomie. Il est en correspondance avec les astronomes parisiens, Pingré et aussi La Caille qui lui envoie ses observations, ses tables du Soleil, son livre, pour lui-même et pour la bibliothèque de la Société. Il est en relation avec les Encyclopédistes et rédige l'article « Froid, Glace, Gelée » pour la grande Encyclopédie. Conseiller à la Cour des Aides à Montpellier depuis 1770, il est pour cela suspect et arrêté en 1793. Ses observations astronomiques ont été publiées dans *Mémoires de l'Académie des sciences de Paris,* et aussi dans deux volumes, l'un en 1766 et l'autre en 1777. Il est élu associé « non résidant » de l'Institut le 9 ventôse an IV (28 février 1796). Oncle de Flaugergues, il est mort le 15 août 1805.
Source : SD

Reichenbach, Georg Friedrich von (1771-1826), page 85

Reichenbach a fait ses études à Mannheim et passait son temps libre à l'observatoire. À vingt ans, il est envoyé pour étude en Angleterre où il reste trois ans. À son retour, il est ingénieur dans l'armée bavaroise. En 1800, il ouvre à Münich une boutique d'instruments scientifiques qui devient en 1804 l'Institut de Mathématique-Mécanique. Il recherche un bon opticien et, en 1806, il s'adjoint Fraunhofer. Leur affaire devient en 1809 l'Institut d'optique qui produira d'excellents instruments pour l'astronomie. Reichenbach quitte l'association en 1814 et travaille dans les ponts et chaussées.
Source: DSB

Riccioli, Giambattista (1598-1671), page 196

Né à Ferrare, G. Riccioli entre dans l'ordre des Jésuites à l'âge de seize ans. Après des études classiques, il enseigne la littérature, la philosophie et la théologie à Parme puis à Bologne, tout en étudiant l'astronomie et la géographie. Après la condamnation de Galilée, il devient un opposant au système de Copernic tout en reconnaissant que, par sa simplicité, c'est la meilleure hypothèse mathématique. Il perfectionne le pendule pour mesurer le temps, évalue le rayon de la Terre. Il observe la topologie de la Lune et, avec Grimaldi, il en crée une nomenclature encore utilisée.
Source : DSB

Richer, UR13, UR22

Ami de Mme Du Pierry et de Lalande.

Richmond, Charles Lennox Lord, Duke of (1735-1806), UR4, UR5

Né le 25 février 1735, Richmond commence une carrière militaire. Sa belle conduite à la bataille de Minden, où il commande un régiment, est remarquée. Dans la Chambre haute, il rejoint les Whigs et attaque le parti Tory. Il entre au ministère comme secrétaire d'État en 1765. En 1778 déjà, il recommande de reconnaître l'indépendance des États d'Amérique. Il soutient Pitt en 1784. Il est Grand maître de l'artillerie de 1782 à 1795, sauf pendant quelques mois. Il meurt le 29 décembre 1806.
Source : NBG

Rivoire (de), UR3, UR20

Amis de Mme Du Pierry et de Lalande. On trouve à Bourg M. et Mme de Rivoire ; lui est menacé le 16 juillet 1789 et leur château a été démoli en septembre 1794. En 1791 : Mme de Rivoire, femme aimable, écrit à Lalande.
Source : AB

Rohan, UR16

J. Querenoc-Rohan-Rochefort, « ex-noble », 24 ans.
Source : *Journal de Paris* du 30 prairial an II

Roqueplane, (18ᵉ siècle), PR31

Membre de la Société royale de Montpellier, astronome.
Source : Faidit

Rossignol Mme, UR36

Amie de Mme Du Pierry et de Lalande.

Royer, Augustin, page 196

Royer a traduit *Catalogue stellarum austrliam...* de Halley (1678), traduction parue en France en 1679.
Source : DSB

Saconet, Mlle de, UR8

À Bourg-en-Bresse.

S. Amarante (la belle), n°16

Orthographié aussi « Ste-Amaranthe ». Il peut s'agir de Mme J.F.L. Denier, 41 ans, femme de Ste-Amaranthe, à Cercy, ou bien, plus vraisemblablement, de C.R.E. Ste-Amaranthe, 19 ans, femme de Sartine. Condamnées le 29 prairial an II (17 juin 1794).
Source : *Journal de Paris* du 30 prairial an II

Sapho, (1767-1845), UR19, UR20

Il s'agit sans doute du surnom d'une dame poétesse. À notre avis, elle serait Constance-Marie de Thies, princesse de Salm, née à Nantes en 1767, fille d'un maître des eaux et forêts. Dès 1785, elle publie des vers, écrit une tragédie lyrique, *Sapho*, jouée avec succès en 1794, puis les éloges de Sedaine et de Lalande (à sa demande). M.-J. Chénier l'appela la Muse de la Raison. Elle avait épousé en 1789 M. Pipelet de Leuri, membre de l'Académie de médecine. Divorcée en 1799, elle épouse en 1803 le prince Joseph de Salm-Dyck. Elle meurt à Paris en 1845.
Source : LXX

Saujon (ou Sougeon, Saugeon), UR25, UR27, UR31

Famille amie de Mme Du Pierry et de Lalande.

Schiller, Jules, page 196

Moine augustin à Augsbourg, Schiller a publié en 1627 un commentaire sur l'*Uranométrie* de Johann Bayer : « Pour la plus grande gloire de Dieu tout-puissant et de sa sainte Eglise, les œuvres publiques de J. Bayer décrivent le ciel chrétien des étoiles en une nouvelle "Uranométrie", marquant un retour à son Maître et Créateur, comme pour résister à la représentation détournée du ciel par les païens » (traduit du latin).
Source : Pogg

Séguier, Jean François (1703-1784), page 77

Né et mort à Nîmes, Séguier a étudié au collège des Jésuites. Il s'est intéressé à la numismatique et à la botanique. En 1737, il accompagne Mattei, savant italien venu à Nîmes, dans son voyage à travers l'Europe. Revenu à Nîmes, il y étudie les antiquités. Il a publié sur une inscription de la Maison carrée, sur la botanique et a laissé beaucoup de manuscrits. En 1772, il est nommé membre de l'Académie des Inscriptions.
Source : LXIX

Seguin, Marc (1786-1875), page 89

Né le 20 avril 1786 à Annonay (Vivarais), Marc Seguin dont le père est fabricant de draps est devenu ingénieur en étudiant et expérimentant sans passer par une école. Il a proposé les ponts suspendus et construit en 1824 celui qui traverse le Rhône entre Tain et Tournon. Il a inventé la chaudière tubulaire en 1827 qui, appliquée aux locomotives en 1829, a été expérimentée en Angleterre en 1830 et a permis d'augmenter la vitesse des trains. Cette invention a été signalée par F. Arago. Il a construit la ligne Saint-Étienne – Lyon et refusé, avec raison, de la faire passer sur un pont suspendu. Il a été élu correspondant de l'Académie des sciences en 1845, dans la section de mécanique. Mort à Annonay (Ardèche) le 24

février 1875, c'est très probablement lui qui était à Montbart en 1860 et Augustin est peut-être son fils.
Source : LXIX

Seline, UR22
Connaissance chargée des expéditions.

Sérouillat, UR10, UR11, UR13, UR16, UR17
Ami dévoué de Mme Du Pierry.

Shepherd, Antony (1722-1795), UR2, UR3, UR4, UR5, UR6, UR7
Né le 15 juin 1722 dans le Westmoreland, A. Shepherd a été professeur d'astronomie à l'Université de Cambridge, membre du *Board of Longitudes* et de la *Royal Society*. Il a fait construire à ses frais un observatoire à Cambridge et acheté des instruments. Il a publié les calculs de Lyons, Parkinson et Williams : « *Tables pour corriger la distance apparente de la Lune et des étoiles des effets de la réfraction et de la parallaxe* », Cambridge 1772. Il a aussi fait éditer les tables de Taylor pour les sinus de seconde en seconde. Il est mort à Londres en 1795.
Sources : Pogg, BetH1796
– Lyons, Israël, 1739-1775. Fils d'un orfèvre, il enseigne en 1762 la botanique à Oxford, puis il est calculateur au *Board of Longitudes*. Il participe à une expédition au pôle Nord comme astronome en 1773
– Parkinson, Thomas, 1745-1830. Docteur en Théologie, Recteur de Keyworth (Leicestershire), Membre de la *Royal Society of London*
– Williams, Samuel, 1743-1817. Professeur de Mathématiques et de Philosophie à Cambridge, Massachusetts
– Taylor, 1756-1789

Short, James (1710-1768), PR1
Né le 10 juin 1710 à Edimbourg, J. Short fait d'abord des études de théologie. Encouragé par Maclaurin, il se tourne vers les mathématiques et la mécanique pratique. Il fabrique des miroirs de télescope d'abord en verre puis en métal. À Londres depuis 1738, il est membre de la *Royal Society*. Une semaine avant sa mort, il travaillait aux instruments commandés par l'Académie de Pétersbourg.
Source : DSB

Silvabelle, Guillaume de Saint-Jacques de (1722-1801) (parfois orthographié Sylvabelle), PR10, PR23
Né le 18 janvier 1722 à Marseille, Silvabelle étudie très tôt les mathématiques et devient assistant du Père Pézenas à l'observatoire Sainte-Croix des Jésuites. Il se fait connaître par quelques publications théoriques comme *Sur les variations célestes ou sur les inégalités des mouvements des planètes*. Lorsque les Jésuites sont chassés, le gouvernement prend possession de leur observatoire, devenu de la Marine, et Silvabelle en devient le directeur en 1764. Certains de ses travaux sont publiés à l'Etranger, dans les *Mémoires de Berlin* (1782) et dans les *Éphémérides* de De Cesaris (1785).
Source : SD

Souillard (la), UR10, et *M.*, UR13
Concierge, marchande ?

Soulier, UR22
Relation de Mme Du Pierry et de Lalande.

Staël-Holstein, Éric-Magnus, baron de (1749-1802), UR20
D'une naissance distinguée mais de fortune médiocre, le baron de Staël, Suédois né en 1749, est conseiller d'ambassade à Paris lorsqu'il est nommé ambassadeur pour faciliter son mariage avec Melle Germaine Necker (qui a lieu en 1786). Il s'engage à ne jamais l'emmener en Suède. Entre elle, dominatrice, et lui, prodigue, une séparation se produit rapidement. Staël s'enthousiasme pour la Révolution, mais pas son Roi Gustave III qui le rappelle en 1792. Gustave III assassiné, le régent le renvoie à Paris en mars 1793 pour négocier un traité d'alliance, puis il revient en Suède. Après le 9 Thermidor, la Suède ayant reconnu la République Française, le baron de Staël est reçu avec éclat le 22 avril 1795 à la Convention présidée par Sieyès. Il assiste ensuite aux séances dans la loge qui lui a été attribuée. Il reste ambassadeur auprès du Directoire jusqu'en 1799, lorsque le Roi Gustave-Adolphe devenu majeur le rappelle. Âgé et malade, il se réconcilie avec Mme de Staël et décide de la rejoindre en Suisse, mais il meurt en route, à Poligny le 9 mai 1802.
Source : NBG
– Staël, Anne Louise Germaine Necker, baronne de, (1766-1817). Écrivain

Taucher, Fr., PR14
Astronome à Bude (Hongrie)

Tessier abbé, Henri Alexandre (1741-1837), PR3
Né à Angerville le 16 octobre 1741, l'abbé Tessier, devenu médecin, est nommé inspecteur des bergeries de Rambouillet. Il entre à l'Académie des sciences le 2 mars 1783 comme adjoint botaniste. À la Révolution, il est professeur d'agriculture et de commerce à l'École centrale de Paris. Il est encore inspecteur des bergeries impériales, puis royales après 1815. Il meurt à Paris le 11 décembre 1837.
Sources : Pogg, Index Acad.

Thouin, André (1747-1824), UR10
Ami de Mme Du Pierry et de Lalande, c'est peut-être, si l'on pense aux intérêts de. Mme du Pierry et de Lalande pour les plantes, André Thouin, qui succède à son père, jardinier – chef du Jardin du Roi avec Buffon. C'est un botaniste célèbre, membre de l'Académie des Sciences. En 1790, il est membre du Conseil de la Seine. En 1793, il est professeur et administrateur au Muséum. Il est l'un de ceux qui sont chargés de recueillir des objets scientifiques en Belgique, Hollande puis Italie. En 1798. il reçoit une médaille d'or et il est membre de la Légion d'honneur dès sa création.
Source : NBG

Né à Marseille le 6 juin 1748, Thulis étudie au collège des Jésuites, puis son père l'envoie travailler au Caire dans une maison de commerce où il reste sept ans. De retour en France en 1772, il abandonne le commerce pour l'étude des sciences exactes et surtout de l'astronomie. En 1786, il se rend à Hyères et travaille dans l'observatoire installé par le duc de Saxe-Gotha. Il voyage ensuite en Italie avec le duc et von Zach. De retour à Marseille, il est invité à l'Observatoire de la Marine dont il devient le directeur-adjoint en 1793. Il veille alors aux instruments et à la remise en état de l'observatoire. Il est élu associé de l'Institut en 1796. En 1801, il remplace le directeur, Silvabelle, décédé. Il a tenu quotidiennement un Journal de ses observations astronomiques et météorologiques. Victime d'une apoplexie, il meurt le 25 janvier 1810.
Source : SD

Amis de Mme Du Pierry et de Lalande. Peut-être Tigny, F.M.G. de. Naturaliste, il publie en collaboration « *Histoire naturelle des insectes* » (10 vol 1799-1802).

Né le 15 janvier 1845 à Nuits-Saint-Georges, Tisserand est un brillant élève à Beaune puis à Dijon, entré à dix-huit ans à l'École Normale Supérieure. En 1866, Le Verrier le nomme adjoint astronome à l'Observatoire de Paris. En 1873, il est nommé directeur de l'Observatoire de Toulouse et professeur d'astronomie à l'Université. Ses recherches portent sur les orbites des astéroïdes et des satellites. En 1878, il est professeur à la Faculté des sciences de Paris d'abord en Mécanique rationnelle puis en 1883 en Mécanique céleste. Son grand Traité de Mécanique céleste paraîtra en quatre volumes de 1889 à 1896. Il est directeur de l'Observatoire de Paris en 1892 et préside en 1896 le Congrès de la carte du Ciel. Il a été élu membre de l'Académie des sciences en 1878 et du Bureau des longitudes en 1879.
Source : DSB

G. Townshend, né le 28 février 1724, a une carrière militaire. Il participe à plusieurs batailles, dont Fontenoy, est envoyé au Canada où, général en chef, il reçoit la capitulation de Québec le 18 septembre 1759. Il sert en Allemagne en 1761, au Portugal en 1763. Pendant le règne de George III, il est nommé directeur général de l'artillerie puis vice-roi d'Irlande. Il meurt le 14 septembre 1807.
Source : NBG

Né le 2 avril 1745 à Kirchberg en Autriche, Triesnecker entre dans l'ordre des Jésuites. Docteur en philosophie, il enseigne dans différents collèges de l'ordre jusqu'à sa dissolution. Il est ensuite professeur d'astronomie à l'Université de Vienne; adjoint astronome en 1781, il collabore avec Hell à la rédaction des Ephémérides de Vienne de 1790 à 1793. Directeur de l'Observatoire de Vienne en 1793, il prépare seul les Ephémérides, puis avec l'aide de Bürg de 1795 à 1799. Ses observations astronomiques sont publiées par von Zach.
Source : Pogg

Ulugh Beg (ou Ulug Beg), (1394-1449), page 196

Petit-fils du grand conquérant Tamerlan, Ulugh Beg fonde, en 1420, à Samarcande une école où l'on enseigne principalement l'astronomie. Quatre ans plus tard, il fait construire au voisinage un observatoire de trois étages. Détruit, rasé par la suite, il a été retrouvé en 1908. Le principal instrument est un grand sextant obtenu en creusant une tranchée suivant un méridien. Dans cet observatoire très actif, on a observé le Soleil, la Lune et les planètes dans le cadre du Système de Ptolémée. Ulugh Beg a déterminé les constantes de base de l'astronomie, l'inclinaison de l'écliptique sur l'équateur, le point vernal et la durée de l'année tropique. Il a publié des tables (*Zij*) catalogue de 1018 étoiles, tables trigonométriques. Il a été assassiné sur l'ordre de son fils.
Source : DSB

Uranie, la petite (1793-avant novembre 1832), UR13

Fille de Michel et Amélie Lefrançois de Lalande, née le 27 juillet 1793. Elle a épousé M. Berthault et a eu trois enfants.

Vega, Georg, Freiherr (baron) von (1756-1802), PR91

Né en 1756 à Sagoritza, duché de Krain, Vega entre dans l'armée autrichienne. Sous-lieutenant en 1784, il est capitaine en 1800 et reçoit le titre de baron. Il est alors professeur de mathématiques du corps des Bombardiers. Il a publié des tables de logarithmes et de trigonométrie en 1793, 1794 et 1797.
Source : Pogg

Vernacci, PR7

Probablement membre de l'expédition Malaspina, à Montevideo en 1791.

Vicq d'Azir, Félix (1748-1794), UR17

Né le 23 avril 1748 à Valognes (Normandie), son père médecin l'engage dans cette profession. Il fait ses études à Paris et devient un médecin réputé. Antoine Petit le propose pour le remplacer dans la chaire d'anatomie, mais il est évincé par les intrigues des confrères jaloux de ses succès. Il ouvre alors des cours particuliers, épouse la nièce de Daubenton et entre à l'Académie des sciences en 1774. Chargé d'étudier une épizootie, il fonde dans ce but une société qui sera en 1776 la Société royale de médecine dont il devient le secrétaire perpétuel. Ses éloges des académiciens décédés révèlent un écrivain plein d'élégance et de goût. Aussi est-il élu en 1778 à l'Académie française où il succède à Buffon. En 1789, il est nommé Premier médecin de la Reine et Premier médecin consultant du Roi. Le 8 juin 1794, obligé d'assister à la fête de l'Être suprême, il contracte une pneumonie et meurt le 20 juin.
Source : NBG

- Petit, Antoine (1718-1794), chirurgien célèbre, en 1768 il a la chaire d'anatomie au Jardin du Roi
- Daubenton, Louis Jean Marie (1716-1800), Professeur au Jardin du Roi, au Collège royal (1778, chaire d'histoire naturelle), à l'école vétérinaire d'Alfort (1783). En 1793 il est nommé Directeur du Jardin des plantes qui devient le Muséum d'histoire naturelle

Vidal, Jacques (1747-1819), PR23, PR51, PR75, PR76, PR77, PR78, PR80
Né à Mirepoix (Haut-Languedoc) le 30 mars 1747, Vidal appartient au corps des ingénieurs de Languedoc depuis 1770. Directeur de l'ancien observatoire de Garipuy (1711-1782) devenu national, à Toulouse. Il a fait beaucoup d'observations astronomiques à Mirepoix, publiées par Lalande dans la *Connaissance des temps*. Il s'est intéressé surtout à la planète Mercure. Il a été nommé directeur de l'Observatoire de Toulouse le 21 avril 1800. Il est élu associé « non résidant » à l'Institut le 4 floréal an X ou 24 avril 1802. Lalande l'a surnommé Trismegiste.
Sources : Pogg, Index Acad.

Vignée, sieur, UR33
Connaissance de Lalande.

Villedeuil (de), UR4
Nommé Ministre en 1788, à la place du baron de Breteuil.

Villermosa, prince de, UR2
Sicilien ?, ami de Piazzi.

Wargentin, Pehr Wilhelm (1717-1783), page 208
Né le 11 septembre 1717 à Sunne en Suède, Wargentin dont le père, pasteur dans le Nord de la Suède, a une culture scientifique, apprend très tôt à connaître le ciel. En 1735, il est à l'Université d'Uppsala où l'astronomie est son principal intérêt. En 1737, A. Celsius qui est de retour de l'expédition française en Laponie, devient son professeur d'astronomie et lui fait calculer les orbites des satellites de Jupiter; ses Tables sont publiées en 1746. Celsius, qui est en relation avec J.N. Delisle, alors premier astronome à Pétersbourg, pousse Wargentin à le rejoindre. Mais Delisle revient en France en 1747 et Wargentin ne pourra voyager comme il le souhaitait car il est nommé en 1749 secrétaire de l'Académie des sciences de Suède. Le secrétariat de l'Académie l'occupe beaucoup, il est de plus chargé d'établir des statistiques des populations et il continue ses calculs des satellites de Jupiter dont il est le meilleur spécialiste. En 1748, il est, à l'Académie des sciences de Paris, correspondant de Delisle, puis en 1769, correspondant de Lalande qui a publié ses Tables des satellites de Jupiter en 1759. Il est enfin nommé associé étranger le 23 avril 1783 et, après sa mort le 13 décembre 1783, son éloge a été lu par Condorcet le 12 novembre 1785.
Sources : DSB, Index Acad.

Webber, Samuel (1737-1810), PR14
Né à Byfield, Webber est Président du collège de Harvard où il est aussi professeur de mathématiques, à Cambridge près de Boston (actuellement Mass., USA). Il fait des observations astronomiques, entre autres, celle de l'éclipse annulaire du Soleil le 3 avril 1791.
Source : Pogg

Wolf, Johann Rudolf (1816-1893), page 89
Après des études aux Universités de Zürich, de Vienne (1836-1838) et de Berlin (1838) avec Encke, Dirichlet et Steiner, R. Wolf enseigne les mathématiques et la physique à Berne, puis l'astronomie à l'Université de 1844 à 1855.

L'Observatoire de Zürich, dont il a demandé la création, ouvre en 1864. R. Wolf y a étudié la périodicité des taches du Soleil et leur relation avec le magnétisme terrestre. Après Schwabe, il établit à 11,1 ans la période moyenne des taches du Soleil et les époques des maxima et des minima depuis l'an 1610. Il a aussi mené des travaux sur l'histoire des sciences.
Sources : DSB, JCP.

Wurm, Johann Friedrich (1760-1833), PR17

Né le 19 janvier 1760 à Nürtingen (Würtemberg), Wurm enseigne quelque temps dans cette ville avant d'être vicaire à Gruibingen jusqu'en 1800. Il mène ensuite une carrière d'enseignant, au séminaire de Blaubeuren (près d'Ulm) jusqu'en 1807, à l'École supérieure de Stuttgart, jusqu'en 1814. Il prend alors sa retraite dans cette ville. Auteur de nombreuses publications en astronomie de 1791 à 1819, il a fait beaucoup d'observations publiées en Allemagne notamment dans les *Ephémérides* de Bode, ou les *Monatliche Correspondenz* de von Zach.
Source : Pogg

Zach, Franz Xaver, Freiherr (baron) von (1754-1832), PR14, PR30, PR97, PR98, PR99, PR100

Né le 13 juin 1754 à Pest en Hongrie, Zach est fils d'un médecin qui pratiquait à Presbourg (maintenant Bratislava) puis à Pest. Il s'intéresse à l'astronomie. Officier dans l'armée autrichienne, ingénieur, il participe aux côtés de Liesganig à la cartographie de l'Autriche. Pendant quelques années, il est précepteur des enfants du comte Brühl, ambassadeur de Saxe à Berlin puis à Londres. Recommandé par Brühl, Zach entre en 1786 au service de duc Ernst II de Saxe-Gotha et devient en 1792 directeur de l'observatoire du Seeberg fondé par Ernst II. Il est à l'origine d'une association d'astronomes allemands qui surveillent chacun une zone céleste pour rechercher des planètes et des comètes; deux d'entre eux ont découvert des astéroïdes. Pour publier les observations astronomiques, Zach crée les *Allgemeine Geographische Ephemeriden* (1798-1799). Plus tard, il publie les informations qui lui parviennent dans *Monatliche Correspondenz zur Beförderung der Erd – und Himmelskunde* en allemand (1800-1813), puis en français lorsqu'il est à Gênes dans *Correspondance astronomique, géographique, hydrographique et statistique* (1818-1826). Il est élu correspondant de l'Institut en 1805. Après la mort du duc en 1804, il accompagne la duchesse dans ses voyages à Marseille puis en Italie. Malade de la pierre, il vient à Paris où il meurt du choléra le 2 septembre 1832.
Source : DSB et P. Brosche

BIBLIOGRAPHIE

Manuscrits

Anecdotes de la Bresse, Lalande, Bibliothèque Municipale de Lyon, Fonds ancien, ms. Coste 1281.

Lettre, p. 15, Archives de l'Académie des Sciences de l'Institut de France.

Lettre, p. 30, Archives de l'Institut de France.

Lettres de Lalande à Honoré Flaugergues, ms. 1058 II, Bibliothèque de l'Observatoire de Paris.

Lettres de Séguier à Antoine Flaugergues, ms. 1058 IV, Bibliothèque de l'Observatoire de Paris.

Lettres de von Zach à H. Flaugergues, ms. 1058 IV, Bibliothèque de l'Observatoire de Paris.

Procès-verbaux des séances du Bureau des Longitudes.

Procès-verbaux des séances de l'Académie des Sciences.

Publications

AMIABLE L., *Le franc-maçon Jérôme Lalande*, Paris, Charavay Fr., 1889.

– *Une Loge Maçonnique d'avant 1789 : la R.L. des Neuf sœurs*, Paris, Alcan, 1897.

BIGOURDAN G., « Honoré Flaugergues, sa vie ses travaux », *Bulletin Astronomique pour 1884*, Paris, Gauthier Villars, 1884.

– *Histoire de l'Astronomie d'observation et des Observatoires de France*, Paris, Gauthier-Villars, 1930.

BROSCHE P., « Der Astronom der Herzogin, Leben und Werk von Franz Xaver von Zach (1754-1832) », *Acta Historica Astronomica*, vol. 12, Verlag Harri Deutsch, 2001, p. 8-279.

BUCHE J., « J. Lalande, l'homme et le Bressan », *Annales de la Société d'Émulation et d'Agriculture de l'Ain*, 37 (1904), p. 5-34.

DELAMBRE J.-B. J., *Histoire de l'Astronomie au XVIIIe siècle*, article « Lalande », Paris, Bachelier (successeur de Mme Vve Courcier), 1827.

– « Éloge prononcé aux funérailles », *Le Moniteur universel*, 12 avril 1807.

– « Éloge académique », *Mémoires de l'Institut*, 1807, t. VII.

– « Note », *Biographie universelle*, Michaud, 1816.

DENIZET, « Lalande et l'art de l'Ingénieur », *Annales de la Société d'Émulation et d'Agriculture de l'Ain*, 38 (1905), p. 232-261.

Dictionnaire de Biographie française, J. Balteau, M. Barroux, M. Prévost (éd.), Paris, Letouzey & Ané, 1933-2001 (cité DBF).

Dictionary of Scientific Biography, New York, C. Scribner's Sons, 1970-1976 (cité DSB).

DUMONT S., « An IV de la République : les astronomes méridionaux à l'honneur », *Sciences et Techniques en France méridionale,*, Paris, C.T.H.S., 1992, p. 81 (cité SD).

— et GRILLOT S., « L'astronomie d'amateur en France de 1789 à 1830 : deux exemples », *l'Astronomie*, juin 1989, p. 277 (cité SDSG).

FAIDIT J.-M., *L'observatoire de la Babote des origines à nos jours*, Montpellier, Centre Culturel de l'Astronomie, 1986.

HOEFER F., *Nouvelle Biographie Générale,* Paris, Firmin-Didot, 1863 (cité NBG).

Index biographique de l'Académie des sciences, 1666-1978, Paris Gauthier-Villars, 1979 (cité Index Acad.).

JARRIN Ch., *Jérôme Lalande et la Bresse au XVIIIe siècle*, Bourg, Gromier aîné éditeur, 1869.

Jérôme de Lalande (1732-1807), « Les nouvelles Annales de l'Ain », Bourg-en-Bresse, Société d'Émulation de l'Ain, 1985.

KLUMPKE D., « La femme dans l'astronomie », *Bulletin de la Société Astronomique de France*, avril 1899, p. 162.

LALANDE J.J., *Bibliographie astronomique et Histoire de l'astronomie, de 1781 à 1802*, Paris, Imprimerie de la République, 1803 (cité B&H).

– *Astronomie*, 3 vol., 3e éd. 1792.

LAROUSSE P., *Grand Dictionnaire Universel du XIXe siècle*, fac-similé, Nîmes, C. Lacour, 1991 (cité LXIX).

Larousse du XXe siècle, Paris, Larousse, 1928-1933 (cité LXX).

MARCHAND E, « J. Lalande et l'Astronomie du XVIIIe siècle », *Annales de la Société d'Émulation et d'Agriculture de l'Ain*, 39 (1906), p. 82-145.

MAZON A, *Notice sur l'astronome Flaugergues de Viviers*, Privas, Imprimerie centrale de l'Ardèche, 1896.

PECKER J.-Cl., « L'œuvre scientifique de Joseph-Jérôme Lefrançois de Lalande (1732-1807) », dans *Jérôme de Lalande (1732-1807)*, 1985.

– *Understanding the Heavens*, Berlin, Springer, 2001 (cité JCP).

POGGENDORF J.C., *Biographish-Litterarisches Handwörterbuch...*, Leipzig, J.A.Barth, 1863, 2 vol. (cité Pogg).

QUÉRARD J.M., *La France littéraire*, Paris, Firmin Didot, 1827-1839, 10 vol.

SALM C. de, « Éloge de Lalande », *Magasin encyclopédique* (de Millin), 1810, t. II, p. 288 *sq*.

TABLE DES ILLUSTRATIONS

TABLE DES MATIÈRES

Imprimerie de la Manutention à Mayenne – Septembre 2007 – N° 07N-102
Dépôt légal : 3e trimestre 2007
Imprimé en France